高等职业教育土建类专业“十四五”规划教材

建设工程招投标与合同管理

（第2版）

主　编　黄丙利　李　艳

副主编　杨金生　贺　筠　杨　柳

樊　苗　詹勤颂　张长科

四川大学出版社

SICHUAN UNIVERSITY PRESS

图书在版编目（CIP）数据

建设工程招投标与合同管理 / 黄丙利，李艳主编 . 2 版 . -- 成都 : 四川大学出版社，2025. 1. -- ISBN 978-7-5690-7518-2

Ⅰ . TU723

中国国家版本馆 CIP 数据核字第 2025MA7879 号

书　　名：建设工程招投标与合同管理（第 2 版）
Jianshe Gongcheng Zhaotoubiao yu Hetong Guanli（Di-er Ban）

主　　编：黄丙利　李　艳

选题策划：王　睿　李金兰
责任编辑：李思莹　李金兰
特约编辑：孙　丽
责任校对：胡晓燕
装帧设计：开动传媒
责任印制：李金兰

出版发行：四川大学出版社有限责任公司
地址：成都市一环路南一段 24 号（610065）
电话：（028）85408311（发行部）、85400276（总编室）
电子邮箱：scupress@vip.163.com
网址：https://press.scu.edu.cn
印前制作：湖北开动传媒科技有限公司
印刷装订：武汉乐生印刷有限公司

成品尺寸：185mm×260mm
印　　张：14.75
字　　数：358 千字

版　　次：2025 年 2 月 第 2 版
印　　次：2025 年 2 月 第 1 次印刷
定　　价：48.00 元

本社图书如有印装质量问题，请联系发行部调换

四川大学出版社
微信公众号

特别提示

教学实践表明，有效地利用数字化教学资源，对于学生学习能力以及问题意识的培养乃至怀疑精神的塑造具有重要意义。

通过对数字化教学资源的选取与利用，学生的学习从以教师主讲的单向指导模式转变为建设性、发现性的学习，从被动学习转变为主动学习，由教师传播知识到学生自己重新创造知识。这无疑是锻炼和提高学生的信息素养的大好机会，也是检验其学习能力、学习收获的最佳方式和途径之一。

本系列教材在相关编写人员的配合下，逐步配备基本数字教学资源，主要内容包括：

文本：课程重难点、思考题与习题参考答案、知识拓展等。

图片：课程教学外观图、原理图、设计图等。

视频：课程讲述对象展示视频、模拟动画，课程实验视频，工程实例视频等。

音频：课程讲述对象解说音频、录音材料等。

数字资源获取方法：

① 打开微信，点击“扫一扫”。

② 将扫描框对准书中所附的二维码。

③ 扫描完毕，即可查看文件。

更多数字教学资源共享、图书购买及读者互动敬请关注“开动传媒”微信公众号！

前　言

本书根据《中华人民共和国招标投标法》《中华人民共和国建筑法》《中华人民共和国民法典》《中华人民共和国标准施工招标文件(2007年版)》《建设工程工程量清单计价规范》(GB 50500—2013)等相关法律法规,以及编者收集、整理的国内外招标与合同管理的有关公开资料等,结合编者多年的教学实践编写而成。本书结合相关执业资格考试内容,重点对建设工程招投标相关基础知识,建设工程招标资格审查,建设工程项目招标,建设工程项目投标,建设工程项目开标、评标和中标,建设工程合同,建设工程施工合同管理,工程施工索赔,国际工程招投标等内容进行了较为系统的阐述。

建设工程招投标与合同管理是工程建设中十分重要的工作,也是建筑施工企业(承包商)主要的生产经营活动之一,在企业整个经营管理活动中具有十分重要的地位和作用。施工单位能否在工程招投标过程中中标而获得施工任务,并通过完善的合同管理及其他方面的管理取得好的经济效益,关系企业的生存与发展。

本书结合学生将来可能从事工作的性质和需要编制,结合行业培训,突出行业特点,选择与执业资格考试相关的内容,体现针对性和实用性。本书可以作为工程造价、建筑工程管理、建筑工程技术等土建类专业的教材,也可以作为工程招投标人员、预算报价人员、合同管理人员和工程技术人员业务学习的参考书,还可以作为建造师等职业资格考试备考人员的辅助用书。

本书的特色主要体现在“以职业岗位能力培养为核心,理论和实践相结合,注重职业素质的提高”;以“实用”为目的,以实际工程作为理论知识的载体,按照工程建设程序的内在规律来安排内容。

(1)弘扬法律精神,树立法治观念。党的二十大报告提出:“弘扬社会主义法治精神,传承中华优秀传统法律文化,引导全体人民做社会主义法治的忠实崇尚者、自觉遵守者、坚定捍卫者。”本书根据国家相关法律法规和现行条例等编写,精选了大量的专业案例,并对之进行适度的解读分析,帮助学生更好地理解和掌握各类法律条文。

(2)素质教育,立德树人。党的二十大报告指出:“育人的根本在于立德。”本书积极贯彻党的二十大精神,认真践行“价值塑造、能力培养、知识传授”三位一体的育人理念,将素质教育贯穿整个教学过程。本书在每个模块的开头都明确了“能力目标”“素质目标”,注重提升学生的职业素养,帮助学生树立正确的世界观、人生观和价值观。

(3)校企合作,学岗结合。在编写本书的过程中,编者获得了多位专家和一线工作人员的大力支持,充分考虑了工程招投标与合同管理相关岗位的实际情况,力求使理论知识和岗位需求有机结合，让学生在学习过程中切实掌握相关技能。

本书由武汉城市职业学院黄丙利、李艳任主编，武汉城市职业学院杨金生、江西生物科技职业学院贺筠、郑州铁路职业技术学院杨柳和樊苗、中国中铁股份有限公司詹勤颂、湖南高速铁路职业技术学院张长科任副主编。全书由黄丙利统稿。

本书在编写过程中参考了大量的法律条文、文献等资料，在此谨向各位作者表示感谢！

由于编者水平有限，加之编写时间仓促，书中难免有错漏之处，敬请广大读者提出宝贵意见，并将意见和建议及时反馈给我们。

编　者

2024年5月

目　录

数字资源目录

模块一　建设工程招投标简介

【模块概述】

建设工程招投标，是在市场经济条件下，国内外的工程承包市场上为买卖特殊商品而进行的由一系列特定环节组成的特殊交易活动。随着我国社会主义市场经济体制的不断完善，工程建设领域中引入了招投标机制，使建设单位和施工、勘察、设计、监理等单位进行公平交易、平等竞争，从而达到确保工程质量，控制工程进度，降低工程造价，提高投资效益的目的。本模块包括工程招投标的基础知识、工程招投标的法律体系、工程招投标市场等内容。

【学习目标】

1. 掌握建设工程招投标的概念、遵循的原则、招标代理机构等基本内容。

2. 熟悉建设工程招投标的相关概念、工程招投标法律体系的组成。

3. 了解《中华人民共和国招标投标法》的基本内容，工程招投标的基本程序、监督体系。

【能力目标】

通过本模块的学习，学生应理解我国工程招投标制度，初步具备工程招投标知识，为继续学习工程招投标知识打下坚实的基础。

【素质目标】

培养学生的工程招投标法律意识，增强专业及职业素养。

任务一　概述

建设工程招标投标，是在市场经济条件下，国内外的工程承包市场上为买卖特殊商品而进行的由一系列特定环节组成的特殊交易活动。

“特殊商品”是指建设工程，既包括建设工程实施，又包括建设工程实体形成过程中的建设工程技术咨询活动。

“特殊交易活动”的特殊性表现在两个方面：一方面，想买卖的商品是未来的，并且还未开价；另一方面，这种买卖活动由一系列特定环节组成，即招标、投标、开标、评标、定标、签约和履约等环节。

一、基本概念

1. 工程建设项目

工程建设项目，是指工程以及与工程建设有关的货物、服务。工程，即建设工程，包括建筑物和构筑物的新建、改建、扩建及其相关的装修、拆除、修缮等；与工程建设有关的货物，是指构成工程不可分割的组成部分，且为实现工程基本功能所必需的设备、材料等；与工程建设有关的服务，是指为完成工程所需的勘察、设计、监理等服务。

工程建设项目，不仅包括工程的施工项目，也包括与工程建设有关的采购项目及为工程建设提供的服务项目。

2. 工程招标

工程招标是指招标人按照国家有关规定履行项目审批、核准手续及落实资金来源后，依法发布招标公告或投标邀请书，编制并发售招标文件等具体环节。

根据工程项目特点和实际需要，有些招标项目还要委托招标代理机构，组织资格预审、现场踏勘，进行招标文件的澄清与修改等。

由于这是工程招标投标活动的起始程序，投标人资格、评标标准和方法、合同主要条款等各项实质性条件和要求都要在招标环节得以确定，因此，其对整个招标投标过程是否合法、科学，能否实现招标目的具有基础性作用。

3. 工程投标

工程投标是指投标人根据招标文件的要求，编制并提交投标文件，响应招标的活动。

投标人参与竞争并进行一次性投标报价是在投标环节完成的，在投标截止时间结束后，招标人不能接受新的投标，投标人也不得更改投标报价及其他实质性内容。

4. 工程开标

工程开标，即招标人按照招标文件确定的时间和地点，邀请所有投标人到场，当众开启投标人提交的投标文件，宣布投标人的名称、投标报价及投标文件中的其他重要内容。

开标最基本的要求和特点是公开，保障所有投标人的知情权，这是维护各方合法权益的基本条件。

5. 工程评标

招标人依法组建评标委员会，依据招标文件的规定和要求，对投标文件进行审查、评审和比较，确定中标候选人。

评标是审查确定中标人的必经程序。评标是否合法、规范、公平、公正，对招标结果具有决定性作用，中标人必须按照评标委员会的推荐名单和顺序确定。

6. 工程定标

定标，也称为中标，即招标人从评标委员会推荐的中标候选人中确定中标人，并向中标人发出中标通知书，同时将中标结果通知所有未中标的投标人。

按照法律规定，部分招标项目在确定中标候选人和中标人之后还应当依法进行公示。中标既是竞争结果的确定环节，也是有可能发生异议、投诉、举报的环节，有关方面应当依法进行处理。

7.签订书面合同

中标通知书发出后，招标人和中标人应当按照招标文件和中标人的投标文件在规定的时间内订立书面合同，中标人按合同约定履行义务，完成中标项目。

合同的签订标志着工程招标投标活动的圆满结束，标志着工程项目建设的启动。另外，无法明确或不便表述的有关条款，可以补充协议方式并入合同。

依法必须进行招标的项目，招标人应当从确定中标人之日起15日内，向有关行政监督部门提交招标投标情况的书面报告。

8.建设工程招标投标的目的

建设工程招标投标的目的是通过竞争择优选定项目的勘察、设计、设备安装、施工、装饰装修、材料设备供应、监理和工程总承包等单位，达到保证工程质量，缩短建设周期，控制工程造价，提高投资效益。

二、工程招投标的原则

开展工程招标投标活动，必须遵守公开、公平、公正和诚实信用的原则，这是最基本的原则。违反了这一原则，开展工程招标投标活动的预期目的将无法实现。

1.公开原则

建设工程招标投标活动具有高度的透明性，包括信息公开和过程公开。

招标活动应当在国家指定的报刊、信息网络或者其他媒介发布招标公告，公开开标，并公开中标结果，使每一个投标人获得同等的信息，避免信息不对称。

开标时招标人应当邀请所有投标人参加，招标人在招标文件要求提交的截止时间前收到的所有投标文件，开标时都应当当众予以拆封、宣读。中标人确定后，招标人应当在向中标人发出中标通知书的同时，将中标结果通知所有未中标的投标人。

2.公平原则

依法必须进行招标的项目，其招标投标活动不受地区或者部门的限制，任何单位和个人不得违法限制或者排斥本地区、本系统以外的法人或者其他组织参加投标，不得以任何方式非法干涉招标投标活动。投标人享有同等的权利，不歧视或排斥任何一方。

3.公正原则

招标人在招标投标活动中应当按照统一的标准衡量每一个投标人的优劣，公正对待每一个投标人，不偏不倚。

如在进行资格审查时，招标人应当按照资格预审文件或招标文件中载明的资格审查的条件、标准和方法对潜在投标人或者投标人进行资格审查，不得改变载明的资格条件或者以没有载明的资格条件进行资格审查。评标过程中，评标委员会应当按照招标文件确定的评标标准和方法，对投标文件进行评审和比较。评标委员会成员应当客观、公正地履行职务,遵守职业道德。

4. 诚实信用原则

诚实信用原则,是我国民事活动应当遵循的一项重要基本原则。《中华人民共和国民法典》(以下简称《民法典》)第一章基本规定中第七条为:"民事主体从事民事活动,应当遵循诚信原则,秉持诚实,恪守承诺。"招标投标活动作为订立合同的一种特殊方式,同样应当遵循诚实信用原则。

这条原则要求投标当事人应以诚实、守信的态度履行义务,以维护交易秩序和使各方利益平衡。如在招标过程中,招标人不得发布虚假的招标信息,不得擅自终止招标;在投标过程中,投标人不得以他人名义投标,不得与招标人或其他投标人串通投标;中标通知书发出后,招标人不得擅自改变中标结果,中标人不得擅自放弃中标项目,否则将承担相应的法律责任。

三、工程招投标交易方式的特点

工程招投标作为工程交易过程的重要方式,其最显著的特征是在各方平等的条件下,充分发挥竞争机制的作用,优胜劣汰,以较低的价格获得较优的工程、货物或服务,从而达到提高经济效益,保证工程质量的目的,实现资源的优化配置。与传统的直接发包等非竞争性交易方式相比,其具有明显的优越性,主要表现在以下方面。

1. 法制性强,程序规范

作为一种特殊的交易方式,国家对工程招标投标活动制定了完善的法律法规,并且详细到具体的程序、文本。工程招标投标活动的每一个环节都必须遵循相应的法律法规。程序上的微小差错,都可能产生重大偏差,从而导致招标投标活动终止或结果无效。如对招标文件的发售,法律规定不得少于 5 日。如果实际少于 5 日,即使招标活动的其他流程全部合法进行完毕,确定了中标人,整个招标投标活动也会被认定无效而需重新招标。

2. 专业性强,技术要求高

工程招标投标文件包括商务文件和技术文件两大部分,工程招标投标活动涉及工程技术、工程经济、工程管理和法律法规等各方面知识,因此,招标投标活动专业性强,技术要求高。国家对参与招标投标活动的单位和人员都有明确的规定,如要求招标人必须具有编制招标文件和组织评标的能力,设立由工程技术、经济、法律等方面专家参与的评标专家委员会,对投标人实行资格审查等。

3. 透明度高,监督性强

工程招标投标活动充分体现公开、公平、公正的原则,投标人不受地区或者部门的限制,使所有符合资格的潜在投标人都有机会参与竞争;整个招标投标活动都处在行政监督之下,任何单位和个人不得非法干涉;投标人或其他利害关系人认为招标活动不符合规定的,都有权依法向有关行政监督部门投诉。

4. 经济效益显著,促进资源节约

通过招标投标活动最大限度地吸引投标人参与竞争,招标人能够以较低的价格选择可靠的中标人，从而获得较优的工程、货物或服务，节约资金，提高经济效益。投标人为了中标，将努力引进先进技术，提高管理水平，降低成本，提高质量，并提高企业的经济效益。招标投标活动的结果，将促进社会资源的节约，并提高社会经济效益。

5.减少腐败现象，促进社会公平

招标投标活动要求依照法定程序公开进行，有利于社会监督，防止徇私舞弊、暗箱操作等问题的产生，从而减少腐败现象，促进社会公平。

当然，招标投标活动也有缺点和不足，主要是招标投标程序复杂，费时较多，法律要求非常严格，稍有考虑不周就会发生流标、废标等情况，造成人力、物力和时间的浪费。因此，有些价值较低的工程建设项目，不适宜采用招标投标方式。

四、工程招投标分类

1.按工程建设项目标的物属性划分

工程招投标按照工程建设项目标的物属性可分为工程施工招投标、工程货物招投标、工程服务招投标三大类。

(1) 工程施工招投标，是指对建设工程的新建、改建、扩建及其相关的装修、拆除、修缮等选择合格的工程施工承包单位的招投标方式。工程施工是形成建筑产品实体的阶段，也是工程建设项目中建设资金花费最多的阶段，工程施工质量和工程施工进度又直接影响建设项目的最终使用。因此，工程施工招投标在工程招投标中具有主导地位。

(2) 工程货物招投标，是指对与工程建设项目有关的重要设备、材料选择合格供货商的招投标方式。工程建设项目的重要设备、材料的采购一般不在施工企业工程承包范围内，由建设单位单独采购并用于工程建设。为了保证工程质量，提高投资效益，根据法律规定，需要对工程货物单独进行招投标。例如，对工程项目所需的电梯、供配电系统、空调系统等采购任务进行招标，投标方通常为材料供应商、成套设备供应商。

(3) 工程服务招投标，是指对为工程建设提供勘察、设计、监理等服务项目选择合格服务商的招投标方式。勘察、设计是工程建设过程的前期重要阶段，分别由勘察单位和设计单位完成。工程监理是确保工程投资、质量、进度有效控制的一项制度，由监理单位完成。为了保证工程质量，提高投资效益，根据法律规定，需要对工程服务的勘察、设计、监理等进行招投标。工程服务招投标的投标人必须具有国家颁发的勘察、设计、监理等相关资质。

工程货物、工程服务可以单独进行招投标，也可以与工程施工合并实行招投标。

2.按工程项目承包的范围划分

工程招投标按照工程项目承包的范围可分为项目全过程总承包招投标、项目阶段性招投标、设计施工招投标、工程分承包招投标及专项工程承包招投标，下面仅介绍项目全过程总承包招投标、工程分承包招投标和专项工程承包招投标。

(1) 项目全过程总承包招投标，即选择项目全过程总承包人的招投标，这种方式又可分为两种类型，其一是指工程项目实施阶段的全过程招投标，其二是指工程项目建设全过程的招投标。前者是在设计任务书完成后，从项目勘察、设计到施工交付使用进行一次性招投标;后者则是从项目的可行性研究到交付使用进行一次性招投标,业主只需提供项目投资和使用要求及竣工、交付使用期限,其可行性研究、勘察设计、材料和设备采购、土建施工、设备安装及调试、生产准备和试运行、交付使用,均由一个总承包商负责承包,即所谓的"交钥匙工程"。承揽"交钥匙工程"的承包商被称为总承包商,绝大多数情况下,总承包商要将工程部分阶段的实施任务分包出去。

(2) 工程分承包招投标,是指中标的工程总承包人作为招标人,将其中标范围内的部分专业项目或次要项目,通过招标投标的方式,分包给具有相应资质的分承包人的招投标方式。中标的分承包人只对招标的总承包人负责。

(3) 专项工程承包招投标,是指在工程施工招投标中,对其中某项比较复杂或专业性强、施工和制作要求特殊的专项工程进行单独招投标的方式。

3.按工程承发包模式划分

随着建筑市场运作模式与国际接轨进程的深入,我国承发包模式逐渐呈现多样化。按工程承发包模式分类,工程招投标可划分为工程咨询招投标、交钥匙工程招投标、工程设计-施工招投标、工程设计-管理招投标、BOT工程招投标。

(1) 工程咨询招投标。

工程咨询招投标是指以工程咨询服务为对象的招投标行为。工程咨询服务的内容主要包括工程立项决策阶段的规划研究、项目选定与决策,建设准备阶段的工程设计、工程招标,施工阶段的监理、竣工验收等工作。

(2) 交钥匙工程招投标。

"交钥匙"工程模式,即承包商向业主提供包括融资、设计、施工、设备采购及安装和调试直至竣工移交的全套服务。交钥匙工程招投标是指发包商将上述全部工作作为一个标的招标,承包商通常将部分阶段的工程分包出去。

(3) 工程设计-施工招投标。

工程设计-施工招投标是将设计及施工作为一个整体标的以招标的方式进行发包,投标人必须为同时具有设计能力和施工能力的承包商。我国由于长期采取设计与施工分开的管理体制,目前具备设计、施工双重能力的施工企业较少。

工程设计-施工模式是一种项目组管理方式,业主和设计-施工承包商密切合作,完成项目的规划、设计、成本控制、进度安排等工作,甚至负责项目融资;使用一个承包商对整个项目负责,避免了设计和施工的矛盾,可显著减少项目的成本和工期。

(4) 工程设计-管理招投标。

设计-管理模式是指由同一实体向业主提供设计和施工管理服务的工程管理模式。采用这种模式时,业主只签订一份既包括设计又包括工程管理服务的合同,在这种情况下,设计机构与管理机构是同一实体。这一实体常常是设计机构、施工管理企业的联合体。设计-管理招投标即为以设计、管理为标的进行的工程招投标。

(5) BOT工程招投标。

BOT模式(Build Operate Transfer),即建造-运营-移交模式,是私营企业参与基础设施建设,向社会提供公共服务的一种方式,我国一般称其为"特许权",是指政府部门就某个基础设施项目与私人企业签订特许权协议,授予私人企业承担该基础设施项目的投

资、融资、建设、经营与维护，在协议规定的特许期限内，该私人企业向设施使用者收取适当的费用，由此来回收项目的投（融）资、建造、经营和维护成本并获取合理回报，政府部门则拥有对这一基础设施的监督权、调控权；特许期届满，私人企业将该基础设施无偿或有偿移交给政府部门。BOT 工程招投标即是对以 BOT 模式运作的工程的招投标。

4. 按工程是否具有涉外因素划分

按照工程是否具有涉外因素，工程建设项目招投标可分为国内工程招投标和国际工程招投标。

(1) 国内工程招投标，是指对本国没有涉外因素的工程建设项目进行的招投标。

(2) 国际工程招投标，是指对有不同国家或国际组织参与的工程建设项目进行的招投标。国际工程招投标包括本国的国际工程（习惯上称为涉外工程）招投标和国外的国际工程招投标两个部分。国内工程招投标和国际工程招投标的基本原则是一致的，但在具体做法上有差异。随着社会经济的发展、与国际接轨的深化，国内工程招投标和国际工程招投标在做法上的区别已越来越小。

任务二　建设工程招投标法律体系

我国招投标法律体系是伴随着改革开放而逐步建立并完善的。1984 年，国家计委、城乡建设环境保护部联合下发了《建设工程招标投标暂行规定》，倡导实行建设工程招投标，我国由此开始推行招投标制度。

一、《中华人民共和国招标投标法》

《中华人民共和国招标投标法》（以下简称《招标投标法》）是工程招投标领域的根本大法，一切工程招投标的法规规定都必须以该法为依据。

1. 施行时间

《招标投标法》由中华人民共和国第九届全国人民代表大会常务委员会第十一次会议于 1999 年 8 月 30 日通过，并公布，自 2000 年 1 月 1 日起施行；根据 2017 年 12 月 27 日第十二届全国人民代表大会常务委员会第三十一次会议《关于修改〈中华人民共和国招标投标法〉、〈中华人民共和国计量法〉的决定》修正。

2. 章节条款

《招标投标法》共六章六十八条条款，包括内容如下。

第一章总则，主要规定了《招标投标法》的立法宗旨、适用范围、必须招标的范围、招标投标活动应遵循的基本原则以及对招标投标活动的监督。

第二章招标，具体规定了招标人的定义，招标项目的条件，招标方式，招标代理机构的地位、成立条件和资格认定，招标公告和投标邀请书的发布，对潜在投标人的资格审查，招标文件的编制、澄清或修改等内容。

第三章投标，具体规定了参加投标的基本条件和要求，投标人编制投标文件应当遵循的原则和要求，联合体投标，以及投标文件的递交、修改和撤回程序等内容。

第四章开标、评标和中标，具体规定了开标、评标和中标环节的行为规则和时限要求等内容。

第五章法律责任，规定了违反招标投标基本程序的行为规则和时限要求应承担的法律责任。

第六章附则，规定了《招标投标法》的例外适用情形以及生效日期。

3.立法宗旨

制定《招标投标法》的根本目的是维护市场竞争秩序，完善社会主义市场经济体制。市场经济的一个重要特点，就是要充分发挥竞争机制的作用，使市场主体在平等条件下公平竞争、优胜劣汰，从而实现资源的优化配置。

具体地说，制定《招标投标法》是为了规范招标投标活动，保护国家利益、社会公共利益和招标投标活动当事人的合法权益，提高经济效益，保证项目质量。

4.适用范围

《招标投标法》第二条规定，在中华人民共和国境内进行招标投标活动适用本法。也就是说，在中华人民共和国境内进行的所有招标投标活动，包括政府机关、国有企事业单位、集体企业、私人企业、外商投资企业以及其他组织等所有单位组织的招标投标活动，无论其资金性质是属于该法第三条规定的依法必须招标的项目，还是属于当事人自愿选择的招标投标活动，只要是招标投标活动，就必须受《招标投标法》约束。

另需说明的是，香港、澳门虽然属于中华人民共和国境内，但由于其属于特别行政区，按照有关规定，《招标投标法》不适用香港和澳门两个特别行政区，香港和澳门有关招标投标的立法由这两个特别行政区的立法机关自行制定。

5.必须招标的范围

《招标投标法》第三条规定，在中华人民共和国境内进行下列工程建设项目(包括项目的勘察、设计、施工、监理以及与工程建设有关的重要设备、材料等的采购)，必须进行招标。

① 大型基础设施、公用事业等关系社会公共利益、公众安全的项目；

② 全部或者部分使用国有资金投资或者国家融资的项目；

③ 使用国际组织或者外国政府贷款、援助资金的项目。

6.招标投标的原则

招标投标活动应当遵循公开、公平、公正和诚实信用的原则。

7.规定的若干制度

(1) 实行招标代理机构制度。

招标代理机构是依法设立、从事招标代理业务并提供相关服务的社会中介组织。招标人有权自行选择招标代理机构，委托其办理招标事宜。具有编制招标文件和组织评标能力的招标人，也可以自行办理招标事宜。

（2）建立信息发布制度。

招标人采用公开招标方式的，应当发布招标公告。依法必须进行招标项目的招标公告，应当通过国家指定的报刊、信息网络或者其他媒介发布。

招标公告应当载明招标人的名称和地址，招标项目的性质、数量、实施地点和时间以及获取招标文件的办法等事项。

（3）建立评标专家库制度。

政府有关部门和招标代理机构应建立专家库，专家应当从事相关领域工作满 8 年并具有高级职称或者同等专业水平。招标人组织的评标委员会由招标人的代表和有关技术、经济等方面的专家组成，成员人数为 5 人以上单数，其中技术、经济等方面的专家不得少于成员总数的 2/3。

（4）实行行政监督制度。

招标投标活动及其当事人应当接受依法实施的监督。有关行政监督部门依法对招标投标活动实施监督，依法查处招标投标活动中的违法行为。

8.关于招投标活动的主要规定

（1）规定了招标方式。

招标分为公开招标和邀请招标。公开招标，是指招标人以招标公告的方式邀请不特定的法人或者其他组织投标。邀请招标，是指招标人以投标邀请书的方式邀请特定的法人或者其他组织投标。招标人采用邀请招标方式的，应当向三个以上具备承担招标项目能力、资信良好的特定法人或者其他组织发出投标邀请书。

（2）规定了招标文件的编制要求。

招标人应当根据招标项目的特点和需要编制招标文件。招标文件应当包括招标项目的技术要求、对投标人资格审查的标准、投标报价要求和评标标准等所有实质性要求和条件以及拟签订合同的主要条款。

（3）规定了投标人应当具备的基本条件。

投标人应当具备承担招标项目的能力；国家有关规定对投标人资格条件或者招标文件对投标人资格条件有规定的，投标人应当具备规定的资格条件。

（4）界定了联合体投标。

联合体投标就是两个以上法人或者其他组织通过签订共同投标协议组成一个联合体，以一个投标人的身份共同投标。联合体各方均应当具备承担招标项目的相应能力；国家有关规定或者招标文件对投标人资格条件有规定的，联合体各方均应当具备规定的相应资格条件。由同一专业的单位组成的联合体，按照资质等级较低的单位确定资质等级。

（5）规定了投标人禁止事项。

① 投标人不得相互串通投标报价，不得排挤其他投标人，损害招标人或者其他投标人的合法权益。

② 投标人不得与招标人串通投标，损害国家利益、社会公共利益或者其他招标人的合法权益。

③ 禁止投标人以向招标人或者评标委员会成员行贿的手段谋取中标。

④ 投标人不得以低于成本的报价竞标,也不得以他人名义投标或者以其他方式弄虚作假,骗取中标。

(6) 规定了开标的基本程序。

开标时,由投标人或者其推选的代表检查投标文件的密封情况,也可以由招标人委托的公证机构检查并公证;确认无误后,由工作人员当众拆封,宣读投标人名称、投标价格和投标文件的其他主要内容。

(7) 对评标委员会成员的要求。

① 评标委员会成员应当客观、公正地履行职务,遵守职业道德,对所提出的评审意见承担个人责任。

② 评标委员会成员不得私下接触投标人,不得收受投标人的财物或者其他好处。

③ 评标委员会成员和参与评标的有关工作人员不得透露对投标文件的评审和比较、中标候选人的推荐情况以及与评标有关的其他情况。

(8) 对中标后的要求。

招标人和中标人应当按照招标文件和中标人的投标文件订立书面合同。招标人和中标人不得再行订立背离合同实质性内容的其他协议。

9. 关于招投标活动的时间规定

《招标投标法》对招标投标活动中的主要时间节点做出了明确的时间规定。投标人一旦错过相应的时间点(如递交投标文件的截止时间),就会错过递交投标文件的机会;招标人可能由于时间安排不够而致使招标投标活动无效,造成重新招标的不利局面。因此,《招标投标法》的时间规定极其重要。

① 招标人对已发出的招标文件进行必要的澄清或者修改的,应当在招标文件要求提交投标文件截止时间至少十五日前,以书面形式通知所有招标文件收受人。

② 依法必须进行招标的项目,自招标文件开始发出之日起至投标人提交投标文件截止之日止,最短不得少于二十日。

③ 招标人和中标人应当自中标通知书发出之日起三十日内,订立书面合同。

④ 依法必须进行招标的项目,招标人应当自确定中标人之日起十五日内,向有关行政监督部门提交招标投标情况的书面报告。

10. 关于法律责任

违反《招标投标法》的行为,根据违法主体及违法程度承担相应的行政责任、民事责任,构成犯罪的,依法追究刑事责任。

二、《中华人民共和国招标投标法实施条例》

《中华人民共和国招标投标法实施条例》(以下简称《招标投标法实施条例》)是依据《招标投标法》制定的,同时兼顾与《中华人民共和国政府采购法》(以下简称《政府采购法》)《民法典》等法律的衔接,在行政法规层面对招标投标活动做出的可操作性的具体规定,并起着统一招标投标规则的作用。

1.施行时间

《招标投标法实施条例》于2011年11月30日国务院第183次常务会议通过，并公布，自2012年2月1日起施行；根据2017年3月1日《国务院关于修改和废止部分行政法规的决定》第一次修订，根据2018年3月19日《国务院关于修改和废止部分行政法规的决定》第二次修订，根据2019年3月2日《国务院关于修改部分行政法规的决定》第三次修订。

2.章节条款

《招标投标法实施条例》共七章八十四条条款，包括内容如下。

第一章总则。

第二章招标。

第三章投标。

第四章开标、评标和中标。

第五章投诉与处理。

第六章法律责任。

第七章附则。

3.创新或完善的各项招标投标制度

(1) 招标投标信用制度。

国家建立招标投标信用制度。有关行政监督部门应当依法公告对招标人、招标代理机构、投标人、评标委员会成员等当事人违法行为的行政处理决定。

(2) 电子招标投标制度。

国家鼓励利用信息网络进行电子招标投标。

(3) 制定和使用标准文件制度。

编制依法必须进行招标项目的资格预审文件和招标文件，应当使用国务院发展改革部门会同有关行政监督部门制定的标准文本。

(4) 建立综合评标专家库制度。

国家实行统一的评标专家专业分类标准和管理办法，具体标准和办法由国务院发展改革部门会同国务院有关部门制定。省级人民政府和国务院有关部门应当组建综合评标专家库。

(5) 进入招标投标交易场所交易制度。

设区的市级以上地方人民政府可以根据实际需要，建立统一规范的招标投标交易场所，为招标投标活动提供服务。

(6) 职业自律服务制度。

招标投标协会按照依法制定的章程开展活动，加强行业自律和服务。

4.关于招标投标活动的主要规定

(1) 关于招标投标活动的监督管理。

招标投标活动的监督管理实行行政监督、行政监察、纪检监察、审计监督等全方位的监督，明确了由国务院发展改革部门指导和协调全国招标投标工作，对国家重大建设项目的工程招标投标活动实施监督检查。国务院工业和信息化、住房城乡建设、交通运输、铁道、水利、商务等部门,按照规定的职责分工对有关招标投标活动实施监督。财政部门依法对实行招标投标的政府采购工程建设项目的预算执行情况和政府采购政策执行情况实施监督。监察机关依法对与招标投标活动有关的监察对象实施监察。

(2) 关于招标代理机构。

对招标代理机构的资格、代理行为、代理合同及收费做出了规定。招标代理机构实行资格管理,其资格依照法律和国务院的规定由有关部门认定。国务院住房城乡建设、商务、发展改革、工业和信息化等部门,按照规定的职责分工对招标代理机构依法实施监督管理。招标代理机构在其资格许可和招标人委托的范围内开展招标代理业务,任何单位和个人不得非法干涉。招标人应当与被委托的招标代理机构签订书面委托合同,合同约定的收费标准应当符合国家的有关规定。

(3) 关于招标投标公告和招标文件。

公开招标的项目,应当依照《招标投标法》和《招标投标法实施条例》的规定发布招标公告,编制招标文件。招标人采用资格预审办法对潜在投标人进行资格审查的,应当发布资格预审公告,编制资格预审文件。依法必须进行招标的项目的资格预审公告和招标公告,应当在国务院发展改革部门依法指定的媒介发布。

(4) 关于招标投标资格审查制度。

规定了资格预审申请文件提交时间,资格预审主体和依据,资格预审结果,资格后审,资格预审文件和招标文件的澄清、修改,编制资格预审文件、招标文件不能违法等。

(5) 关于投标人的规定。

规定了与招标人存在利害关系、可能影响招标公正性的法人、其他组织或者个人,不得参加投标。单位负责人为同一人或者存在控股、管理关系的不同单位,不得参加同一标段投标或者未划分标段的同一招标项目投标。投标人发生合并、分立、破产等重大变化的,应当及时书面告知招标人。投标人不再具备资格预审文件、招标文件规定的资格条件或者其投标影响招标公正性的,其投标无效。

5. 关于招标投标活动的时间规定

(1) 资格预审文件或者招标文件的发售期不得少于5日。

(2) 依法必须进行招标的项目提交资格预审申请文件的时间,自资格预审文件停止发售之日起不得少于5日。

(3) 对已发出的资格预审文件或者招标文件进行澄清或者修改的,招标人应当在提交资格预审申请文件截止时间至少3日前,或者投标截止时间至少15日前,以书面形式通知所有获取资格预审文件或者招标文件的潜在投标人;不足3日或者15日的,招标人应当顺延提交资格预审申请文件或者投标文件的截止时间。

(4) 潜在投标人或者其他利害关系人对资格预审文件有异议的,应当在提交资格预审申请文件截止时间2日前提出;对招标文件有异议的,应当在投标截止时间10日前提出。招标人应当自收到异议之日起3日内做出答复,做出答复前,应当暂停招标投标活动。

（5）投标人撤回已提交的投标文件，应当在投标截止时间前书面通知招标人。招标人已收取投标保证金的，应当自收到投标人书面撤回通知之日起5日内退还。

（6）依法必须进行招标的项目，招标人应当自收到评标报告之日起3日内公示中标候选人，公示期不得少于3日。

（7）投标人或者其他利害关系人对依法必须进行招标的项目的评标结果有异议的，应当在中标候选人公示期间提出。招标人应当自收到异议之日起3日内做出答复；做出答复前，应当暂停招标投标活动。

（8）招标人最迟应当在书面合同签订后5日内向中标人和未中标的投标人退还投标保证金及银行同期存款利息。

（9）投标人或者其他利害关系人认为招标投标活动不符合法律、行政法规规定的，可以自知道或者应当知道之日起10日内向有关行政监督部门投诉。

（10）行政监督部门应当自收到投诉之日起3个工作日内决定是否受理投诉，并自受理投诉之日起30个工作日内做出书面处理决定。

6. 关于法律责任

对招标人、招标代理机构、投标人、国家工作人员、评标委员会成员、中标人、取得招标职业资格的专业人员、监督部门的主管人员和工作人员的违法行为进行了界定和处罚规定，构成犯罪的，依法追究刑事责任。

任务三　工程招投标市场

工程招投标市场是一个以工程建设项目为对象，招投标当事人为主体，造价咨询机构、评标专家等参与的从事招标投标活动的交易场所。招标投标活动的当事人是指招标投标活动中享有权利和承担义务的各类主体，包括招标人、投标人和招标代理机构等。

一、招标人

1. 招标人的概念及分类

（1）招标人的概念。招标人是指依法提出招标项目，进行招标的法人或者其他组织，通常是工程建设方、货物或服务的采购方。

工程项目的招标人一般称为建设单位，即工程建设项目的投资主体或投资者，也是项目建设的管理主体，对工程项目拥有产权，如房地产开发企业。货物招标采购的招标人，通常称为货物的买主。服务项目招标采购的招标人，通常为该服务项目的需求方。

（2）招标人的分类。招标人分为两类：一是法人，二是其他组织。

法人是指依法注册登记，具有独立的民事权利能力和民事行为能力，依法享有民事权利和承担民事义务的组织，包括企业法人和机关、事业单位及社会团体法人。

其他组织是指合法成立的、有一定组织机构和财产，但又不具备法人资格的组织，如依法登记领取营业执照的合伙组织、企业的分支机构等。

自然人可否作为招标人,法律上没有明确规定。

2. 招标人应具备的条件

法人或者其他组织必须具备依法提出招标项目和依法进行招标两个条件后,才能成为招标人。

(1) 依法提出招标项目。

依法提出招标项目,是指招标人提出的招标项目必须符合两个基本条件:一是招标项目按照国家有关规定需要履行项目审批手续的,应当先履行审批手续,取得批准;二是招标人应当有进行招标项目的相应资金或者资金来源已经落实,并应当在招标文件中如实载明。

(2) 依法进行招标。

招标人必须按照《招标投标法》《招标投标法实施条例》等法律、法规对招标、投标、开标、评标、中标和签订合同等程序做出的规定,开展招标活动。

招标人依法进行招标有两方面的含义:一方面,招标人具备编制招标文件和组织评标的能力,即有与招标项目规模和复杂程度相适应的技术、经济等方面的专业人员,可以自行办理招标事宜,并向有关行政监督部门备案;另一方面,招标人不具备编制招标文件和组织评标的能力,可以委托招标代理机构办理招标事宜。

二、投标人

1. 投标人的概念及分类

(1) 投标人的概念。投标人是指响应招标、参加投标竞争的法人或者其他组织以及依法响应科研项目招标、参加投标竞争的个人。

工程项目的投标人一般称为建筑单位,即建筑施工企业,从事房屋建筑、公路、水利、电力、桥梁、矿山等土木工程施工。货物招标项目的投标人,通常为货物的卖主,即生产商或销售商。服务项目招标采购的投标人,通常为该服务项目的提供方,如勘察单位、设计单位、监理单位等。

(2) 投标人的分类。投标人分为三类:一是法人;二是其他组织;三是具有完全民事行为能力的个人,又称为自然人。

自然人只能作为科研招标项目的投标人,不能作为其他招标项目的投标人。

2. 投标人应具备的基本条件

法人、其他组织和个人必须具备响应招标和参与投标竞争两个条件后,才能成为投标人。

(1) 响应招标。

法人或其他组织对特定的招标项目有兴趣,愿意参加竞争,并按合法途径获取招标文件,但这时法人或其他组织还不是投标人,只是潜在投标人。响应招标,是指潜在投标人获得了招标信息或者投标邀请书后购买招标文件,接受资格审查,并编制投标文件,按照招标人的要求参加投标的活动。

（2）参与投标竞争。

潜在投标人按照招标文件的约定，在规定的时间和地点递交投标文件，对订立合同正式提出要约。潜在投标人一旦正式递交了投标文件，就成为投标人。

3. 投标人应具备的资格条件

法人或者其他组织响应招标，参加投标竞争，是成为投标人的一般条件。要想成为合格投标人，还必须满足两项资格条件：一是国家有关规定对不同行业及不同主体投标人的资格条件；二是招标人根据项目本身的要求，在招标文件或资格预审文件中规定的投标人的资格条件。

4. 联合体投标

（1）联合体投标的概念。

联合体投标，是指两个以上法人或者其他组织组成一个联合体，以一个投标人的身份共同投标的行为。对联合体投标可作如下理解。

① 联合体的联合各方为法人或者法人之外的其他组织，形式可以是两个以上法人组成的联合体，两个以上非法人组织组成的联合体，或者是法人与其他组织组成的联合体。

② 联合体是一个临时性的组织，不具有法人资格。组成联合体的目的是增强投标竞争能力，减少联合体各方因支付巨额履约保证金而产生的资金负担，分散联合体各方的投标风险，弥补有关各方技术力量的相对不足，提高共同承担项目完工的可靠性。如果属于共同注册并进行长期经营活动的“合资公司”等法人形式的联合体，则不属于《招标投标法》所称的联合体。

③ 联合体可以组成，也可以不组成。是否组成联合体由联合体各方自己决定，《招标投标法》第三十一条有相应的规定。这说明联合体的组成属于各方自愿的、共同的、一致的法律行为。

④ 联合体对外“以一个投标人的身份共同投标”。也就是说，联合体虽然不是一个法人组织，但是对外投标应以组成联合体各方的共同名义进行，不能以其中一个主体或者两个主体（多个主体的情况下）的名义进行，即“联合体各方共同与招标人签订合同”。这里需要说明的是，联合体内部之间权利、义务、责任的承担等问题需要以联合体各方订立的合同为依据。

⑤ 共同投标的联合体各方应具备一定的条件。比如，根据《招标投标法》的规定，联合体各方均应具备承担招标项目的相应能力；国家有关规定或者招标文件对投标人资格条件有规定的，联合体各方均应当具备规定的相应资格条件。

⑥ 联合体共同投标一般适用于大型建设项目和结构复杂的建设项目，《中华人民共和国建筑法》第二十七条有类似的规定。

（2）投标联合体资质要求。

联合体各方均应当具备《招标投标法》或者国家规定的资格条件和承担招标项目的相应能力，即对投标联合体资质条件的要求如下。

① 联合体各方均应具有承担招标项目必备的条件，如相应的人力、物力、资金等。

② 国家或招标文件对投标人资格条件有特殊要求的，联合体各个成员都应当具备规

定的相应资格条件。

③ 同一专业的单位组成的联合体,应当按照资质等级较低的单位确定联合体的资质等级。如在三个投标人组成的联合体中,有两个是甲级资质等级,有一个是乙级资质等级,则这个联合体只能定为乙级。这样规定是为了防止以优等资质获取招标项目,而由资质等级差的供货商或承包商来完成项目的情况,保证招标质量。

(3) 联合体投标注意事项。

① 联合体各方应当签订共同投标协议,明确约定各方拟承担的工作和责任,并将共同投标协议连同投标文件一并提交招标人;

② 联合体各方签订共同投标协议后,不得再以自己名义单独投标,也不得组成新的联合体或参加其他联合体在同一项目中投标;

③ 联合体参加资格预审并获得通过的,其组成的任何变化都必须在提交投标文件截止之日前征得招标人的同意;

④ 联合体各方必须指定牵头人,授权其代表所有联合体成员负责投标和合同实施阶段的主办、协调工作;

⑤ 联合体中标的,联合体各方应当共同与招标人签订合同,就中标项目向招标人承担连带责任。

三、招标代理机构

随着国家对招投标代理活动的日益规范、招标投标事业的不断发展,我国相继出现了工程建设项目招标、进口机电设备招标、政府采购招标、中央投资项目招标等方面的专职招标机构。1984 年成立的中国技术进出口总公司国际金融组织和外国政府贷款项目招标公司(后改为中技国际招标有限公司)是中国第一家招标代理机构。招标代理机构作为专职机构,拥有专业的人才和较丰富的招标经验,能为招标人提供招标采购代理服务,对促进我国招标投标事业的发展起到了积极的推动作用。

1. 招标代理机构的性质

招标代理机构是指依法设立,并取得相应资质的,专门从事招标代理业务,提供相关服务的社会中介组织。

"依法设立"是指招标代理机构设立的目的和宗旨符合国家和社会公共利益的要求,其组织机构、设立方式、经营范围、经营方式符合法律的要求,依照法律规定的审核和登记程序办理有关设立手续。

"取得相应资质"是指招标代理机构必须依照法律规定,在人员、技术、场地设备、业绩、资金等方面达到主管部门要求的相应等级条件后,取得主管部门颁发的可以在规定范围内开展招投标代理活动的资格许可证书。

招标代理机构作为社会中介组织,应与国家行政机关和其他国家机关没有行政隶属关系或其他利害关系,否则就会政企不分,对其他代理机构构成不公平待遇。招标代理机构的服务宗旨是为招标人提供代理服务,其应当在招标人委托的范围内办理招标事宜。

2. 招标代理机构的职责

招标代理机构的职责，是指招标代理机构在代理业务中的工作任务和所承担的责任。招标代理机构应当在招标人委托的范围内办理招标事宜，并遵守关于招标人的规定。招标代理机构可以在其资格等级范围内承担下列招标事宜。

(1) 拟定招标方案；

(2) 编制和出售资格预审文件、招标文件；

(3) 审查投标人资格；

(4) 编制标底或招标控制价；

(5) 组织投标人踏勘现场；

(6) 接受投标，组织开标、评标，协助招标人定标；

(7) 草拟合同；

(8) 完成招标人委托的其他事项。

四、招投标交易场所

招投标交易场所，是指依法设立的为招标投标活动当事人提供交易平台和相关服务，为有关行业行政主管部门进场提供相关服务，实行集中交易、集中监管的场所。

国家规定，设区的市级以上地方人民政府可以根据实际需要，建立统一规范的招标投标交易场所，为招标投标活动提供服务。招投标交易场所不得与行政监督部门存在隶属关系，不得以营利为目的。

目前，我国工程招投标交易场所主要有两类：一类是建设主管部门监管的建设工程交易中心，另一类是公共资源管理部门监管的公共资源交易中心。

1. 建设工程交易中心

建设工程交易中心是依法设立的，一个集信息、管理和服务为一体的综合服务性机构，在辖区范围内为工程建设项目招投标及相关活动提供集中交易服务的有形建筑市场。

(1) 建设工程交易中心的性质与作用。

建设工程交易中心是经政府批准成立的提供综合性服务，不以营利为目的的独立法人机构。它不是政府管理部门，也不是政府授权的监督机构，本身并不具有监督职能，但政府管理部门会对其开展的业务进行监督和管理。建设工程交易中心必须与政府监管部门脱钩。

建设工程交易中心为工程交易提供场所，为交易各方提供服务，为信息发布提供平台，为政府监管提供条件，并为工程电子招标投标提供平台。

建设工程交易中心不能重复设立，每个地区（地级以上城市）只设一个，建设行政管理部门牵头组建并对建设工程交易中心开展的业务进行监督。

(2) 建设工程交易中心的一般职责。

① 贯彻执行国家和省、市有关有形建设市场管理和建设工程招标投标的法律、法规

及行政规章，为建设工程交易主体提供法律、法规咨询服务；

② 建设好有形建设市场，为建设工程交易活动提供场所；

③ 为本地区建设工程招标投标交易活动提供信息服务，为建设工程招标投标交易提供信息化监管手段；

④ 负责开标区、评标区的管理，承担评标专家库的日常维护及专家评委的抽取、通知工作；

⑤ 配合有关部门协调处理交易过程中发生的纠纷；

⑥ 向政府有关部门报告建设工程招标投标交易活动中出现的各类投诉及发现的违纪违规行为。

(3) 建设工程交易中心工程招标工作的主要内容。

① 项目招标登记；

② 招标文件审查备案；

③ 发布招标公告和资格预审文件；

④ 项目招标答疑文件备案；

⑤ 抽取专家评委；

⑥ 开标、评标；

⑦ 中标公示；

⑧ 发出中标通知书。

2. 公共资源交易中心

公共资源交易中心是为实现资源整合而设立的综合性交易场所，是负责公共资源交易和提供咨询、服务的机构，是公共资源统一进场交易的服务平台。

(1) 公共资源交易中心设立的原则。

遵循“政府主导、管办分离，集中交易、规范运行，部门监管、行政监察”的原则，优化公共资源配置，整合现有分散的专业交易平台，创新监管机制，规范交易行为，切实解决公共资源交易过程中存在的突出问题，维护社会公共利益和市场参与各方利益，打造公开、公平、公正和诚实守信的阳光交易平台。

(2) 公共资源交易中心的交易服务范围。

公共资源交易中心的交易服务范围包括：工程建设项目招投标、土地使用权出让招标拍卖、矿业权交易、政府采购、企业国有产权交易、医疗器械采购等公共资源交易活动等。

(3) 公共资源交易中心的主要职责。

① 为公共资源交易招标投标活动当事人提供交易平台和相关服务；

② 为有关行业行政主管部门投标进场提供相关服务；

③ 建立健全招标投标全程电子化监督管理系统，管理进场项目交易活动档案；

④ 负责相关招标投标活动的统计、分析、研究工作；

⑤ 收集、保存和发布进场交易项目、供应商、招标代理机构等信息；

⑥ 建立为采购人提供随机选择代理机构的服务体系；

⑦ 建立招标投标当事人和代理机构信用档案库；

⑧ 向有关行政主管部门报告招标投标活动中发现的违法违纪行为并协助调查。

(4) 公共资源交易中心进场交易一般流程。

① 进场交易登记。申请进入公共资源交易中心进行项目集中交易的单位(招标人或招标代理机构),应向公共资源交易中心交易服务科提交"公共资源交易项目登记表",同时需提交以下材料:

a. 经行业主管部门批准的招标计划;

b. 经行业主管部门审核通过的招标公告和招标文件;

c. 项目若由招标代理机构代理,还须提交委托代理协议书。

② 发布招标公告,办理招标人(招标代理机构)招标公告的媒体发布事宜。

③ 资格预审。需要进行资格预审的交易项目,招标人在公共资源交易中心发售资格预审文件和接收资格预审申请书,并按规定进行预审。

④ 领取招标文件。投标人到招标人设在公共资源交易中心的窗口处领取招标文件。领取招标文件需按招标公告要求提供有关材料。

⑤ 确定开标场所。根据招标文件中确定的开标时间安排开标场地,并于开标前公布。

⑥ 递交投标文件。投标人按招标文件的要求编制投标文件,并按招标文件规定的时间、地点、方式递交投标文件。

⑦ 抽取评审专家。招标人(招标代理机构)于开标前规定时限内向公共资源交易中心提交经行业主管部门审核的"评审专家抽取申请表"。公共资源交易中心负责组织招标人随机抽取评审专家。

⑧ 开标、评标。招标人(招标代理机构)负责开标、评标的组织实施,负责通知有关监督管理部门按时参加开标、评标会议,以实施现场监督,根据评委评标结果确定中标候选人。公共资源交易中心负责提供开标、评标场地和管理服务。

⑨ 公示中标结果。招标人(招标代理机构)按有关规定负责在指定媒体公示中标结果,投标人对中标结果有异议的,按有关规定向招标人(招标代理机构)及有关监管部门提出质疑、投诉。

⑩ 发放中标通知书。中标通知书经公共资源交易中心备案后,由招标人(招标代理机构)在规定的时间内向中标单位发出。

任务四　工程招投标程序及监督

一、工程招投标基本程序

招标投标最显著的特点是招标投标活动具有严格、规范的程序。一个完整的工程招标投标程序,应该包括招标、投标、开标、评标、中标和签订合同六大环节,见图 1-1。

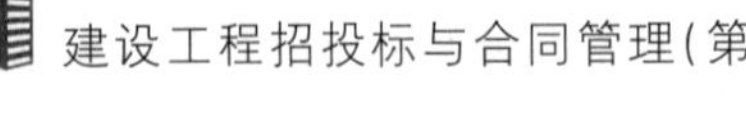

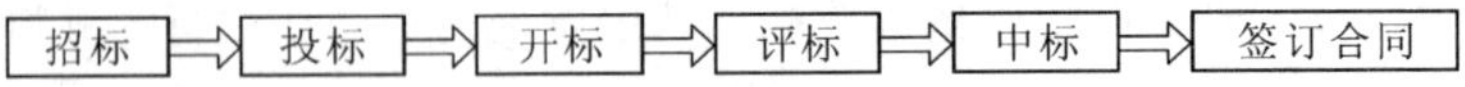

招标 ⇒ 投标 ⇒ 开标 ⇒ 评标 ⇒ 中标 ⇒ 签订合同

图 1-1　工程招投标基本程序

二、工程招投标活动监督体系

工程招标投标活动及其当事人应当接受依法实施的监督。工程招标投标活动的监督体系是指在工程招标投标活动中所形成的由当事人监督、行政监督、司法监督、社会监督等组成的有机整体。各监督主体既相对独立又密切配合,形成了整体合力。

1. 当事人监督

当事人监督,即工程招标投标活动当事人的监督。工程招标投标活动当事人包括招标人、投标人、招标代理机构、评标专家等。由于当事人直接参与并且与工程招标投标活动有着直接的利害关系,因此,当事人监督往往最积极,也最有效,是行政监督和司法监督的重要基础。

2. 行政监督

行政监督,即行政机关对招标投标活动的监督,是工程招标投标活动监督体系的重要组成部分。依法规范和监督市场行为,维护国家利益、社会公共利益和当事人的合法权益,是市场经济条件下政府的一项重要职能。有关行政监督部门依法对招标投标活动实施监督,依法查处招标投标活动中的违法行为。下文将详细介绍行政监督相关内容。

3. 司法监督

司法监督是指国家司法机关对招标投标活动的监督,如招标投标活动当事人认为招标投标活动存在违反法律、法规、规章规定的行为,可以起诉,由法院依法追究有关责任人相应的法律责任。

4. 社会监督

社会监督是指除招标投标活动当事人以外的社会公众的监督。“公开、公平、公正和诚实信用”原则之一的公开原则就是要求招标投标活动必须向社会透明,以方便社会公众的监督。任何单位和个人认为招标投标活动违反招标投标法律、法规、规章时,都可以向有关行政监督部门举报,由有关行政监督部门依法调查处理。因此,社会公众、社会舆论以及新闻媒体对招标投标活动的监督是一种第三方监督,在现代信息公开的社会发挥着越来越重要的作用。

三、工程招投标的行政监督

1. 行政监督的基本原则

政府对工程招标投标活动实施行政监督必须遵循依法行政的基本要求,其基本原则如下。

(1) 职权法定原则。

政府对工程招标投标活动实施行政监督,应当在法定职责范围内依法实行。任何政府部门、机构和个人都不能超越法定权限，直接参与或干预具体招标投标活动。有关行政监督部门不得违反法律法规设立审批、核准、登记等涉及招标投标的行政许可事项。

(2) 合理行政原则。

政府对工程招标投标活动实施行政监督，应当遵循公平、公正的原则，平等对待招标投标活动当事人，不偏私、不歧视，所采取的措施和手段应当是必要的、适当的。

(3) 程序正当原则。

政府对工程招标投标活动实施行政监督，应当严格遵循法定程序，依法保障当事人的知情权、参与权和救济权。

(4) 高效便民原则。

政府对工程招标投标活动实施行政监督，无论是核准招标事项，还是受理投诉举报案件，都应当遵守法定时限，积极履行法定职责，提高办事效率，切实维护当事人的合法权益。

2. 行政监督的职责分工

我国工程招标投标行政监督职责分工的特点是由法律授权，分级管理。我国的立法中，一般都是在法律条文中直接规定主管部门。工程招标投标行政监督职责分工与行政管理层级相对应，中央和地方各级政府有关部门按照各自权限分级负责有关招标投标活动的监督工作。由于招标投标涉及领域众多，职责分工相对比较复杂，具体职责分工是以国务院有关部门的职责分工为基础划分的，具体如下。

(1) 指导协调部门。

由于招标投标行政监督部门很多，为了加强部门之间的协调配合，保障政令统一，提高行政监督合力，国务院指定国家发展和改革委员会负责指导和协调全国招标投标工作，具体职责包括：会同有关行政主管部门拟定《招标投标法》的配套法规、综合性政策和必须进行招标项目的具体范围、规模标准以及不适宜进行招标的项目，报国务院批准；指定发布招标公告的报刊、信息网络或其他媒介等。同时，国家发展和改革委员会也是重要的招标投标行政监督部门。国家发展和改革委员会作为项目审批部门，负责依法核准应报国家发展和改革委员会审批和由其核报国务院审批项目的招标方案（包括招标范围、招标组织形式、招标方式）；组织国家重大建设项目稽查特派员，对国家重大建设项目建设过程中的工程招标投标进行监督检查。

(2) 行业监督部门。

按照国务院确定的职责分工，招标投标过程中泄露保密资料、泄露标底、串通招标、串通投标、歧视排斥投标等违法活动的监督执法，分别由有关行业行政主管部门负责并受理投标人和其他利害关系人的投诉。按照这一原则，工业和信息、水利、交通、铁道、民航等行业和产业项目招标投标活动的监督执法，分别由有关行业行政主管部门负责。各类房屋建筑及其附属设施的建造和与其配套的线路、管道、设备的安装项目和市政工程项目的招标投标活动的监督执法，由建设行政主管部门负责。进口机电设备采购项目的招标投标活动的监督执法，由商务行政主管部门负责。

此外，按照《政府采购法》的规定，各级财政部门依法履行对政府采购活动的监督管理职责,政府采购工程进行招标投标的,适用《招标投标法》。审计部门依据《中华人民共和国审计法》的规定,可以对政府投资和以政府投资为主的建设项目,国际组织和外国政府援助、贷款项目进行审计监督。监察部门依据《中华人民共和国监察法》的规定,对有关行政监督部门及其工作人员实施招标投标行政监督进行行政监察。

3. 行政监督的内容

从监督内容来看,政府针对工程招标投标活动实施行政监督主要分为程序监督和实体监督两个方面。程序监督是指政府针对招标投标活动是否严格执行法定程序实施的监督,实体监督是指政府针对招标投标活动是否符合《招标投标法》及有关配套规定的实体性要求实施的监督,主要包括以下内容。

(1) 依法必须招标项目的招标方案(含招标范围、招标组织形式和招标方式)是否经过项目审批部门核准。

(2) 依法必须招标项目是否存在以化整为零或其他任何方式规避招标等违法行为。

(3) 公开招标项目的招标公告是否在国家指定媒体上发布。

(4) 招标人是否存在以不合理的条件限制或者排斥潜在投标人,或者对潜在投标人实行歧视待遇,强制要求投标人组成联合体共同投标等违法行为。

(5) 招标代理机构是否存在泄露应当保密的与招标投标活动有关的情况和资料,或者与招标人、投标人串通损害国家利益、社会公共利益或者其他人合法权益等违法行为。

(6) 招标人是否存在向他人透露已获取招标文件的潜在投标人的名称、数量或者可能影响公平竞争的有关招标投标的其他情况行为,或泄露标底,或与投标人就投标价格、投标方案等实质性内容进行谈判等违法行为。

(7) 投标人是否存在相互串通投标或与招标人串通投标,或以向招标人或评标委员会成员行贿的手段谋取中标,或者以他人名义投标或以其他方式弄虚作假骗取中标等违法行为。

(8) 评标委员会的组成、产生程序是否符合法律规定。

(9) 评标活动是否按照招标文件预先确定的评标方法和标准在保密的条件下进行。

(10) 招标人是否存在在评标委员会依法推荐的中标候选人以外确定中标人的违法行为。

(11) 招标投标的程序、时限是否符合法律规定。

(12) 中标合同签订是否及时、规范,合同内容是否与招标文件和投标文件相符,是否存在违法分包、转包的行为。

(13) 实际执行的合同是否与中标合同内容一致。

4. 行政监督的方式

政府有关部门主要通过核准招标方案和自行招标备案,受理投诉举报,检查、稽查、审计、查处违法行为,以招标投标情况书面报告等方式,对招标投标过程和结果进行监督,同时对招标代理机构实行严格的资格管理制度。

(1) 核准招标方案。

必须招标的项目在开展招标活动之前,招标人应当将招标方案报项目审批部门核准。项目审批部门对必须招标项目核准的内容包括：建设项目具体招标范围（全部招标或者部分招标）、招标组织形式（委托招标或自行招标）、招标方式（公开招标或邀请招标）。招标人应当按照项目审批部门的核准意见开展招标活动。

我国对建设项目的审批实行分级分类管理。目前，国家发展和改革委员会审批权限内的应当进行招标方案核准的项目有以下三类。

① 国家发展和改革委员会审批或者初审后报国务院审批的中央政府投资项目；

② 向国家发展和改革委员会申请500万元人民币以上中央政府投资补助、转贷或者贷款贴息的地方政府投资项目或者企业投资项目；

③ 国家发展和改革委员会核准或者初核后报国务院核准的国家重点项目。

各省发展和改革委员会审批权限内的项目实行招标方案核准的范围都是结合本地实际确定的，具体项目范围不完全一致。因此，招标人应当根据具体招标项目审批部门的规定，向有关部门申报招标方案核准。

（2）自行招标备案。

依法必须招标的项目，具有编制招标文件和组织评标能力的，可以自行办理招标事宜，但是应当向有关行政监督部门备案。行政监督部门要对招标人是否具有自行招标的条件进行监督：一是防止那些对招标程序不熟悉、不具备招标能力的项目单位自行组织招标，影响招标质量和项目的顺利实施；二是防止个别项目单位借自行招标之机，进行虚假招标甚至规避招标。

（3）现场监督。

工程招标投标过程的现场监督主要由县级以上人民政府有关行政主管部门负责。现场监督是指政府有关部门工作人员在开标、评标的现场行使监督权，及时发现并制止有关违法行为。现场监督也可以通过网上监督来实现，即政府有关部门利用网络技术对招标投标活动实施监督管理。

（4）招标投标情况书面报告。

依法必须进行招标的项目，招标人应当自确定中标人之日起15日内，向有关行政监督部门提交招标投标情况的书面报告。报告的主要内容包括招标范围、招标方式和发布招标公告的媒介，招标文件中投标人须知、技术条款、评标标准和方法、合同主要条款，评标委员会的组成和评标报告，中标结果等。行政监督部门通过这些内容对招标投标活动的合法性进行监督。

（5）受理投诉举报。

投标人和其他利害关系人认为招标投标活动不符合法律规定的，有权依法向有关行政监督部门投诉。另外，其他任何单位和个人认为招标投标活动违反有关法律规定的，可以向有关行政监督部门举报。有关行政监督部门应当依法受理和调查处理。

（6）招标代理机构资格管理。

从事各类招标投标活动招标代理业务的中介机构都应当取得相应的招标代理资格，国家发展和改革委员会、住房和城乡建设部、财政部、商务部、科技部、国家药品监督管理局和卫生部等有关部门分别负责各行业招标代理机构的资格认定，并对其招标代理行为进行监督管理。

(7) 监督检查。

监督检查是行政机关行使行政监督权最常见的方式。各级政府行政机关对招标投标活动实施行政监督时,可以采用专项检查、重点抽查、调查等方式,有权调取和查阅有关文件,调查和核实招标投标活动是否存在违法行为。

(8) 项目稽查。

在我国的建设项目管理中,对于规模较大、关系国计民生或对经济和社会发展有重要影响的建设项目,作为重大建设项目进行重点管理和监督,国家还专门制定了重大建设项目稽查特派员制度。国家(或省)发展和改革委员会可以组织国家重大建设项目稽查特派员,采取经常性稽查和专项性稽查方式对重大建设项目建设过程中的招标投标活动进行监督检查。

(9) 实施行政处罚。

有关行政监督部门通过各种监督方式发现并经调查核实有关招标投标违法行为后,应当依法对违法行为人实施行政处罚。

模块小结

在工程建设领域实行招标投标机制,使建设单位和施工、勘察、设计、监理等单位进行公平交易、平等竞争,从而达到确保工程质量,控制工程进度,降低工程造价,提高投资效益的目的。

工程招投标作为我国工程建设领域的一项基本制度,已实行多年,在行业内形成了一定的术语,即与工程招投标相关的概念。工程建设项目,是指工程以及与工程建设有关的货物、服务。工程,是指建设工程,包括建筑物和构筑物的新建、改建、扩建及其相关的装修、拆除、修缮等;与工程建设有关的货物,是指构成工程不可分割的组成部分,且为实现工程基本功能所必需的设备、材料等;与工程建设有关的服务,是指为完成工程所需的勘察、设计、监理等服务。

工程招投标必须遵循一定的原则,即开展工程招标投标活动必须遵守公开、公平、公正和诚实信用的原则,这是最基本的原则。

工程招投标是工程项目投资活动在交易阶段中的一种特殊交易方式,具有鲜明的特点,主要表现在:法制性强,程序规范;专业性强,技术要求高;透明度高,监督性强;经济效益显著,促进资源节约;减少腐败现象,促进社会公平。

为了研究工程招投标,可以对其进行多种分类,最基本的分类是按照工程建设项目标的物属性划分,即可分为工程施工招投标、工程货物招投标、工程服务招投标三大类;还可以按工程项目承包的范围、工程承发包模式、工程是否具有涉外因素分类。

工程招投标法律体系是指全部现行的与工程招标投标活动有关的法律法规和政策规定等组成的有机整体。我国现已基本形成了一个以《招标投标法》为主,相关基本法律及相关法规、条例、规章为辅的关于工程招标投标的法律制度。

《招标投标法》是工程招投标领域的根本大法,一切工程招投标的法规规定,都必须以该法为依据。《招标投标法实施条例》是依据《招标投标法》制定的，同时兼顾《政府采购法》《民法典》等法律的衔接，在行政法规层面对招标投标活动做出的可操作性的具体规定，并起着统一招标投标规则的作用。

工程招投标市场是一个以工程建设项目为对象，招标投标当事人为主体，造价咨询机构、评标专家等参与的从事招标投标活动的交易场所。招标投标活动的当事人是指招标投标活动中享有权利和承担义务的各类主体，包括招标人、投标人和招标代理机构等。目前，我国工程招投标交易场所主要有两类：一类是建设主管部门监管的建设工程交易中心，另一类是公共资源管理部门监管的公共资源交易中心。

招标投标最显著的特点是招标投标活动具有严格、规范的程序。一个完整的工程招标投标程序应该包括招标、投标、开标、评标、中标和签订合同六大环节。

工程招标投标活动及其当事人应当接受依法实施的监督。工程招标投标活动的监督体系是指在工程招标投标活动中所形成的由当事人监督、行政监督、司法监督、社会监督等组成的有机整体。各监督主体既相对独立，又密切配合，形成了整体合力。

思考题

1. 什么是工程建设项目？其包括哪些方面的内容？
2. 工程招投标应遵循哪些原则？试述工程招投标的程序。
3. 试述工程招投标的分类。
4. 试述我国工程招投标的法律体系构成情况。
5. 什么是招标人？招标人应具备的条件是什么？
6. 什么是投标人？投标人应具备的基本条件和资格条件分别有哪些？
7. 招标代理机构主要有哪几类？试述工程招标代理机构的资格条件。
8. 什么是工程招标投标活动的监督体系？行政监督的基本原则有哪些？

复习题库及答案

模块二　建设工程招标资格审查

【模块概述】

本模块是招标的重要内容。首先对工程招投标中的资格审查做了基本介绍，包括资格审查的含义、资格审查的方式和标准、资格审查的程序；然后，以工程施工资格预审为例，介绍了资格预审文件的编制，包括资格预审公告的编制、资格预审文件的组成内容及格式、资格预审程序；最后，对工程施工资格预审申请文件的编制做了详细介绍。

【学习目标】

1. 掌握资格审查的概念、方式，资格预审公告的编制，资格预审申请文件的编制。

2. 熟悉资格审查原则、资格审查的内容、资格预审文件的编制。

3. 了解资格审查的程序、资格审查过程中易出现的问题及注意事项。

【能力目标】

通过本模块的学习，学生应学会编制工程资格预审公告，能看懂工程招标资格预审文件，编制一般的工程招标资格预审申请文件，会合法、合理安排招标活动时间。

【素质目标】

培养学生公正、严谨的职业意识。

任务一　概述

工程建设领域的各类资质（资格）及级别涉及数百种，在工程招标投标活动中，参与投标的企业只有符合资质（资格）要求，才能中标；另外，招标人也可以对投标人提出一定要求。因此，在工程招标投标活动中，需要对潜在投标人进行资格审查。

一、资格审查的概念、原则及内容

1. 资格审查的概念

资格审查是指招标人对申请人或潜在投标人的经营资格、专业资质、财务状况、技术能力、管理能力、业绩、信誉等方面评估审查，以判定其是否具有投标、订立和履行合同的资格及能力。资格审查既是招标人的权利，也是大多数工程招标项目的必要程序，它对保障招标人和投标人的利益具有重要作用。

在工程招标投标活动中，招标人可以根据招标项目本身的要求，在招标公告或者投标邀请书中要求潜在投标人提供有关资质证明文件和业绩情况，并对潜在投标人进行资格审查；国家对投标人的资格条件有规定的，依照其规定。招标人不得以不合理的条件限制或者排斥潜在投标人，不得对潜在投标人实行歧视待遇。

2. 资格审查的原则

资格审查在坚持“公开、公平、公正和诚实信用”原则的基础上，应遵守科学、合法和择优原则。

(1) 科学原则。为了保证申请人或潜在投标人具有合法的投标资格和相应的履约能力，招标人应根据招标项目的规模、技术管理特性要求，结合国家企业资质等级标准和市场竞争及其投标人状况，科学、合理地设立资格评审方法、条件和标准。招标人务必慎重对待投标人资格的条件和标准，这将直接影响合格投标人的质量和数量，进而影响投标的竞争程度和项目招标期望目标的实现。

(2) 合法原则。资格审查的标准、方法、程序应当符合法律、法规的规定。

(3) 择优原则。通过资格审查，选择资格能力、业绩、信誉等各方面都优秀的潜在投标人参加投标。

3. 资格审查的内容

资格审查主要审查潜在投标人或者投标人的能力，了解其是否能够履行招标项目。对于工程施工项目，资格审查主要审查以下五个方面的内容。

(1) 主体资格方面：是否具有独立订立合同的权利，即审查企业资质和营业执照是否符合招标工程要求，是否具有独立订立与履行合同的权利和能力。

(2) 能力合格方面：是否具有履行合同的能力，包括专业、技术资格和能力，资金、设备和其他物质设施状况，管理能力，经验、信誉和相应的从业人员，如企业具有有效的安全生产许可证，拟派的项目经理资格等级达到资格审查文件规定的资格等级标准及以上的，项目经理的注册建造师注册单位与投标单位一致，且没有在建工程或承担的在建工程符合有关规定；以联合体形式申请资格审查的，联合体各成员单位企业资质和人员资格条件符合要求，附有共同投标协议并明确了牵头人。

(3) 正常状态方面：没有处于被责令停业，投标资格没有被取消，财产没有被接管、冻结，没有处于破产状态。

(4) 信用合格方面：在最近三年内没有骗取中标和严重违约及重大质量问题。

(5) 特别规定方面：法律、行政法规规定的其他资格条件。

二、资格审查的方式和标准

1. 资格审查的方式

资格审查分为资格预审和资格后审两种方式。

(1) 资格预审，指在投标申请人购买招标文件前对其资格送审文件进行审查的方式。

招标人通过发布资格预审公告，向不特定的潜在投标人发出投标邀请，由招标人或者由其组织的资格审查委员会按照资格预审文件确定的资格预审条件、标准和方法，对申请人的经营资格、专业资质、财务状况、类似项目业绩、履约信誉、企业认证体系等条件进行评审，确定合格的申请人。未通过资格预审的申请人，不具有参加投标的资格。

资格预审可以减少评标阶段的工作量，缩短评标时间，避免不合格的申请人进入投标阶段，从而节约投标成本，同时可以提高投标人投标的针对性、竞争性，提高评标的科学性、可比性；但因设置了资格预审环节，延长了招标投标的过程，增加了招标人组织资格预审和潜在投标人进行资格预审申请的费用。

资格预审比较适用于具有单件性，且技术难度较大或投标文件编制费用较高，或潜在投标人数量较多的公开招标项目，以及需要公开选择潜在投标人的邀请招标项目。

(2) 资格后审，指在开标后对投标人进行资格审查的方式。

投标申请人递交投标文件后，在开启投标申请人技术标和商务标之前，先开启投标申请人的资格标，由招标人组建的评标委员会对投标申请人的资格送审文件进行审查。

采用资格后审方式时，审查的内容与资格预审的内容是一致的，招标人应当在开标后由评标委员会按照招标文件规定的标准和方法对投标人的资格进行审查。资格后审是评标工作的一个重要内容。对于资格后审不合格的投标人，评标委员会应否决其投标。

资格后审可以省去招标人组织资格预审和潜在投标人进行资格预审申请的工作环节，从而节约相关费用，缩短招标投标过程，有利于增加投标人数量，提高串标、围标的难度；但会降低投标人投标的针对性和积极性，且在投标人过多时会增加社会成本和评标工作量。

资格后审方法比较适用于潜在投标人数量不多的通用性、标准化招标项目。实行资格后审的，投标文件由资格标、技术标和商务标组成。

资格预审和资格后审的对比见表2-1。

表2-1 **资格预审和资格后审对比**

对比项目	资格预审	资格后审
审查时间	在发售招标文件之前	在开标之后进入评审阶段
评审人	招标人或资格审查委员会	评标委员会
评审对象	申请人的资格预审申请文件	投标人的投标文件
审查方法	合格制或者有限数量制	合格制

续表

对比项目	资格预审	资格后审
优点	避免不合格的申请人进入投标阶段，节约社会成本；提高投标人投标的针对性、积极性；减少评标阶段的工作量，缩短评标时间，提高评标的科学性、可比性	减少资格预审环节，缩短招标时间；投标人数量相对较多，竞争性更强；提高串标、围标难度
缺点	延长招标投标的过程，增加招标人组织资格预审和申请人参加资格预审的费用，通过资格预审的申请人相对较少，容易串标	投标方案差异大，增加评标工作难度；在投标人过多时，增加评标费用、评标工作及会综合成本
适用范围	比较适用于技术难度较大或投标文件编制费用较高，或潜在投标人数量较多的招标项目	比较适用于潜在投标人数量不多的通用性、标准化的招标项目

2. 资格审查的标准

资格审查标准也称为资格审查方法或资格审查办法，分为合格制法和有限数量制法。

（1）合格制法，指设计一些资格条件，每个条件都是对投标人资格的一种限定，投标申请人符合资格审查文件中投标申请人全部条件的，资格审查为合格。资格审查合格的潜在投标人，下一阶段均可参加工程项目的投标工作，成为投标人。

凡具有通用技术、性能标准或者招标人对技术、性能没有特殊要求，投资规模较小的公开招标项目和邀请招标项目，皆采用合格制法进行资格审查。

（2）有限数量制法，指招标人对符合资格条件的申请人做出数量限制，属于合格制法与打分法相结合的方法。采用有限数量制法时，投标人必须通过资格审查，并通过打分排名或其他方式，进入到所允许的数量范围内，两个条件同时满足后，投标人才可以参加投标。

一般使用国有资金投资或国有资金占控股或主导地位的有特殊要求或总投资在一定规模以上的工程建设项目，潜在投标人较多时，经批准的，可采用有限数量制法；非国有资金投资的或非国有资金占控股或主导地位的投资项目，可采用有限数量制法。

关于合格申请人数量选择问题的规定如下。依法必须公开招标的工程项目的施工招标实行资格预审，并且采用经评审的最低投标价法评标的，招标人必须邀请所有合格申请人参加投标，不得对投标人的数量进行限制。依法必须公开招标的工程项目的施工招标实行资格预审，并且采用综合评估法评标的，当合格申请人数量过多时，可以采用打分的方法选择规定数量的合格申请人参加投标。一般工程投资额在 1000 万元以上的工程项目，邀请的合格申请人应当不少于 9 个；工程投资额在 1000 万元以下的工程项目，邀请的合格申请人应当不少于 7 个。

三、资格审查的程序

资格审查活动一般按以下五个步骤进行。

1.审查准备工作

对于资格预审的招标项目,首先要按规定组建资格审查委员会,资格审查委员会成员到达现场后要签到,并进行分工,推荐一名审查委员会主任;接着,审查委员会成员熟悉文件资料;然后,审查委员会成员对申请文件进行基础性数据分析和整理工作。对于资格后审的招标项目,评标委员会就是资格审查委员会。

审查委员会主任与审查委员会的其他成员拥有同等的表决权,审查委员会成员的名单在审查结果确定前应当保密。

2.初步审查

对投标资格申请人名称、申请函签字盖章、申请文件格式、联合体申请人等内容进行审查。必要时,审查申请人提交的有关证明和证件的原件。申请文件中不明确的内容,以书面形式要求申请人进行必要的澄清、说明或补正。

3.详细审查

只有通过了初步审查的申请人才可进入详细审查。审查委员会根据规定的程序、标准和方法,对申请人的资格预审申请文件进行详细审查。如是联合体,还要对联合体申请人的资质进行认定,并进行可量化审查因素的审查,进一步澄清、说明或补正。

注意:申请人的澄清或说明必须采用书面形式,并不得改变资格审查文件的实质性内容;招标人和审查委员会不接受申请人主动提出的澄清或说明。

4.评分

对于采用有限数量制法作为资格审查标准的项目,通过详细审查的申请人超过规定的数量时,要按规定的评分标准进行评分,然后按最终得分高低进行排序,确定通过资格审查的申请人名单。

通过详细审查的申请人不少于3个且没有超过规定数量的,审查委员会不再进行评分,通过详细审查的申请人均通过资格预审。

5.编制和提交审查报告

审查委员会确定通过资格审查的申请人名单后,根据规定向招标人提交书面审查报告。审查报告应当由全体审查委员会成员签字。

通过详细审查申请人的数量不足3个的,属于资格预审的,招标人应重新组织资格预审或不再组织资格预审而采用资格后审方式直接招标;属于资格后审的,不再进行下一步的开标,而需要重新组织招标。

四、发出投标邀请书和特殊情况的处置

1.发出投标邀请书

对于资格预审的项目,招标人应向通过资格预审的申请人发出投标邀请书,并向未通过资格预审的申请人发出资格预审结果的书面通知。

对于资格后审的项目,通过资格后审的申请人,直接参加接下来的开标活动。

2.特殊情况的处置

(1) 关于审查活动暂停。当因不可抗力原因而导致审查工作无法继续时，审查活动方可暂停。审查委员会应当封存全部申请文件和审查记录，待不可抗力的影响结束且具备继续审查的条件时，由原审查委员会继续审查。

(2) 关于中途更换审查委员会成员。除非发生不可抗力，或根据法律法规规定，审查委员会个别成员需要回避的情况以外，审查委员会成员不得在审查中途更换。

(3) 记名投票。在任何审查环节中，需审查委员会就某项定性的审查结论做出表决的，由审查委员会全体成员按照少数服从多数的原则，以记名投票方式表决。

任务二　工程施工资格预审文件的编制

工程施工资格预审文件案例

一、资格预审文件的组成内容

资格预审文件是招标人公开告诉潜在投标人参加招标项目投标竞争应具备资格条件的重要文件。根据《房屋建筑和市政工程标准施工招标资格预审文件(2010年版)》，工程施工资格预审文件的内容包括：资格预审公告、申请人须知、资格审查办法、资格预审申请文件格式、项目建设概况五部分。

1.资格预审公告

工程项目招标人应当在国务院发展改革部门依法指定的媒介发布资格预审公告。在不同媒介发布的同一招标项目的资格预审公告或者招标公告的内容应当一致。

2.申请人须知

申请人须知包括能让投标人一目了然的“申请人须知前附表”和招标基本事项的“总则”，资格预审文件的规定，资格预审申请文件的编制、递交、审查、通知和确认的规定，申请人资格改变的规定及纪律与监督等内容。

3.资格审查办法

资格审查办法规定了资格审查是采用合格制还是有限数量制，以及审查标准、审查程序等内容。

4.资格预审申请文件格式

资格预审申请文件主要有：资格预审申请函、法定代表人身份证明、授权委托书、联合体协议书、申请人基本情况表、近年财务状况表、近年完成的类似项目情况表、正在施工的和新承接的项目情况表、近年发生的诉讼及仲裁情况等。投标人须按规定的格式提交这些文件。

5.项目建设概况

项目建设概况包括招标人对项目的说明、建设条件和建设要求等内容。

另外，《房屋建筑和市政基础设施工程施工招标投标管理办法》第十五条规定，资格预审文件应包括资格预审申请文件格式，申请人须知，需要申请人提供的企业资质、业绩、技术装备、财务状况和拟派出的项目经理与主要技术人员的简历、业绩等证明材料。

二、各资格预审文件的内容及格式

1. 资格预审公告

资格预审公告包括招标条件、项目概况与招标范围、申请人资格要求、资格预审方法、资格预审文件的获取与递交、发布公告的媒体、招标人的联系方式等内容。

2. 申请人须知

申请人须知是资格预审文件的重要组成部分，是潜在投标申请人编制和提交资格预审申请文件的指南。在申请人须知最前页，有一张“申请人须知前附表”，见表2-2。

表2-2 **申请人须知前附表**

条款号	条款名称	编列内容
1.1.2	招标人	名称：同资格预审公告，下同 地址： 联系人： 电话： 电子邮件：
1.1.3	招标代理机构	名称：同资格预审公告，下同 地址： 联系人： 电话： 电子邮件：
1.1.4	项目名称	
1.1.5	建设地点	
1.1.6	设计人	
1.1.7	监理人	
1.1.8	代建人	
1.2.1	资金来源	
1.2.2	出资比例	
1.2.3	资金落实情况	
1.2.4	项目性质	□本项目不属于政府采购工程，不执行政府采购政策 □本项目属于政府采购工程，执行支持中小企业发展政策。采购标的对应的中小企业划型标准所属行业为建筑业
1.3.1	招标范围	
1.3.2	计划工期	计划工期： 日历天 计划开工日期： 年 月 日 计划竣工日期： 年 月 日

续表

条款号	条款名称	编列内容
1.3.3	质量要求	质量目标：
1.3.4	政府采购政策	根据相关规定，本项目采用以下方式支持中小企业发展 □项目整体预留专门面向中小企业采购。 □项目整体预留专门面向小微企业采购。 □项目部分预留专门面向中小企业采购，具体的政府采购特别资格要求详见申请人须知附录一“申请人资质条件、能力和信誉”(略)。部分预留的工作详见申请人须知附录二“政府采购工程预留工作及金额”(略) 根据相关规定，本项目未预留份额专门面向中小企业采购，但对符合政府采购特别资格要求(详见第二章申请人须知附录一“申请人资质条件、能力和信誉”)且满足一定条件的投标人，在评标时享受价格扣除或增加价格分的优惠政策 __________/__________
1.4.1	申请人资质条件、能力和信誉	资质条件：见附录(略) 财务要求：见附录(略) 业绩要求：见附录(略)且与资格预审公告要求一致 信誉要求：见附录(略) 项目经理资格：见附录(略) 其他要求：见附录(略)
1.4.2	是否接受联合体资格预审申请	□不接受 □接受，应满足下列要求：__________ 其中：联合体资质按照联合体协议约定的分工认定，其他审查标准按联合体协议中约定的各成员分工所占合同工作量的比例，进行加权折算
1.4.3(17)	不得存在的其他情形	
2.2.1	申请人要求澄清资格预审文件的截止时间	递交资格预审申请文件截止之日　日前
3.1.1	资格预审申请文件组成的其他材料	
3.2.3	类似项目	类似项目是指：
4.2.1	递交资格预审申请文件截止时间(申请截止时间)	年　月　日　时　分　整(北京时间)
4.2.3	是否退还资格预审申请文件	□否 □是，退还时间： 退还方式：
4.3.2	组织解密工作地点	××市××区××路××商务中心A座______楼 ××省公共资源交易中心______号开标厅

续表

条款号	条款名称	编列内容
4.3.4	解密时间	招标人发出解密提示后____分钟内 (招标人应充分考虑标段数和申请人数量,合理设置解密时间,该时间不应少于20分钟)
5.1.2	审查委员会人数	审查委员会构成: 人,其中招标人代表 人,专家 人; 审查专家确定方式:从湖北省综合评标专家库相应专业中随机抽取产生
5.2.1	资格审查方法	□合格制 □有限数量制
6.1	资格预审结果的通知时间	资格预审申请文件递交截止时间后的 日内。 本时间是招标人计划的资格预审结果通知时间,如申请人在该时间内未接到招标人资格预审结果的通知,申请人可电话咨询招标人。招标人随时有可能通过“电子交易平台”发出资格审查结果,请实时予以关注
8.4	行政监督部门	名称: 地址: 电话: 传真: 邮政编码:
	公共资源交易综合监管机构	名称: 地址: 电话: 传真: 邮政编码:
9.1.2	多标段申请	申请人可同时对本次招标标段中的 个标段提出资格预审申请,通过资格审查后参加相应标段的投标,但最多允许中标个标段
9.2	存在利益冲突时的入围规则(适用合格制)	□上一年度净资产高的优先 □上一年度资产负债率低的优先
	得分相同的申请人入围规则(适用有限数量制)	
9.4	政府采购合同融资政策	政府采购合同融资(以下简称“政采贷”)指参与政府采购活动的中小微企业,在获得政府采购中标(成交)通知书后,即可向开展“政采贷”业务的金融机构提出申请,金融机构依据政府采购中标(成交)通知书和政府采购合同,为中小微企业提供融资服务。 “政采贷”业务政策如《湖北省政府采购合同融资实施方案》(鄂财采发〔2020〕5号) “政采贷”业务申请如湖北省政府采购合同融资平台(https://czt.hubei.gov.cn/zcd/homepage)
9.5	其他需要补充的内容	

（1）总则。

① 项目概况。说明招标项目已具备招标条件，并列出招标项目招标人、招标代理机构、招标项目名称、建设地点等。

② 资金来源和落实情况。说明招标项目的资金来源、出资比例及资金落实情况。

③ 招标范围、计划工期和质量要求，告知同“申请人须知前附表”。

④ 申请人资格要求。提出申请人应具备承担本标段施工的资质条件、能力和信誉的要求，包括资质条件、财务要求、业绩要求、信誉要求、项目经理资格、其他要求；并对是否接受联合体投标，申请人不得存在的情形做出规定。

⑤ 语言文字。除专用术语外，来往文件均使用中文，必要时专用术语应附有中文注释。

⑥ 费用承担。申请人准备和参加资格预审发生的费用自理。

（2）资格预审文件。

① 资格预审文件的组成，包括澄清与修改的内容规定。当资格预审文件、资格预审文件的澄清或修改等在同一内容的表述上不一致时，以最后发出的书面文件为准。

② 资格预审文件的澄清。如有疑问，申请人应在“申请人须知前附表”规定的时间前以书面形式（包括信函、电报、传真等可以有形地表现所载内容的形式，下同），要求招标人对资格预审文件进行澄清。招标人应以书面形式将澄清内容发给所有购买资格预审文件的申请人，但不指明澄清问题的来源。申请人收到澄清后，应以书面形式通知招标人，确认已收到该澄清。

③ 资格预审文件的修改。在“申请人须知前附表”规定的时间前，招标人可以书面形式通知申请人修改资格预审文件。在“申请人须知前附表”规定的时间后修改资格预审文件的，招标人应相应顺延申请截止时间。申请人收到修改的内容后，应以书面形式通知招标人，确认已收到该修改。

（3）资格预审申请文件的编制。

① 资格预审申请文件的组成。对资格预审申请人提交文件的组成内容所做的规定。

② 资格预审申请文件的编制要求。对资格预审申请人提交文件的编制要求所做的规定。

③ 资格预审申请文件的装订、签字。对资格预审申请人提交文件的装订、签字所做的规定。

（4）资格预审申请文件的递交。

① 资格预审申请文件的密封和标识。规定正本、副本的数量及封装要求。

② 资格预审申请文件的递交。规定递交的时间、地点，逾期送达的有关规定等。

（5）资格预审申请文件的审查。

① 审查委员会。由招标人组建的审查委员会负责审查。对审查委员会人数有相关规定。

② 资格审查。审查委员会根据“申请人须知前附表”规定的方法和招标文件“资格审查办法”中规定的审查标准，对所有已受理的资格预审申请文件进行审查。没有规定的方法和标准不得作为审查依据。

(6) 通知和确认。

① 招标人在“申请人须知前附表”规定的时间内以书面形式将资格预审结果通知申请人,并向通过资格预审的申请人发出投标邀请书。

② 应申请人书面要求,招标人应对资格预审结果做出解释,但不保证申请人对解释内容满意。通过资格预审的申请人收到投标邀请书后,应在“申请人须知前附表”规定的时间内以书面形式明确表示是否参加投标。

③ 在“申请人须知前附表”规定时间内未表示是否参加投标或明确表示不参加投标的,不得再参加投标。因此造成潜在投标人数量不足3个的,招标人重新组织资格预审或不再组织资格预审而直接招标。

(7) 申请人的资格改变。

通过资格预审的申请人的组织机构、财务能力、信誉情况等资格条件发生变化,使其不再实质上满足“资格审查办法”规定标准的,其投标不被接受。

(8) 纪律与监督。

① 严禁贿赂,严禁申请人向招标人、审查委员会成员和与审查活动有关的其他工作人员行贿。在资格预审期间,不得邀请招标人、审查委员会成员以及与审查活动有关的其他工作人员到申请人单位参观、考察,或出席申请人主办、赞助的任何活动。

② 不得干扰资格审查工作。申请人不得以任何方式干扰、影响资格预审的审查工作,否则将导致其不能通过资格预审。

③ 保密。招标人、审查委员会成员,以及与审查活动有关的其他工作人员应对资格预审申请文件的审查、比较进行保密,不得在资格预审结果公布前透露资格预审结果,不得向他人透露可能影响公平竞争的有关情况。

④ 投诉。申请人和其他利害关系人认为本次资格预审活动违反法律、法规和规章规定的,有权向有关行政监督部门投诉。

(9) 需要补充的其他内容。

3. 资格审查办法

选择本次招标的资格审查办法,并列上“资格审查办法前附表”,可采用合格制或有限数量制。如采用有限数量制,《中华人民共和国标准施工招标资格预审文件(2007年版)》所列“资格审查办法前附表(有限数量制)”见表2-3。

表2-3 **资格审查办法前附表(有限数量制)**

条款号		条款名称	编列内容
1		通过资格预审的人数	
2		审查因素	审查标准
2.1	初步审查标准	申请人名称	与营业执照、资质证书、安全生产许可证一致
		申请函签字盖章	有法定代表人或其委托代理人签字或加盖单位章
		申请文件格式	符合第四章“资格预审申请文件格式”的要求
		联合体申请人	提交联合体协议书,并明确联合体牵头人(如有)
		…	…

续表

条款号		条款名称	编列内容
2.2	详细审查标准	营业执照	具备有效的营业执照
		安全生产许可证	具备有效的安全生产许可证
		资质等级	符合第二章“申请人须知”第 1.4.1 项规定
		财务状况	符合第二章“申请人须知”第 1.4.1 项规定
		类似项目业绩	符合第二章“申请人须知”第 1.4.1 项规定
		信誉	符合第二章“申请人须知”第 1.4.1 项规定
		项目经理资格	符合第二章“申请人须知”第 1.4.1 项规定
		其他要求	符合第二章“申请人须知”第 1.4.1 项规定
		联合体申请人	符合第二章“申请人须知”第 1.4.2 项规定
		…	…
2.3	评分标准	评分因素	评分标准
		财务状况	…
		类似项目业绩	…
		信誉	…
		认证体系	…
		…	…

(1) 审查方法。

资格预审采用合格制时，凡符合规定审查标准的申请人均应通过资格预审。

资格预审采用有限数量制时，审查委员会依据规定的审查标准和程序，对通过初步审查和详细审查的资格预审申请文件进行量化打分，按得分由高到低的顺序确定通过资格预审的申请人。通过资格预审的申请人不得超过“资格审查办法前附表”规定的数量。

(2) 审查标准(以采用有限数量制为例)。

① 初步审查标准，审查委员会根据规定的审查因素和审查标准，对申请人的资格预审申请文件进行初步审查，包括资格预审申请人的名称是否与营业执照、资质证书、安全生产许可证一致；申请函是否有法定代表人或其委托代理人签字或加盖单位章；申请文件格式是否符合要求；如是联合体投标，是否有联合体协议等。

② 详细审查标准，只有通过了初步审查的申请人才可进入详细审查，详细审查包括审查各种证件的有效性，审查资质等级是否符合规定，审查财务状况、类似工程业绩、企业信誉、项目经理资格等。

③ 评分标准，对财务状况、项目经理资格、类似工程业绩、认证体系、信誉等量化设定评分标准。

(3) 审查程序(以采用有限数量制为例)。

① 初步审查。审查委员会依据规定的标准,对资格预审申请文件进行初步审查。有一项因素不符合审查标准的,不能通过资格预审。审查委员会可以要求申请人提交"申请人须知"规定的有关证明和证件的原件,以便核验。

② 详细审查。审查委员会依据规定的标准,对通过初步审查的资格预审申请文件进行详细审查。有一项因素不符合审查标准的,不能通过资格预审。通过详细审查的申请人,除应满足规定的审查标准外,还不得存在下列任何一种情形:a.不按审查委员会要求澄清或说明的;b.有"申请人须知"规定的申请人不得存在情形中任何一种情形的;c.在资格预审过程中弄虚作假的;d.行贿或有其他违法违规行为的。

③ 资格预审申请文件的澄清。在审查过程中,审查委员会可以书面形式要求申请人对所提交的资格预审申请文件中不明确的内容进行必要的澄清或说明。申请人的澄清或说明采用书面形式,并不得改变资格预审申请文件的实质性内容。申请人的澄清和说明内容属于资格预审申请文件的组成部分。招标人和审查委员会不接受申请人主动提出的澄清或说明。

④ 评分。通过详细审查的申请人不少于3个且没有超过规定数量的,均通过资格预审,不再进行评分。通过详细审查的申请人数量超过规定数量的,审查委员会依据评分标准进行评分,按得分由高到低的顺序进行排序。

(4) 审查结果。

① 提交审查报告。审查委员会按照规定的程序对资格预审申请文件完成审查后,确定通过资格预审的申请人名单,并向招标人提交书面审查报告。

② 重新进行资格预审或招标。通过详细审查的申请人的数量不足3个的,招标人重新组织资格预审或不再组织资格预审。

4.资格预审申请文件格式

投标人应按照如下顺序和规定格式提交资格审查申请文件。

(1) 资格预审申请函;

(2) 法定代表人身份证明;

(3) 授权委托书;

(4) 联合体协议书;

(5) 申请人基本情况表;

(6) 近年财务状况表;

(7) 近年完成的类似项目情况表;

(8) 正在施工的和新承接的项目情况表;

(9) 近年发生的诉讼及仲裁情况;

(10) 其他材料。

《房屋建筑和市政工程标准施工招标资格预审文件(2010年版)》所列部分资格预审申请文件格式见表2-4~表2-13。

表 2-4

资格预审申请函

____________(招标人名称): 1.按照资格预审文件的要求,我方(申请人)递交的资格预审申请文件及有关资料,用于你方(招标人)审查我方参加____________(项目名称)____________标段施工招标的投标资格。 2.我方的资格预审申请文件包含第二章“申请人须知”第 3.1.1 项规定的全部内容。 3.我方接受你方的授权代表进行调查,以审核我方提交的文件和资料,并通过我方的客户,澄清资格预审申请文件中有关财务和技术方面的情况。 4.你方授权代表可通过____________(联系人及联系方式)得到进一步的资料。 5.我方在此声明,所递交的资格预审申请文件及有关资料内容完整、真实和准确,且不存在第二章“申请人须知”第 1.4.3 项规定的任何一种情形。 申请人:____________(盖单位章) 法定代表人或其委托代理人:____________(签字) 电话:____________ 传真:____________ 申请人地址:____________ 邮政编码:____________ ____年____月____日

表 2-5

法定代表人身份证明

申请人名称:____________ 单位性质:____________ 成立时间:____年____月____日 经营期限:____________ 姓名:________ 性别:____ 年龄:____ 职务:________ 系____________(申请人名称)的法定代表人。 特此证明。 申请人:____________(盖单位章) ____年____月____日

表 2-6

授权委托书

本人________(姓名)系________(申请人名称)的法定代表人,现委托________(姓名)为我方代理人。代理人根据授权,以我方名义签署、澄清、递交、撤回、修改____________(项目名称)________标段施工招标资格预审申请文件,其法律后果由我方承担。 委托期限:____________。 代理人无转委托权。 附:法定代表人身份证明 申请人:____________(盖单位章) 法定代表人:____________(签字) 身份证号码:____________ 委托代理人:____________(签字) 身份证号码:____________ ____年____月____日

表2-7 **联合体协议书**

牵头人名称：____________________

法定代表人：____________________

法定住所：____________________

成员二名称：____________________

法定代表人：____________________

法定住所：____________________

……

鉴于上述各成员单位经过友好协商，自愿组成________(联合体名称)联合体，共同参加________(招标人名称)(以下简称招标人)________(项目名称)________标段(以下简称合同)投标。现就联合体投标事宜订立如下协议：

1. ________(某成员单位名称)为________(联合体名称)牵头人。

2. 在本工程投标阶段，联合体牵头人合法代表联合体各成员负责本工程资格预审申请文件和投标文件编制活动，代表联合体提交和接收相关的资料、信息及指示，并处理与资格预审、投标和中标有关的一切事务；联合体中标后，联合体牵头人负责合同订立和合同实施阶段的主办、组织和协调工作。

3. 联合体将严格按照资格预审文件和招标文件的各项要求，递交资格预审申请文件和投标文件，履行投标义务和中标后的合同，共同承担合同规定的一切义务和责任，联合体各成员单位按照内部职责划分，承担各自所负的责任和风险，并向招标人承担连带责任。

4. 联合体各成员单位内部的职责分工如下：____。

按照本条上述分工，联合体成员单位各自所承担的合同工作量比例如下：____。

5. 资格预审和投标工作以及联合体在中标后工程实施过程中的有关费用按各自承担的工作量分摊。

6. 联合体中标后，本联合体协议是合同的附件，对联合体各成员单位有合同约束力。

7. 本协议书自签署之日起生效，联合体未通过资格预审、未中标或者中标时合同履行完毕后自动失效。

8. 本协议书一式______份，联合体成员和招标人各执一份。

牵头人名称：____________________(盖单位章)

法定代表人或其委托代理人：____________(签字)

成员二名称：____________________(盖单位章)

法定代表人或其委托代理人：____________(签字)

……

______年____月____日

备注：本协议书由委托代理人签字的，应附法定代表人签字的授权委托书。

表 2-8　**申请人基本情况表**

<table>
<tr><td>申请人名称</td><td colspan="7"></td></tr>
<tr><td>注册地址</td><td colspan="3"></td><td colspan="2">邮政编码</td><td colspan="2"></td></tr>
<tr><td rowspan="2">联系方式</td><td>联系人</td><td colspan="2"></td><td colspan="2">电话</td><td colspan="2"></td></tr>
<tr><td>传真</td><td colspan="2"></td><td colspan="2">网址</td><td colspan="2"></td></tr>
<tr><td>组织结构</td><td colspan="7"></td></tr>
<tr><td>法定代表人</td><td>姓名</td><td></td><td colspan="2">技术职称</td><td></td><td>电话</td><td></td></tr>
<tr><td>技术负责人</td><td>姓名</td><td></td><td colspan="2">技术职称</td><td></td><td>电话</td><td></td></tr>
<tr><td>成立时间</td><td colspan="2"></td><td colspan="2">员工总人数</td><td colspan="3"></td></tr>
<tr><td>企业资质等级</td><td colspan="2"></td><td rowspan="5">其中</td><td colspan="2">项目经理</td><td colspan="2"></td></tr>
<tr><td>营业执照号</td><td colspan="2"></td><td colspan="2">高级职称人员</td><td colspan="2"></td></tr>
<tr><td>注册资金</td><td colspan="2"></td><td colspan="2">中级职称人员</td><td colspan="2"></td></tr>
<tr><td>开户银行</td><td colspan="2"></td><td colspan="2">初级职称人员</td><td colspan="2"></td></tr>
<tr><td>账号</td><td colspan="2"></td><td colspan="2">技工</td><td colspan="2"></td></tr>
<tr><td>经营范围</td><td colspan="7"></td></tr>
<tr><td>体系认证情况</td><td colspan="7">说明：通过的认证体系、通过时间及运行状况</td></tr>
<tr><td>备注</td><td colspan="7"></td></tr>
</table>

表 2-9　**近年完成的类似项目情况表**

项目名称	
项目所在地	
发包人名称	
发包人地址	
发包人电话	
合同价格	
开工日期	
竣工日期	
承担的工作	
工程质量	
项目经理	
技术负责人	
总监理工程师及电话	
项目描述	
备注	

注：类似项目业绩须附合同（或协议书）和竣工验收备案登记表复印件。

表 2-10　**正在施工的和新承接的项目情况表**

项目名称	
项目所在地	
发包人名称	
发包人地址	
发包人电话	
合同价格	
开工日期	
计划竣工日期	
承担的工作	
工程质量	
项目经理	
技术负责人	
总监理工程师及电话	
项目描述	
备注	

注:正在施工和新承接项目须附合同(或者协议书、中标通知书)复印件。

表 2-11　**拟投入项目管理人员情况表**

姓名	性别	年龄	职称	专业	资格证书编号	拟在本项目中担任的工作或岗位

表 2-12　**项目经理简历表**

<table>
<tr><td>姓名</td><td></td><td>年龄</td><td></td><td>学历</td><td></td></tr>
<tr><td>职称</td><td></td><td>职务</td><td></td><td>拟在本工程任职</td><td>项目经理</td></tr>
<tr><td colspan="3">注册建造师资格等级</td><td>级</td><td>建造师专业</td><td></td></tr>
<tr><td colspan="3">安全生产考核合格证书</td><td colspan="3"></td></tr>
<tr><td>毕业学校</td><td colspan="5">年毕业于　　　　学校　　　　专业</td></tr>
<tr><td colspan="6">主要工作经历</td></tr>
<tr><td>时间</td><td colspan="2">参加过的类似项目名称</td><td colspan="2">工程概况说明</td><td>发包人及电话</td></tr>
<tr><td></td><td colspan="2"></td><td colspan="2"></td><td></td></tr>
<tr><td></td><td colspan="2"></td><td colspan="2"></td><td></td></tr>
</table>

注:项目经理应附建造师执业资格证书、注册证书、安全生产考核合格证书、身份证、职称证书、学历证、养老保险复印件以及未担任其他在施建设工程项目经理的承诺,管理过的项目业绩须附合同协议书和竣工验收备案登记表复印件。类似项目仅限于以项目经理身份参与的项目。

表 2-13　　主要项目管理人员简历表

岗位名称			
姓名		年龄	
性别		毕业学校	
学历和专业		毕业时间	
拥有的执业资格		专业职称	
执业资格证书编号		工作年限	
主要工作业绩及担任的主要工作			

注：主要项目管理人员是指项目副经理、技术负责人、合同商务负责人、专职安全生产管理人员等岗位人员。这些人员应附注册资格证书、身份证、职称证书、学历证、养老保险复印件，专职安全生产管理人员应附有效的安全生产考核合格证书。主要业绩须附合同或协议书。

三、资格预审公告的编制

1. 资格预审公告的含义

资格预审公告是指招标人通过媒介发布的，表示招标项目采用资格预审的方式，公开选择条件合格的潜在投标人，使感兴趣的潜在投标人了解招标项目的情况及资格条件，前来购买资格预审文件，参加资格预审和投标竞争的公告。

工程项目招标采用资格预审方式时，必须在工程项目开始招标前发布资格预审公告，进行资格预审。

2. 资格预审公告的内容

工程施工项目资格预审公告内容一般包括以下内容。

(1) 招标项目的条件，包括项目审批、核准或备案机关名称，资金来源，项目出资比例，招标人的名称等；

(2) 项目概况与招标范围，包括本次招标项目的建设地点、规模、计划工期、招标范围、标段划分等；

(3) 对申请人的资格要求，包括资质等级与业绩，是否接受联合体申请，申请标段数量；

(4) 资格预审方法，明确是采用合格制还是有限数量制；

(5) 资格预审文件的获取时间、地点和售价；

(6) 资格预审申请文件的提交地点和截止时间；

(7) 同时发布公告的媒介名称；

(8) 联系方式等。

3. 工程施工资格预审公告格式

为了规范施工招标资格预审文件、招标文件编制活动，促进招标投标活动的公开、公平和公正，国家发展和改革委员会等九部委联合制定了《〈标准施工招标资格预审文件〉和〈标准施工招标文件〉试行规定(2007 年版)》及相关附件。国家住房和城乡建设部在此基础上制定了《房屋建筑和市政工程标准施工招标资格预审文件(2010 年版)》和《房屋建筑和市政工程标准施工招标文件(2010 年版)》。根据前者，工程施工资格预审公告格式见表 2-14。

表 2-14　**《房屋建筑和市政工程施工招标资格预审文件(2010年版)》公告格式**

资格预审公告

____________(项目名称)________(标段名称)施工招标

资格预审公告(代招标公告)

招标编号:

1. 招标条件

本招标项目____________(项目名称)已由____________(项目审批、核准或备案机关名称)以____________(批文名称及编号)批准建设,项目业主为____________,建设资金来自____________(资金来源),项目出资比例为____________,招标人为____________,招标代理机构为____________。项目已具备招标条件,现进行公开招标,特邀请有兴趣的潜在投标人(以下简称申请人)提出资格预审申请。

2. 项目概况与招标范围

2.1　项目概况

建设地点:________________________。

建设规模:________________________。

其他:____________________________。

2.2　招标范围

招标范围:________________________。

标段划分:________________________。

计划工期:____________日历天,计划开工日期:____________。

合同估算价:______________________。

2.3　其他:____________________________。

3. 申请人资格要求

3.1　本次资格预审要求申请人具备____________资质,近五年完成过1项____________(类似项目描述)业绩,并在人员、设备、资金等方面具备相应的施工能力,其中,申请人拟派项目经理须具备____________专业____________级注册建造师执业资格和有效的安全生产考核合格证书(B证),且未担任其他在施建设工程项目的项目经理。

3.2　本项目________(属于/不属于)政府采购工程。□项目整体预留专门面向中小企业采购。□项目整体预留专门面向小微企业采购。□项目部分预留专门面向中小企业采购。□项目未预留份额专门面向中小企业采购。

3.3　本次资格预审____________(接受/不接受)联合体资格预审申请。联合体申请资格预审的,应满足下列要求:________________________。

3.4　各申请人可就本项目上述标段中的____________(具体数量)个标段提出资格预审申请,通过资格审查后参加相应标段的投标,但最多允许中标____________(具体数量)个标段(适用于分标段的招标项目)。

3.5　其他要求:____。

4. 资格预审方法

本次资格预审采用____________(合格制/有限数量制)。采用有限数量制的,当通过详细审查的申请人多于____________家时,通过资格预审的申请人限定为____________家。

5. 资格预审文件的获取

5.1　凡有意申请资格预审者(若为联合体申请,指联合体所有成员),应当在××省电子招投标交易平台(以下简称电子交易平台)进行注册登记,并办理CA数字证书(具体操作参见电子交易平台—服务指南—交易主体注册指南)。

5.2　完成注册登记后,请于________年________月________日至________年________月________日24:00时止(北京时间,下同),通过互联网使用CA数字证书登录电子交易平台,在所申请标段免费下载资格预审文件。联合体申请的,由联合体牵头人下载资格预审文件(具体操作参见电子交易平台—服务指南—招标(资审)文件下载指南)。未按规定从电子交易平台下载资格预审文件的,招标人(电子交易平台)拒收其申请文件。

续表

6. 资格预审申请文件的递交

6.1　资格预审申请文件递交截止时间为________年________月________日________时________分。

6.2　申请人应当在资格预审申请截止时间前，通过互联网使用CA数字证书登录电子交易平台，将加密的电子资格预审申请文件上传，申请人完成资格预审申请文件上传后，电子交易平台即时向申请人发出电子签收凭证，递交时间以电子签收凭证载明的传输完成时间为准。逾期未完成上传或未加密的电子资格预审申请文件，招标人（电子交易平台）将拒收。

7. 发布公告的媒介

本次资格预审公告同时在××省公共资源交易电子服务系统（发布公告的媒介名称）上发布。

8. 联系方式

招 标 人：________________	招标代理机构：________________
地　　址：________________	地　　址：________________
邮　　编：________________	邮　　编：________________
联 系 人：________________	联 系 人：________________
电　　话：________________	电　　话：________________
传　　真：________________	传　　真：________________
电子邮件：________________	电子邮件：________________
网　　址：________________	网　　址：________________
开户银行：________________	开户银行：________________
账　　号：________________	账　　号：________________

________年________月________日

四、资格预审程序

工程施工招标项目资格审查案例

资格预审一般按以下程序进行。

1. 编制资格预审文件

对依法必须进行招标的项目，招标人应使用相关部门制定的标准文本，根据招标项目的特点和需要编制资格预审文件。

2. 发布资格预审公告

公开招标的项目，应当发布资格预审公告。对于依法必须进行招标的项目，资格预审公告应当在国务院发展改革部门依法指定的媒介上发布。

3. 发售资格预审文件

招标人应当按照资格预审公告规定的时间、地点发售资格预审文件。资格预审文件的发售期不得少于5日。发售资格预审文件收取的费用，应当限于补偿印刷、邮寄的成本支出，不得以营利为目的。申请人对资格预审文件有异议的，应当在递交资格预审申请文件截止时间2日前向招标人提出。招标人应当自收到异议之日起3日内做出答复，做出答复前，应当暂停实施招标投标的下一步程序。

4.资格预审文件的澄清、修改

招标人可以对已发出的资格预审文件进行必要的澄清或者修改。澄清或者修改的内容可能影响资格预审申请文件编制的,招标人应当在提交资格预审申请文件截止时间至少3日前,以书面形式通知所有获取资格预审文件的潜在投标人;不足3日的,招标人应当顺延提交资格预审申请文件的截止时间。

5.编制并递交资格预审申请文件

潜在投标人应严格依据资格预审文件要求的格式和内容,编制、签署、装订、密封、标识资格预审申请文件,按照规定的时间、地点、方式递交。依法必须进行招标的项目,提交资格预审申请文件的截止时间,自资格预审文件停止发售之日起不得少于5日。

6.组建资格审查委员会

国有资金占控股或者主导地位的依法必须进行招标的项目,招标人应当组建资格审查委员会审查资格预审申请文件。资格审查委员会及其成员应当遵守招标投标法及其实施条例有关评标委员会及其成员的规定,即资格审查委员会由招标人(招标代理机构)熟悉相关业务的代表和不少于成员总数2/3的技术、经济方面等专家组成,成员人数为5人以上单数。其他项目由招标人自行组织资格审查。

7.评审资格预审申请文件,编写资格审查报告

资格审查委员会应当按照资格预审文件载明的标准和方法,对资格预审申请文件进行审查,确定通过资格预审的申请人名单,并向招标人提交书面资格审查报告。资格审查报告一般包括以下内容:① 基本情况和数据表;② 资格审查委员会名单;③ 澄清、说明、补正事项纪要等;④ 审查程序和时间,未通过资格审查的情况说明,通过评审的申请人名单;⑤ 评分比较一览表和排序;⑥ 其他需要说明的问题。

8.确认通过资格预审的申请人

招标人根据资格审查报告确认通过资格预审的申请人,并向其发出投标邀请书(代资格预审合格通知书)。招标人应要求通过资格预审的申请人收到通知后,以书面方式确认是否参与投标。同时,招标人还应向未通过资格预审的申请人发出资格预审结果的书面通知。

其中,编制资格预审文件和组织进行资格预审申请文件的评审,是完成资格预审程序中的两项重要内容。

任务三　工程施工资格预审申请文件的编制

一、资格预审申请文件的组成

工程施工资格预审申请文件应包括下列内容。

1. 资格预审申请函

资格预审申请函是资格预审申请人向招标人递交的愿意参加资格预审的申请。它表明已按照资格预审文件的要求，递交了资格预审申请文件及有关资料，可供招标人审查，资料内容完整、真实和准确。

2. 法定代表人身份证明或附有法定代表人身份证明的授权委托书

资格预审申请人法人单位出具证明该单位法定代表人身份的文件，并附上有效身份证明，如居民身份证。如法定代表人不能亲自递交资格预审申请文件，则必须出具法定代表人签署的表明授权权限并经委托代理人签字确认的授权委托书。在递交资格预审申请文件时，委托人还应向招标人单独递交一份授权委托书原件。

3. 联合体协议书

如果资格预审公告表明允许联合体投标，且资格预审申请人是联合体中的一方牵头人，则还应递交联合体各方签署的联合体协议书。不接受联合体资格预审申请的或申请人没有组成联合体的，资格预审申请文件不包括联合体协议书。

4. 申请人基本情况表

按资格预审文件要求递交资格预审申请人的基本情况表。

5. 近年财务状况表

一般按要求出具近三年的经会计师事务所审计过的资产负债表、损益表、现金流量表等财务状况表。

6. 近年完成的类似项目情况表

类似项目一般是指与拟投标项目结构类似、规模相当、超过一定金额的项目。一般要求提供的类似项目为近三年来完成竣工验收的项目。

7. 正在施工和新承接的项目情况表

正在施工和新承接的项目是指尚未办理竣工验收的项目，不一定是拟投标项目的类似项目。

8. 近年发生的诉讼及仲裁情况

申请人应递交说明本单位近年是否发生诉讼及仲裁情况的证明文件。

9. 其他材料

根据资格预审文件的具体要求提供补充资料。

二、资格预审申请文件的编写、装订及递交

1. 按格式要求编写

资格预审申请文件应按资格预审申请文件格式进行编写，如有必要，可以增加附页，并作为资格预审申请文件的组成部分。如规定接受联合体资格预审申请的，还应包括联合体各方相关情况资料。

2.资格预审申请文件内容的编写

(1)法定代表人授权委托书。

法定代表人授权委托书必须由法定代表人签署,同时还应附上法定代表人和委托代理人的身份证明复印件。

(2)申请人基本情况表。

应附申请人营业执照副本及其年检合格的证明材料、资质证书副本和安全生产许可证等材料的复印件。

(3)近年财务状况表。

应附经会计师事务所或审计机构审计的财务会计报表,包括资产负债表、现金流量表、利润表和财务情况说明书的复印件,具体年份要求见申请人须知前附表。

(4)近年完成的类似项目情况表。

应附中标通知书和(或)合同协议书、工程接收证书(工程竣工验收证书)的复印件,具体年份要求见申请人须知前附表。每张表格只填写一个项目,并标明序号。

(5)正在施工和新承接的项目情况表。

应附中标通知书和(或)合同协议书复印件。每张表格只填写一个项目,并标明序号。

(6)近年发生的诉讼及仲裁情况。

应说明相关情况,并附法院或仲裁机构作出的判决、裁决等有关法律文书复印件,具体年份要求见申请人须知前附表。

3.资格预审申请文件的装订、签字

(1)申请人应按规定的要求,编制完整的资格预审申请文件,要用不褪色的材料书写或打印,并由申请人的法定代表人或其委托代理人签字或盖单位章。资格预审申请文件中的任何改动之处应加盖单位章或由申请人的法定代表人或其委托代理人签字确认。签字或盖章的具体要求见申请人须知前附表。

(2)资格预审申请文件正本一份,副本份数见申请人须知前附表要求。正本和副本的封面上应清楚地标记“正本”和“副本”字样。当正本和副本不一致时,以正本为准。

(3)资格预审申请文件正本与副本应分别装订成册,并编制目录,具体装订要求见申请人须知前附表。

4.资格预审申请文件的密封和标识、递交

(1)资格预审申请文件的密封和标识。

资格预审申请文件的正本与副本应分开包装,加贴封条,并在封套的封口处加盖申请人单位章。在资格预审申请文件的封套上应清楚地标记“正本”或“副本”字样,封套还应写明招标人的地址、招标人全称、项目名称及文件开启时间规定等。

未按要求密封和加写标记的资格预审申请文件,招标人不予受理。

(2)资格预审申请文件的递交。

资格预审申请人应根据资格预审文件规定的申请截止时间、地点递交资格预审申请文件。申请人所递交的资格预审申请文件一般不予退还。逾期送达或者未送达指定地点的资格预审申请文件，招标人不予受理。

三、资格预审申请文件编制注意事项

1. 高度重视资格预审，深刻领会资格预审文件精神

当潜在投标人获得资格预审信息后，根据自身实力，决定参加下一步的投标工作，争取中标，是潜在投标人的根本目的。而能否参加投标，取决于资格预审能否通过。参加资格预审，除了符合法律规定的资格要件外，招标人提出的要求也不能忽视。资格预审申请文件是根据资格预审文件编制的。因此，必须高度重视资格预审，深刻领会资格预审文件精神，根据文件的要求编制资格预审申请文件，就会通过资格预审。否则，由于小的疏忽，资格预审不能通过，就会被挡在该项目的招标大门之外，从而失去竞标的机会。

2. 注意整理资料，编制内容要完整、齐全、有效

资格预审所需要提交的资格材料是多方面的，反映的是企业的整体素质和履约能力。而这些是企业经营多年的积累，体现在企业和企业人员取得的各种证书和证明文件上，分散在企业的各个部门和员工手中。企业投标部门平时应注意收集、整理这些资料，待参加资格预审时容易取得。

有些证书是有时效性的，企业应及时更换。更换后的新证要及时将复印件交投标部门留存。否则，可能会由于资格预审申请文件提交了过期的旧证复印件，从而导致资格预审不能通过的被动局面。如资格预审要求资格预审申请人提交有效的营业执照，而资格预审申请人却提交了往年的营业执照复印件。资格审查委员会在评审时，可能会因营业执照未通过年审而判断企业未参加营业执照年审，从而否决其资格预审。

3. 注重细节，对照资格预审文件认真编制

装订、密封、签章是资格预审容易疏漏的环节。内容完整、齐全、有效的资格预审申请文件，如果不注重细节，也可能通过不了资格预审。如资格预审文件要求资格预审申请文件提供正、副本，且要求分别包装，则正、副本合在一起包装就会造成资格预审申请文件不合格。如资格预审文件要求正、副本具有同等法律效力，就要特别注意副本的盖章和签字是否是原件。另外，还要注意是否有小签的规定，页码的编制是否连续，更不要出现漏装和错装现象。

4. 业绩材料满足资格预审需要即可，不要贪多

资格预审申请文件所提交的资料并非越多越好，要针对资格预审文件的要求提供，否则会适得其反，做大量无用功。如要求提供 3 个以上类似工程就可满足类似工程条款要求，而企业提供了 10 个或几十个类似工程，这就没有必要了。花费了大量的工夫，其效果与提供了 3 个类似工程一样。若是采用有限数量制评审，提供 3 个类似工程的，该项就可得满分，提供再多类似工程，得分也是一样的。

5. 遵纪守法，诚信编制资格预审申请文件

诚实信用是每个企业经营的基础，也是发展的根本。参加招标投标活动，必须坚持诚实信用的原则。在资格预审阶段，诚实守信体现在资格预审申请文件的编制上。在资

格预审申请函中有一句话是“我方在此声明,所递交的资格预审申请文件及有关资料内容完整、真实和准确……”,就体现了诚实信用原则。在编制资格预审申请文件时,文件的真实性是最基本的要求。由于资格预审文件所提交的材料均为复印件,这就给有些企业和个人提供了钻空子的机会,对提交的文件“做手脚”。如将非企业专职技术人员改成企业专职技术人员,殊不知这会造成资格预审的不公平,损害其他当事人的利益。一经查出,也会给企业戴上不诚信的“帽子”,影响企业发展,如果受到处罚,将会影响下一步的投标。

模块小结

在工程招标投标活动中,参与投标的企业只有符合资质(资格)要求才能中标。招标人需要对潜在投标人进行资格审查。

资格审查是指招标人对申请人或潜在投标人的经营资格、专业资质、财务状况、技术能力、管理能力、业绩、信誉等方面进行评估审查,以判定其是否具有投标、订立和履行合同的资格及能力。资格审查应遵守科学、合法和择优原则。资格审查分为资格预审和资格后审两种方式。资格审查标准分为合格制法和有限数量制法两种。

实行资格预审的工程招标项目首先要在规定的媒体上发布资格预审公告。招标人通过媒介发布资格预审公告,表示招标项目采用资格预审的方式,公开选择条件合格的潜在投标人,使感兴趣的潜在投标人了解招标项目的情况及资格条件,前来购买资格预审文件,参加资格预审和投标竞争。

招标人还要按规定编制资格预审文件。资格预审文件是招标人公开告诉潜在投标人参加招标项目投标竞争应具备的资格条件的重要文件。资格预审文件一般按照标准范本编制,建设工程施工项目资格预审文件的范本可以使用我国住房和城乡建设部颁发的《房屋建筑和市政工程标准施工招标资格预审文件(2010年版)》。工程施工资格预审文件的内容包括资格预审公告、申请人须知、资格审查办法、资格预审申请文件格式、项目建设概况五部分。

潜在投标人根据资格预审文件的要求编制资格预审申请文件。工程施工资格预审申请文件应包括下列内容:资格预审申请函、法定代表人身份证明、授权委托书、申请人基本情况表、近年财务状况表、企业获奖情况表、近年完成的类似项目情况表、正在施工和新承接的项目情况表、近年发生的诉讼及仲裁情况、其他材料。

思考题

某市政协的综合办公楼进行施工招标资格预审,要求投标企业为房屋建筑施工总承包一级及以上资质。资格预审公告发出后,有15家单位报名参加。

① 资格预审时，有招标人代表提出不能使用民营企业，应选择国有大中型企业。

② 资格预审文件中规定资格审查采用合格制，评审过程中招标人发现合格的投标申请人达 12 家之多，因此要求对他们进行综合评价和比较，并采用投票方式优选出 7 家作为最终的资格预审合格投标人。

问：(1) 工程施工招标资格审查方法有哪两种？合格制的资格审查办法的优、缺点是什么？

(2) 上述程序中，有哪些不妥之处？试说明理由。

复习题库及答案

模块实训

1. 根据招标工作计划时间要求明细表(表 2-15)提供的资料和要求编制一份招标工作时间计划表，确保时间符合《招标投标法》的要求。

表 2-15　**招标工作计划时间要求明细表**

序号	项目	时间要求	备注
1	发布资格预审公告	上网公布次日起 5 个工作日	标办负责上传到网上，上传当日不算
2	报名、领取资格预审文件	与公告同步进行，公告发布日期截止，即截止报名	
3	提交资格预审申请文件	报名截止时间 3 日后(最少 3 日)，且限在 1 日内全部递交	
4	资格审查会	1 日或更长	一般在资格预审申请文件递交后第二天进行
5	发布资格预审结果通知	资格审查会结束后(限 1 日)	
6	发售招标文件	发布资格审查结果通知书后(限 1 日)	
7	现场考察	发售招标文件截止时间 3 日后	间隔最少 3 日
8	投标预备会	与现场考察间隔 1～2 日	
9	如发布招标文件澄清函或补遗书	与投标预备会间隔至少 1 日	
10	提交投标文件	自招标文件发售之日起不得少于 20 日(两者中间间隔 20 日，如发布招标文件澄清或补遗书，则发布时间与提交时间之间不得少于 15 日)	本工程假设发布招标文件澄清函或补遗书

续表

序号	项目	时间要求	备注
11	开标	提交投标文件截止时间的同一时间	一般习惯在上午10时或者下午2时开标,那么在上午10时或者下午2时之前必须提交投标书,过时拒收
12	评标	开标后即进行	一般与开标安排在同一天进行,1日或者更长
13	中标公示	评标结束后次日上网,从次日起算5个工作日	上网当天不算
14	中标通知	中标公示结束后次日	
15	签订合同	自中标通知书发出之日起30日内	
说明		1. 一般情况,原则上周末不安排工作(除非工期要求紧迫),招标计划应以合理安排为准,编制计划时请注意周末及节假日。 2. 本计划从项目实训日开始编制。 3. 据此编制本项目最短、最合理的招标工作时间计划表	

2. 根据你所在的地区工程资格预审公告的要求或本书中工程施工资格预审公告模板,模拟一个工程施工项目,编制一份资格预审公告。

3. 全班同学按7～9人为一组进行分组,各组按工程总承包二级以上企业的要求,模拟成立一支施工企业,根据提供的资格预审文件,编写一份资格预审申请文件。编写完成后,再编制一份PPT文件,将编制资格预审申请文件的过程与同学们一起分享,巩固学生编制工程招标资格预审申请文件的能力。

模块三　建设工程项目招标

【模块概述】

工程招标是工程招标投标活动中最重要的环节，对整个招标投标过程是否合法、科学，能否实现招标目的，具有基础性影响。本模块首先对工程招标做了概述，包括工程建设项目招标的项目范围和规模、条件，工程招投标的方式及工程招标的程序；接着，对工程招标文件做了详细介绍，包括工程招标标准文件的种类及使用、工程招标文件的构成；最后，介绍了工程招标控制价的编制及编制注意事项。

【学习目标】

1. 掌握工程招标的方式，工程招标文件的构成，招标控制价的编制内容、编制步骤和方法。

2. 熟悉工程建设项目招标的条件、工程招标的程序、招标控制价的编制依据和原则。

3. 了解工程建设项目招标的项目范围和规模、工程招标标准文件的种类及使用、编制招标控制价的注意事项。

【能力目标】

通过本模块的学习，学生应具备独立编制招标公告或投标邀请书的能力，能够协助主要招标编制人员编制一般工程招标文件，具有能识别招标文件中存在的问题的能力。

【素质目标】

培养学生公正、严谨、规范的职业习惯。

任务一　概述

一、建设工程项目招标的项目范围和规模

1. 必须进行工程招标的项目范围

我国工程招标投标活动实行的是强制招标投标制度，并规定了强制招标的项目范围和规模。

《招标投标法》第三条规定下列3类工程建设项目(包括项目的勘察、设计、施工、监理以及与工程建设有关的重要设备、材料等的采购)无论资金来源如何,必须进行招标。

(1) 大型基础设施、公用事业等关系社会公共利益、公众安全的项目;

(2) 全部或者部分使用国有资金投资或者国家融资的项目;

(3) 使用国际组织或者外国政府贷款、援助资金的项目。

2. 必须进行工程招标的项目规模

《必须招标的工程项目规定》第五条为:“本规定第二条至第四条规定范围内的项目,其勘察、设计、施工、监理以及与工程建设有关的重要设备、材料等的采购达到下列标准之一的,必须招标:(1) 施工单项合同估算价在400万元人民币以上;(2) 重要设备、材料等货物的采购,单项合同估算价在200万元人民币以上;(3) 勘察、设计、监理等服务的采购,单项合同估算价在100万元人民币以上。同一项目中可以合并进行的勘察、设计、施工、监理以及与工程建设有关的重要设备、材料等的采购,合同估算价合计达到前款规定标准的,必须招标。”

3. 可以不进行招标的项目

对于不进行招标的特殊情况,法律也做了明确的界定。根据《招标投标法》和《招标投标法实施条例》,依法必须招标的项目,具有下列情形之一的,可以不进行招标。

(1) 涉及国家安全、国家秘密的项目。招标投标活动要求公开进行,而涉及国家安全、国家秘密的项目,如某些国防建设工程,由于项目本身的保密性,不允许将项目情况对外公开,故不宜采用招标方式。

(2) 抢险救灾项目。招标项目必须严格按照规定的程序进行,不允许随意缩短时间。而抢险救灾项目时间要求非常急,故不宜采用招标方式。

(3) 利用扶贫资金实行以工代赈,需要使用进城务工人员的项目。以工代赈,是指政府投资建设基础设施工程,受赈济的贫困地区农民群众参加工程建设而获得劳务报酬,以此取代直接救济的一种扶持政策。由于此类项目不具备竞争性特征,故不适用招标方式。

二、建设工程项目招标的条件

1. 建设工程项目招标应具备的条件

建设工程项目必须具备一定的条件才能进行招标,这是为了规范招标行为,确保招标工作有条不紊地进行,维护招标投标市场秩序正常。

《招标投标法实施条例》规定,按照国家有关规定需要履行项目审批、核准手续的依法必须进行招标的项目,其招标范围、招标方式、招标组织形式应当报项目审批、核准部门审批、核准。对于工程施工项目,《工程建设项目施工招标投标办法》对招标的条件做了明确规定。依法必须招标的工程建设项目,应当具备下列条件才能进行施工招标。

(1) 招标人已经依法成立;

(2) 初步设计及概算应当履行审批手续的,已经批准;

(3) 有相应资金或资金来源已经落实;

(4) 有招标所需的设计图纸及技术资料。

2. 建设单位开展招标活动应具备的条件

招标人应当具有编制招标文件和组织评标的能力。一般来说，建设单位作为招标人开展招标活动需要具备以下条件。

(1) 招标人为法人或依法成立的其他组织。也就是说，招标人必须是依法成立的组织机构，个人不能作为招标人开展招标活动。

(2) 有与招标工程相适应的经济、技术人员。对于与开展招标活动相应的经济、技术人员，国家人力资源部门专门建立了招标采购专业技术人员职业水平评价制度，纳入全国专业技术人员职业资格证书制度统一规划，设有招标师和高级招标师两个级别。对于建设工程招标，建设主管部门根据工程招标的特点与工程造价咨询活动的密切关系，明确注册造价工程师具有与招标活动相应的能力。

(3) 有编制招标文件，审查投标单位资质的能力，即招标人具有与招标项目规模和复杂程度相适应的技术、经济等方面的专业人员。

(4) 有组织开标、评标、定标的能力。如果建设单位不具备编制招标文件和组织评标的能力，应委托相应的招标代理机构组织招标。

三、建设工程项目招标的方式

招投标制度在国际上有两百多年的历史，产生了许多招标方式，其中包括我国过去采用的“议标”方式，即招标人与投标人之间通过一对一的谈判达成中标的招标方式。各种招标方式，决定着招标投标活动的竞争性和公开程度。“议标”因不具有公开性和竞争性，在我国已被淘汰。

我国《招标投标法》明确规定，招标方式有两种，即公开招标和邀请招标。

1. 公开招标

公开招标又称为无限竞争招标，是指招标人以招标公告的方式邀请不特定的法人或者其他组织投标。采用这种方式，需要符合以下两个要求。

(1) 招标人需向不特定的法人或者其他组织发出投标邀请。招标人应当通过报纸、广播、网络等公共媒体公布其招标公告，采用资格预审方式的，还应发布资格预审公告，向不特定的人提出邀请。任何认为自己符合招标人要求的法人或其他组织、个人都有权向招标人索取招标文件或资格预审文件，并参加投标或资格预审。采用资格预审方式的，预审合格者都可以参加投标。

(2) 公开招标须采取公告的方式。招标人应通过招标监督管理部门指定的公共媒体发布招标公告，向社会公众明示其招标要求，使尽量多的潜在投标人获取招标信息并前来投标，从而保证公开招标的公开性。实际生活中人们经常在报纸上看到“×××招标通告”，此种方式即为公开招标方式。

公开招标的优点在于能够在最大限度内选择投标人，竞争性更强，择优率更高，同时可以在较大程度上避免招标活动中的贿标行为，因此国际上普遍采用这种招标方式。

2. 邀请招标

邀请招标又称为有限竞争招标，是指招标人以投标邀请书的方式邀请特定的法人或者其他组织投标。采用此种招标方式,招标人不通过发布招标公告的方式告知潜在投标人,而是根据自己了解的信息和掌握的经验,邀请有实力、经验丰富、信誉好的法人或者其他组织参加投标。其特征有:一是招标人向三个以上具备承担招标项目的能力、资信良好的特定法人或者其他组织发出投标邀请;二是邀请投标的对象是特定的法人或者其他组织。

公开招标与邀请招标相比较,前者更有利于充分竞争的开展,后者由于投标人数量少且为特定法人或组织,竞争不充分,因而在使用上受到国家限制性规定。根据相关规定,可以采取邀请招标方式的情况有以下三类。

(1) 国有资金占控股或者主导地位的依法必须进行招标的项目,应当公开招标,但有下列情形之一的,可以邀请招标。

① 技术复杂、有特殊要求或者受自然环境限制,只有少量潜在投标人可供选择;

② 采用公开招标方式的费用占项目合同金额的比例过大。

有前述所列情形,属于需要履行审批、核准手续的项目,由项目审批、核准部门在审批、核准项目时做出认定;其他项目由招标人申请有关行政监督部门做出认定。

(2) 国家重点项目和省、自治区、直辖市人民政府确定的地方重点项目不适宜公开招标的,经相关部门批准,可以采取邀请招标。

(3) 其他项目。招标人可以根据项目的实际情况决定是否采用邀请招标的方式。

需要说明的是,《政府采购法》对政府采购的方式除了公开招标和邀请招标外,还增加了四种采购方式。但《政府采购法》规定,属于政府采购的工程项目的招标适用《招标投标法》。因此,工程招标方式只有两种。

四、建设工程项目招标的程序

建设工程项目招标一般包括三个阶段,即招标准备阶段、招标阶段和定标签约阶段。各阶段均应按照规定的程序开展工作。

1. 招标准备阶段

该阶段的主要工作有:办理工程项目报建,自行招标或委托招标,选择招标方式,办理招标备案手续,编制招标有关文件等。该阶段的工作由招标人单独完成,投标人不参与。

① 办理工程项目报建。建设项目的立项文件获得批准后,招标人需向建设行政主管部门履行建设项目报建手续。只有报建申请批准后,才可以开展项目的建设。工程项目报建时,一般应提供的资料有:工程建设项目报建的书面申请(建设单位出具)、工程建设项目报建表、建设项目的年度计划批文或批示、基本建设投资项目登记备案证、国有土地使用证、建筑设计红线图等。

② 自行招标或委托招标。应当招标的工程建设项目,办理报建登记手续后,凡已满足招标条件的,均可组织招标,办理招标事宜。招标人组织招标应具有相应的组织招标的资质。根据招标人是否具有招标资质,组织招标可分为两种情况:一是招标人自己组织招标;二是招标人委托招标代理机构代理组织招标,代为办理招标事宜。招标人委托

招标代理机构代理招标，必须与之签订招标代理合同。

③ 选择招标方式。招标人选择采用公开招标或邀请招标。

④ 办理招标备案手续。招标人自己组织招标、自行办理招标事宜或者委托招标代理机构代理组织招标、代为办理招标事宜的，应当向有关建设行政监督部门备案，备案内容包括招标人资格备案、招标信息发布备案、招标文件备案等。

⑤ 编制招标有关文件。招标准备阶段应编制好招标过程中可能涉及的有关文件，保证招标活动的正常进行。这些文件一般包括：招标公告、资格预审文件、招标文件、招标标底或控制价文件、合同协议书以及资格预审和评标的方法。招标投标管理机构对有关文件进行审查认定后，就可发布招标公告或发出投标邀请书。

2. 招标阶段

一般来讲，公开招标时从发布招标公告开始，若为邀请招标，则从发出投标邀请函开始，到投标截止日期为止的期间称为招标阶段。在此阶段，招标人应做好招标的组织工作，投标人则按招标文件的有关规定程序进行投标报价竞争。招标人应当合理确定投标人编制投标文件所需要的时间，自招标文件发出之日起到投标截止日期，最短不得少于20日。

(1) 发布招标公告或者发出投标邀请书。

招标人要在报纸、杂志、广播、电视等大众传媒或工程交易中心公告栏上发布招标公告。发布招标公告的目的是让潜在投标人获得招标信息，确定是否参与竞争。招标公告或者投标邀请函的具体格式可由招标人自定，内容包括招标单位名称，建设项目资金来源，工程项目概况和本次招标工作范围的简要介绍，购买资格预审文件的地点、时间和价格等有关事项。

(2) 资格审查。

资格审查包括资格预审和资格后审，是对潜在投标人进行的资信调查，以确定其是否有能力承担并完成该工程项目。资格审查是招标阶段的重要工作，资格预审往往是在招标开始前完成的，资格审查的具体内容已在模块二做了详细讲解。

(3) 发放招标文件。

招标人根据项目特点和需要编制的招标文件，是投标人编制投标文件和报价的依据，因此，招标文件应当包括招标项目的技术要求、对投标人资格审查的标准、投标报价的要求和评标标准等所有实质性要求和条件，以及拟签订合同的主要条款。

招标文件发出后，招标人不得擅自变更其内容。确实需要进行必要的澄清、修改或补充的，应当在招标文件要求提交投标文件截止日期至少15日前，以书面形式通知所有购买招标文件的投标人，以便于他们修改投标书。该澄清、修改或补充的内容是招标文件的组成部分，对招标人和投标人都有约束力。

(4) 组织现场踏勘。

招标人可以组织投标人进行现场踏勘，也可以由投标人自行进行现场踏勘。现场踏勘的目的是让投标人了解招标工程现场和周围环境情况，获取必要的信息。招标人组织投标人进行现场踏勘时，必须通知所有的投标人一起到现场，不能单独通知一部分投标人进行踏勘。

(5) 标前会议。

标前会议又称为交底会、投标预备会。投标人研究招标文件和现场考察后会以书面形式提出某些质疑问题,招标人可以及时给予书面解答,也可以通过投标预备会进行解答,同时将解答内容送达所有购买招标文件的投标人。回答问题的函件作为招标文件的组成部分。如果书面解答的问题与招标文件中的规定不一致,以函件的解答为准。经过现场踏勘和标前会议后,投标人可以着手编制投标文件。

(6) 投标文件的编制及投标文件的接收。

3. 定标签约阶段

(1) 开标。

公开招标和邀请招标均应举行开标会议,体现招标的公平、公正和公开原则。开标应当在招标文件确定的提交投标文件截止日期的同一时间公开进行,开标地点应当为招标文件中预先确定的地点。所有投标人均应参加开标会议。开标时,由投标人或其推选的代表检验投标文件的密封情况。确认无误后,如果有标底应首先公布,然后由工作人员当众拆封,宣读投标人名称、投标价格和投标文件的其他主要内容。所有在投标致函中提出的附加条件、补充声明、优惠条件、替代方案等均应宣读。开标过程应当记录,并存档备查。开标后,任何投标人都不允许更改投标书的内容和报价,也不允许再增加优惠条件。投标书经启封后不得再更改评标和定标的标准。

(2) 评标。

评标是对各投标书优劣进行评审,以便确定合格中标候选人的过程。评标委员会负责评标工作。评标应当按照招标文件确定的评标标准和方法,按照平等竞争、公正、合理的原则,对投标人的报价、施工方案或组织设计、工期、质量等方面进行综合评比和比较。

(3) 定标。

中标人确定后,招标人向中标人发出中标通知书,同时将中标结果通知所有未中标的投标人并退还未中标的投标人的投标保证金或保函。经审查后,招标人与中标人应当自中标通知书发出之日起 30 日内,按照招标文件和中标人的投标文件正式签订书面合同。依法必须进行招标的项目,招标人应当自确定中标人之日起 15 日内,向有关行政监督部门提交招标投标情况的书面报告。

(4) 签订合同。

中标通知书发出后,招标人和中标人应当自中标通知书发出之日起 30 日内,按照招标文件和中标人的投标文件订立书面合同。中标人应当按照合同约定履行义务,完成中标项目。

任务二　建设工程项目招标文件的编制

一、工程招标标准文件

招标文件是招标人向投标人发出的旨在向其提供编写投标文件所需的资料,并向其通报招标投标依据的规则、标准、方法和程序等内容的书面文件。采用标准招标文件已成为国际招标投标活动的惯例和要求，如世界银行就强制要求其贷款项目采用世界银行编制的标准招标文件和评标报告格式。由于工程建设的复杂性，世界银行现行的标准文件版本多达24种。

为了规范国内工程招标文件编制活动，促进招标投标活动的公开、公平和公正，国家发展和改革委员会与有关主管部门联合或单独制定和发布了有关工程标准招标文件，各地方政府结合当地实际，也出台了各类工程招标标准文件。在工程建设领域，采用统一招标文件编制规则，提高招标文件编制质量和效率，促进招投标市场规范健康发展。国内房屋建筑工程所使用的主要标准招标文件有以下几种。

1.《中华人民共和国标准施工招标文件(2007年版)》

(1) 编制、发布的主体和时间。

《中华人民共和国标准施工招标文件(2007年版)》(以下简称《标准施工招标文件》)是国家发展和改革委员会等九部委联合编制，2007年11月1日以第56号令发布的，自2008年5月1日起施行的标准施工招标文件。《标准施工招标文件》在政府投资项目中试行，国务院有关部门和地方人民政府有关部门可选择若干政府投资项目作为试点。

(2) 使用要求。

国务院有关行业主管部门可根据《标准施工招标文件》并结合本行业施工招标特点和管理需要，编制行业标准施工招标文件。行业标准施工招标文件和试点项目招标人编制的施工招标资格预审文件、施工招标文件，应不加修改地引用《中华人民共和国标准施工招标资格预审文件(2007年版)》(以下简称《标准施工招标资格预审文件》)中的“申请人须知”(申请人须知前附表除外)、“资格审查办法”(资格审查办法前附表除外)，以及《标准施工招标文件》中的“投标人须知”(投标人须知前附表和其他附表除外)、“评标办法”(评标办法前附表除外)、“通用合同条款”。

(3) 适用范围。

《标准施工招标文件》适用于一定规模以上，且设计和施工不是由同一承包商承担的工程施工招标。

2.《中华人民共和国房屋建筑和市政工程标准施工招标文件(2010年版)》

(1) 编制、发布主体和时间。

《中华人民共和国房屋建筑和市政工程标准施工招标文件(2010年版)》(以下简称《行业标准施工招标文件》)是国家住房和城乡建设部编制，于2010年6月9日以建市〔2010〕88号文发布并于发布之日起施行的标准招标文件。

(2) 使用要求。

《行业标准施工招标文件》是《标准施工招标文件》的配套文件。《标准施工招标文件》第二章“投标人须知”、第三章“评标办法”正文部分以及第四章第一节“通用合同条款”是《行业标准施工招标文件》的组成部分。《行业标准施工招标文件》的第二章“投标人须知”、第三章“评标办法”正文部分以及第四章第一节“通用合同条款”均直接引用《标准施工招标文件》相同序号的章节。

(3) 适用范围。

《行业标准施工招标文件》适用于一定规模以上,且设计和施工不是由同一承包人承担的房屋建筑和市政工程施工招标。

3.《标准招标文件》

(1) 编制、发布主体和时间。

《中华人民共和国简明标准施工招标文件(2012年版)》(以下简称《简明标准施工招标文件》)和《中华人民共和国标准设计施工总承包招标文件(2012年版)》(以下简称《标准设计施工总承包招标文件》,两者以下统一简称为《标准招标文件》),是国家发展和改革委员会等九部委为落实中央关于建立工程建设领域突出问题专项治理长效机制的要求,进一步完善招标文件编制规则,提高招标文件编制质量,促进招标投标活动的公开、公平和公正而联合编制,于2011年12月20日以发改法规〔2011〕3018号发布,自2012年5月1日起实施。

(2) 使用要求。

国务院有关行业主管部门可根据本行业招标特点和管理需要,做出补充规定,细化和修改有关内容,但《标准招标文件》中的"投标人须知"(投标人须知前附表和其他附表除外)、"评标办法"(评标办法前附表除外)、"通用合同条款"应当不加修改地引用。

(3) 适用范围。

依法必须进行招标的工程建设项目,工期不超过12个月、技术相对简单且设计和施工不是由同一承包人承担的小型项目,其施工招标文件应当根据《简明标准施工招标文件》编制;设计施工一体化的总承包项目,其招标文件应当根据《标准设计施工总承包招标文件》编制。

地方标准
招标文件案例

4.地方标准招标文件(2022年版)

以湖北省房屋建筑和市政工程招投标活动所使用的标准文件为例。

(1) 编制目的、编制主体及时间。

为了规范和统一湖北省建筑交易招投标活动的管理,进一步规范招标文件编制原则,提高招标文件编制质量,切实提高招投标活动的公正性,湖北省公共资源交易中心(湖北省政府采购中心)编制了《湖北省房屋建筑和市政工程施工招标文件示范文本》(以下简称《示范文本》),于2022年10月24日正式执行。

(2) 使用要求。

《示范文本》是依据《中华人民共和国招标投标法实施条例》《电子招标投标办法》《标准施工招标文件》《房屋建筑和市政工程标准施工招标文件》制定,适用于依法必须招标的房屋建筑和市政工程的施工招标。对于政府采购促进中小企业发展的相关政策,《示范文本》也留出了表达空间。

(3) 适用范围。

《示范文本》主要适用于湖北省级电子交易平台,市(州)、县(市)电子交易平台可参照使用。

（4）标准招标文件范本种类。

湖北省房屋建筑和市政工程施工招标文件示范共有两个标准文件，分别是《湖北省房屋建筑和市政工程施工招标文件示范文本（2022电子化第六版）（适用于已进行资格预审的）》《湖北省房屋建筑和市政工程施工招标文件示范文本（2022电子化第六版）（适用于未进行资格预审的）》。

除工程招标标准文件外，涉及政府采购的工程项目，还有政府采购标准文件。根据国务院《招投标法实施条例》的规定，编制依法必须进行招标的项目的资格预审文件和招标文件，应当使用国务院发展改革部门会同有关行政监督部门制定的标准文本。

二、工程招标文件的构成

工程招标文件既是投标人编制投标文件的依据，也是评标委员会对投标文件进行评审的依据，还是招标人与中标人签订合同的基础。因此，工程招标文件是工程招标投标活动中重要的法律文件，招标人必须依法并应当根据招标项目的特点和需要编制招标文件。

1. 工程招标文件的组成

工程招标文件应当包括招标项目的技术要求、对投标人进行资格审查的标准、投标报价要求和评标标准等所有实质性要求和条件以及拟签订合同的主要条款。对于不同类型项目招标文件的内容构成，有关部委结合行业的具体特点进行了一些特殊规定。对于工程施工项目的招标文件，《工程建设项目施工招标投标办法》规定，招标文件一般包括下列内容。

（1）招标公告或投标邀请书；

（2）投标人须知；

（3）合同主要条款；

（4）投标文件格式；

（5）采用工程量清单招标的，应当提供工程量清单；

（6）技术条款；

（7）设计图纸；

（8）评标标准和方法；

（9）投标辅助材料。

招标人应当在招标文件中规定实质性要求和条件，并用醒目的方式标明。

2. 工程招标文件的主要内容

（1）招标公告或投标邀请书。

招标公告在公开招标未进行资格预审时使用，投标邀请书在公开招标通过资格预审后使用或邀请招标时使用，一般应载明如下内容。

① 招标人的名称、地址；委托代理机构进行招标的，还应注明该机构的名称和地址。

② 招标项目的内容、规模、资金来源。

③ 招标项目的实施地点和工期。

④ 获取招标文件或者资格预审文件的地点和时间。

⑤ 对招标文件或者资格预审文件收取的费用。

⑥ 对投标人的资质等级要求。投标人须具备规定的资质和一定的业绩,并在人员、设备、资金等方面具有相应的施工能力。

招标公告或邀请招标的投标邀请书的格式参见模块二的资格预审公告。已通过资格预审的投标邀请书格式见表3-1。

表3-1 **投标邀请书(代资格预审合格通知书)格式**

________________(项目名称)__________标段施工投标邀请书 ________________(被邀请单位名称): 你单位已通过资格预审,现邀请你单位按招标文件规定的内容,参加____________(项目名称)__________标段施工投标。 请你单位于_____年____月____日至_____年____月____日(法定公休日、法定节假日除外),每日上午____时至____时,下午____时至____时(北京时间,下同),在____________(详细地址)持本投标邀请书购买招标文件。 招标文件每套售价为________元,售后不退。图纸押金为________元,在退还图纸时退还(不计利息)。邮购招标文件的,需另加手续费(含邮费)________元。招标人在收到邮购款(含手续费)后________日内寄送。 递交投标文件的截止时间(投标截止时间,下同)为_____年____月____日____时____分,地点为________________。 逾期送达的或者未送达指定地点的投标文件,招标人不予受理。 你单位收到本投标邀请书后,请于__________(具体时间)前以传真或快递方式予以确认。 招标人:________________ 招标代理机构:________________ 地址:________________ 地址:________________ 邮编:________________ 邮编:________________ 联系人:________________ 联系人:________________ 电话:________________ 电话:________________ 传真:________________ 传真:________________ 电子邮件:________________ 电子邮件:________________ 网址:________________ 网址:________________ 开户银行:________________ 开户银行:________________ 账号:________________ 账号:________________ _____年____月____日

(2) 投标人须知。

投标人须知包括投标人须知前附表、投标人须知正文部分和投标人须知附件(表)三部分,它针对投标招标活动的程序性、时限性,以及与招标投标有关的事项进行界定,是招标投标活动应遵循的程序规则,并作为整部招标文件各组成部分的基础性文件,相当于整部招标文件的"总则"。

投标人须知前附表通过表格的形式,列出正文部分的主要条款和要求,对招标投标活动中的重要事项起到强调和提醒作用,参考格式见表3-2。

表 3-2　　**投标人须知前附表(《示范文本》)参考格式**

条款号	条款名称	编列内容
1.1.2	招标人	名称:同投标邀请书,下同 地址: 联系人: 电话: 电子邮件:
1.1.3	招标代理机构	名称:同投标邀请书,下同 地址: 联系人: 电话: 电子邮件:
1.1.4	项目名称	
1.1.5	建设地点	
1.1.6	设计人	
1.1.7	监理人	
1.1.8	代建人	
1.2.1	资金来源	
1.2.2	出资比例	
1.2.3	资金落实情况	
1.2.4	项目性质	□本项目不属于政府采购工程,不执行政府采购政策。 □本项目属于政府采购工程,执行支持中小企业发展政策。采购标的对应的中小企业划型标准所属行业为建筑业
1.3.1	招标范围	______________________。 关于招标范围的详细说明见第七章“技术标准和要求”
1.3.2	计划工期	计划工期:__________日历天 计划开工日期:______年______月______日 计划竣工日期:______年______月______日 除上述总工期外,发包人还要求以下区段工期: 有关工期的详细要求见第七章“技术标准和要求”

续表

条款号	条款名称	编列内容
1.3.3	质量要求	质量目标： 关于质量要求的详细说明见第七章“技术标准和要求”
1.3.4	政府采购政策	根据相关规定，本项目采用以下方式支持中小企业发展 □项目整体预留专门面向中小企业采购。 □项目整体预留专门面向小微企业采购。 □项目部分预留专门面向中小企业采购，具体的政府采购特别资格要求详见第二章投标人须知附录一“投标人资质条件、能力和信誉”。部分预留的工作详见第二章投标人须知附录二“政府采购工程预留工作及金额”。 根据相关规定，本项目未预留份额专门面向中小企业采购，但对符合政府采购特别资格要求(详见第二章投标人须知附录一“投标人资质条件、能力和信誉”)且满足一定条件的投标人(详见第三章评标办法“政府采购工程价格评审优惠”)，在评标时享受价格扣除或增加价格分的优惠政策。 ______/______。
1.9.1	踏勘现场	□不组织 □组织，踏勘时间： 踏勘集中地点：
1.10.1	投标预备会	□不召开 □召开，召开时间： 召开地点：
1.10.2	投标人提出问题的截止时间	召开投标预备会之日______日前
1.11	分包	□不允许 □允许，分包内容要求： 分包金额要求： 接受分包的第三人资质要求：
1.12	偏离	□不允许，不允许偏离的范围： □允许，可偏离的项目和范围见第七章“技术标准和要求”： 允许偏离最高项数： 偏差调整方法：
2.1.1	构成招标文件的其他材料	

续表

条款号	条款名称	编列内容
2.1.2(1)	本工程的计税方法	□一般计税方法 □简易计税方法 (清包工工程、甲供工程的建设工程适用简易计税方法)
2.1.2(2)	招标控制价	招标控制价总价为：______元 详见本须知附表十二："招标控制价明细"
2.2.1	投标人要求澄清招标文件的截止时间	递交投标文件截止之日______日前
3.1.1	构成投标文件的其他材料	
3.3.1	投标有效期	自投标截止之日起______日内有效
3.4.1	投标保证金	□不提交 □提交， 1.递交截止时间(到账时间)： 同本标段投标截止时间。 2. 金额： 3. 形式：□现金 □银行保函 □保证保险 □其他形式 4. 递交方式：
3.4.3	退还投标保证金及利息	计息标准：人民银行同期活期存款利率 计息时间：投标保证金到账之日至退还的前一日 退还办法：评标结果公示期满后次日，非中标候选人的投标保证金按原路径自动退回；中标通知书发放(打印)次日，第二、三名投标人的投标保证金按原路径自动退回；合同归档次日，中标人的投标保证金按原路径自动退回。 特别说明：上述几种情况，投标保证金的退还无须招标人或招标代理机构提交申请，遇特殊情况不能及时退还的，招标人或招标代理机构将及时通过"电子交易平台""投标保证金管理"菜单提交书面情况说明(详见投标保证金收退指南)

续表

条款号	条款名称	编列内容
3.5.1	类似项目	类似项目是指:
3.6	是否允许递交备选投标方案	不允许
3.7.4	是否采用“技术暗标”	采用
4.2.1	投标截止时间	____年____月____日____时____分
4.2.3	是否退还投标文件	□否 □是,退还安排:
5.1.2	组织开标地点	武汉市武昌区中北路252号 普提金商务中心A座________楼 湖北省公共资源交易中心________开标厅
5.2.1(5)	解密时间	招标人发出解密提示后30分钟内 (招标人应充分考虑标段数和投标人数量,合理设置解密时间,该时间不应少于20分钟)
6.1.1	评标委员会的组建	评标委员会构成:____人,其中招标人代表____人,专家____人; 评标专家确定方式:从湖北省综合评标专家总库相应专业中随机抽取产生
6.4	评标结果公示媒介	湖北省电子招投标交易平台 网址:www.hbbidcloud.cn 湖北省公共资源交易电子服务系统 网址:www.hbggzyfwpt.cn
7.1	是否授权评标委员会确定中标人	□是 □否,推荐的中标候选人数:
7.3.1	履约保证金	□不提交 □提交,履约保证金的形式: □银行保函 □保证保险 □其他形式 履约保证金的金额:合同总价的____%

续表

条款号	条款名称	编列内容
9.5	工程造价管理机构	名称： 地址： 电话： 传真： 邮政编码：
	行政监督部门	名称： 地址： 电话： 传真： 邮政编码：
	公共资源交易综合监管机构	名称： 地址： 电话： 传真： 邮政编码：
10.1	多标段投标	投标人可同时对本次招标标段中的__________个标段投标。招标人按下列原则选择中标人： □ 招标人按标段择优选择中标人。 □ 投标人最多只允许中标__________个标段。如果同一投标人在多个标段中均排序第一，推荐中标候选人顺序为： □按照标段顺序，投标人在前面标段被推荐为第一中标候选人后，所投其他标段将不再被推荐为中标候选人。 □按照标段招标控制价从大到小的顺序，投标人在招标控制价大的标段被推荐为第一中标候选人后，所投其他标段将不再被推荐为中标候选人。 □______________________________
10.2.1	评标基准价下浮系数	E 的取值：
10.2.2	不平衡报价系数（启动成本评审工作的前提条件）	H 的取值：
10.2.3	期望合理价系数	D 的取值：
10.2.4	小微企业报价优惠（扣除）系数	P 的取值：

续表

条款号	条款名称	编列内容
10.2.5	满足条件的联合体或者分包企业报价优惠(扣除)系数	Q 的取值:
10.3	中标后须提交的纸质投标文件	份数:________,中标人提交的纸质投标文件应当与投标时的电子投标文件内容一致
10.4	知识产权	构成本招标文件各个组成部分的文件,未经招标人书面同意,投标人不得擅自复印和用于非本招标项目所需的其他目的。招标人全部或者部分使用未中标人投标文件中的技术成果或技术方案时,需征得其书面同意,并不得擅自复印或提供给第三人
10.5	同义词语	构成招标文件组成部分的“通用合同条款”“专用合同条款”“技术标准和要求”和“工程量清单”等章节中出现的措辞“发包人”和“承包人”,在招标投标阶段应当分别按“招标人”和“投标人”进行理解
10.6	解释权	构成本招标文件的各个组成文件应互为解释,互为说明;如有不明确或不一致,构成合同文件组成内容的,以合同文件约定内容为准,且以专用合同条款约定的合同文件优先顺序解释;除招标文件中有特别规定外,仅适用于招标投标阶段的规定,按招标公告(投标邀请书)、投标人须知、评标办法、投标文件格式的先后顺序解释;同一组成文件中就同一事项的规定或约定不一致的,以编排顺序在后者为准;同一组成文件不同版本之间有不一致的,以形成时间在后者为准。按本款前述规定仍不能形成结论的,由招标人负责解释
10.7	交易平台信息服务费	________/________
10.8	招标代理服务费	□本次招标没有招标代理服务费。 □本次招标有招标代理服务费。根据招标人和招标代理机构委托代理合同的约定,本项目招标代理服务费: □由招标人支付。 □由中标人支付。 支付标准:____________; 支付方式:____________; 支付时间:____________

续表

条款号	条款名称	编列内容
10.9	政府采购合同融资政策	政府采购合同融资(以下简称“政采贷”)指参与政府采购活动的中小微企业,在获得政府采购中标(成交)通知书后,即可向开展“政采贷”业务的金融机构提出申请,金融机构依据政府采购中标(成交)通知书和政府采购合同,为中小微企业提供融资服务。 “政采贷”业务政策:《湖北省政府采购合同融资实施方案》(鄂财采发〔2020〕5 号) “政采贷”业务申请:湖北省政府采购合同融资平台(https://czt.hubei.gov.cn/zcd/homepage)
10.10	招标人补充的其他内容	

投标人须知正文通常包括总则、招标文件、投标文件、投标、开标、评标、合同授予等内容。

投标人须知附件(表),是对招标投标活动过程文件的格式约定,包括开标记录表、问题澄清通知、问题的澄清、中标通知书、中标结果通知书及确认通知等内容。

3. 编制招标文件应注意的事项

招标文件的编制,不是套用标准文件直接生成这么简单。招标文件编制不妥,轻则让投标人产生错误理解,提出质疑,或者投标文件在唱标阶段就被废标;重则使评标委员会确定不了中标人,出现流标现象,甚至使招标文件违法遭投诉而中(终)止招标活动。因此,招标人必须认真编制招标文件。

招标文件应该由精通法规、经济和工程管理的专业管理人员和熟悉所要进行的招标工程的专业技术人员共同编制,并且最好由具有恰当资格的评标专家进行审查。实践中,编制招标文件应注意以下事项。

(1) 慎重确定资格条件。如企业注册资本,不应在资格条件中明确提出,否则,如与企业资质等级规定不一致,就会造成被动,甚至成为歧视条款;严重的,可能违反《中华人民共和国中小企业促进法》中有关扶持中小企业发展的规定。

(2) 用醒目的方式加黑标明招标文件的实质性要求和条件。实质性要求就是要求投标文件必须与招标文件的要求相符,无显著差异或保留。

(3) 招标文件不得含有倾向性或排斥潜在投标人的内容,如不能在招标文件的各项技术标准中标明某一特定的专利、商标、名称、设计、原产地或生产供应者等。

(4) 招标人不能以不合理的工期和质量标准限制和排斥投标人或潜在投标人。招标计划工期具有合同约束力,应按国家规定的工期定额计算,且与定额工期基本一致,一般不低于定额工期的 85%。质量要求同样具有合同约束力,是承包合同的实质性内容。按照《建筑工程施工质量验收统一标准》(GB 50300—2013)的规定,建设工程质量标准只有“合格”,没有“优良”。

(5) 招标文件必须明确阐明评标的标准和方法,同时一份具体的评标办法还要界定评审内容、评审程序、评审条件等诸多内容。招标文件未载明评标的具体标准和方法的，或者评标委员会使用与招标文件规定不一致的评标标准和方法的，评标结果无效，应当依法重新评标或者重新招标。

(6) 废标条款设立要明确、清晰。废标条件的界定应当做到内容清楚、准确、完整，避免出现理解上的偏差，应符合现行法律、法规的规定，严禁针对某一投标人的特点，采取"量体裁衣"等手法确定评标的标准和方法。要求过于苛刻会背离招标投标活动的主旨。

(7) 招标文件各项条款应做到前后一致。招标文件应尽量避免出现失误甚至重大失误，否则会导致无法评标或带着瑕疵去评标，以及为中标人今后履行合同时带来潜在的纠纷风险。

任务三　建设工程项目招标控制价的编制

一、招标控制价的编制依据和原则

1. 招标控制价的概念

招标控制价是招标人根据国家或省级、行业建设主管部门颁发的有关计价依据和办法，按设计施工图纸计算的，对招标工程限定的最高工程造价。

招标控制价是在工程采用招标发包的过程中，由招标人根据有关计价规定计算的工程造价，其作用是控制招标工程发包的最高限价，有的地方也称为拦标价、预算控制价或最高报价等。

2. 招标控制价的编制依据和计价特点

(1) 招标控制价的编制依据。

①《建设工程工程量清单计价规范》(GB 50500—2013)；

② 国家或省级、行业建设主管部门颁发的计价定额和计价办法；

③ 建设工程设计文件及相关资料；

④ 拟定的招标文件及招标工程量清单；

⑤ 与建设项目相关的标准、规范、技术资料；

⑥ 施工现场情况、工程特点及常规施工方案；

⑦ 工程造价管理机构发布的工程造价信息，工程造价信息没有发布的参照市场价；

⑧ 其他相关资料。

(2) 招标控制价的计价特点。

编制招标控制价时，既要遵守计价规定，又要体现招标控制价的计价特点，具体如下。

① 使用的计价标准、计价政策应是国家或省级、行业建设主管部门颁布的计价定额和相关政策规定。

② 采用的材料价格应是工程造价管理机构通过工程造价信息发布的材料单价，工程

造价信息未发布材料单价的材料，其价格应通过市场调查确定。

③ 国家或省级、行业建设主管部门对工程造价计价中费用或费用标准有政策规定的，应按政策规定执行。费用或费用标准的政策规定有幅度的，应按幅度的上限执行。

3. 招标控制价的编制原则

(1) 实行审批制度原则。

我国对国有资金投资项目的投资控制实行的是投标概算审批控制制度，国有资金投资工程的投资原则上不能超过批准的投资概算。当招标人编制的招标控制价超过批准的概算时，招标人应将超过概算的招标控制价报原概算审批部门进行审批。

(2) 国有资金投资必须编制原则。

国有资金投资的工程在进行招标时，根据《招标投标法》的规定，招标人可以设标底。当招标人不设标底时，为有利于客观、合理的评审投标标价和避免哄抬标价，造成国有资产流失，招标人必须编制招标控制价。

(3) 不能超过预算的原则。

国有资金投资的工程，招标人编制并公开的招标控制价相当于招标人的采购预算，同时要求其不能超过批准的概算，因此，招标控制价是招标人在工程招标时能接受投标人报价的最高限价。国有资金中财政性资金投资的工程在招标投标时还应符合《政府采购法》相关条款的规定，其第三十六条规定："在招标采购中，出现下列情形之一的，应予废标……(三)投标人的报价均超过了采购预算，采购人不能支付的。"

(4) 公开原则。

招标控制价的作用决定了招标控制价不同于标底，无须保密。为体现招标的公平、公正，防止招标人有意抬高或压低工程造价，招标人应在招标文件中如实公布招标控制价，不得对所编制的招标控制价进行上浮或下调。同时，招标人应将招标控制价报工程所在地的工程造价管理机构备查。

4. 招标控制价的编制人

招标控制价由具有编制能力的招标人负责编制，当招标人不具备编制招标控制价的能力时，应委托具有相应资质的工程造价咨询人编制招标控制价。根据《工程造价咨询企业管理办法》(建设部令第 149 号)的规定，工程造价咨询人应在其资质许可的范围内接受招标人的委托，编制招标控制价。工程造价咨询人不得同时接受招标人和投标人对同一工程的招标控制价和投标报价的编制。

二、招标控制价的编制内容

招标控制价由分部分项工程费、措施项目费、其他项目费、税前项目费(广西特有)、规费和税金组成。

1. 分部分项工程费

分部分项工程费是指根据招标文件中分部分项工程量清单项目的特征描述及有关要求，按规定确定综合单价计算的费用。构成一个分部分项工程量清单的五个要件是项目编码、项目名称、计量单位、工程量和项目特征，这五个要件在分部分项工程量清单的组成中缺一不可,俗称“五统一”。

综合单价是对完成一个规定计量单位的分部分项清单项目、措施清单项目所需的人工费、材料费、施工机械使用费、企业管理费、利润以及包含一定范围的风险因素的价格表示。综合单价应包括招标文件中招标人要求投标人所承担的风险内容及其范围(幅度)产生的风险费用。

分部分项工程费应根据招标文件中分部分项工程量清单项目的特征描述及有关要求按规定确定的综合单价和规定的工程量计算。综合单价应包括招标文件要求投标人承担的风险费用。招标文件提供了暂估单价的材料,按暂估单价计入综合单价。

采用的工程量应是依据分部分项工程量清单中提供的工程量。

2. 措施项目费

“措施项目”是实行工程量清单计价时相对于工程实体的分部分项工程项目而言的,是在实际施工中为完成工程项目施工所必须发生的施工准备和施工过程中技术、生活、安全、环境保护等方面的非工程实体项目的总称。

3. 其他项目费

其他项目费包括暂列金额、暂估价、计日工、总承包服务费。

(1) 暂列金额:招标人在工程量清单中暂定并包括在合同价款中的一笔款项,用于施工合同签订时尚未确定或者不可预见的所需材料、设备、服务的采购,施工中可能发生的工程变更、合同约定调整因素出现时的工程价款调整及发生的索赔、现场签证确认等的费用。

(2) 暂估价:为招标人在工程量清单中提供的用于支付必然发生但暂时不能确定价格的材料、工程设备的单价以及专业工程的金额。

(3) 计日工:在施工过程中,承包人完成发包人提出的工程合同范围以外的零星项目或工作,按合同中约定的单价计价的一种方式。计日工是为了解决现场发生的零星工作的计价而设立的。计日工对完成零星工作所消耗的人工工时、材料数量、机械台班进行计量,并按照计日工表中填报的适用项目的单价进行计价支付。

(4) 总承包服务费:总承包人为配合、协调发包人进行的专业工程发包,对建设单位自行采购的设备、材料等进行管理、服务以及施工现场管理、竣工资料汇总整理等服务所需的费用。

4. 税前项目费

税前项目一般是指补充定额中的项目或定额没有的项目,如铝合金门窗工程、玻璃幕墙工程等。招标人根据工程特点,对税前项目清单列项,遵循分部分项工程量清单的有关规定。

5. 规费

规费是指政府和有关权力部门规定必须缴纳的费用,包括工程排污费、社会保险费(养老保险费、失业保险费和医疗保险费等)、住房公积金、危险作业意外伤害保险费、工伤保险费。

6. 税金

税金是指国家税法规定的应计入建筑安装工程造价内的营业税、城市维护建设税及教育费附加等。

三、招标控制价的编制步骤和方法

1. 分部分项工程工程量清单与计价表的编制

分部分项工程综合单价＝人工费＋材料费＋机械使用费＋管理费＋利润

（1）确定计算基础。计算基础主要包括消耗量的指标和生产要素的单价，应根据拟定的施工方案确定完成清单项目需要消耗的各种人工、材料、机械台班的数量。计算时应采用国家、地区、行业定额，并通过调整来确定清单项目的人工、材料、机械台班单位用量。各种人工、材料、机械台班的单价，则应根据询价的结果和市场行情综合确定。

（2）计算工程内容的工程数量与清单单位的含量。每一项工程内容都应根据所选定额的工程量计算规则计算其工程数量，当定额的工程量计算规则与清单的工程量计算规则相一致时，可直接以工程量清单中的工程量作为工程内容的工程数量。

当采用清单单位含量计算人工费、材料费、机械使用费时，还需要计算每一计量单位的清单项目所分摊的工程内容的工程数量，即清单单位含量。

$$\text{清单单位含量}=\frac{\text{某工程内容的定额工程量}}{\text{清单工程量}}$$

（3）分部分项工程人工、材料、机械费用的计算。以完成每一计量单位的清单项目所需的人工、材料、机械用量为基础计算，即：

每一计量单位清单项目某种资源的使用量＝该种资源的定额单位用量×相应定额条目的清单单位含量

再根据预先确定的各种生产要素的单位价格，则可计算出每一计量单位清单项目的分部分项工程的人工费、材料费与机械使用费，即：

$$\text{人工费}=\text{完成单位清单项目所需工人的工日数量}\times\text{每工日的人工日工资单价}$$

$$\text{材料费}=\sum\text{完成单位清单项目所需各种材料、半成品的数量}\times\text{各种材料、半成品单价}$$

$$\text{机械使用费}=\sum\text{完成单位清单项目所需各种机械的台班数量}\times\text{各种机械的台班单价}$$

（4）计算综合单价。管理费和利润的计算可按照人工费、材料费、机械费之和按照一定的费率取费计算。

管理费＝（人工费＋材料费＋机械使用费）×管理费费率

利润＝（人工费＋材料费＋机械使用费＋管理费）×利润率

将上述五项费用汇总，并考虑合理的风险费用后，即可得到分部分项工程工程量清单综合单价。可根据计算出的综合单价，编制分部分项工程工程量清单与计价表，如表 3-3 所示。

表3-3　　　　分部分项工程工程量清单与计价表

工程名称:××中学教师住宅工程　　　标段:　　　　第×页　共×页

序号	项目编码	项目名称	项目特征描述	计量单位	工程量	金额/元		
						综合单价	合价	其中:暂估价
		…						
		A.4　混凝土及钢筋混凝土工程						
6	010403001001	基础梁	C30混凝土基础梁,梁底标高－1.55 m,梁截面300 mm×600 mm,250 mm×500 mm	m^3	208	356.14	74077	
7	010416001001	现浇混凝土钢筋	螺纹钢Q235,ϕ14 mm	t	98	5857.16	574002	490000
		…						
		分部小计					2532419	490000
合计							3758977	1000000

2. 措施项目费的编制

措施项目费应根据招标文件中的措施项目清单按规定计价。措施项目清单计价应根据拟建工程的施工组织设计,可以计算工程量的措施项目,应按分部分项工程工程量清单的方式采用综合单价计价;其余的措施项目,可以"项"为单位的方式计价,应包括除规费、税金以外的全部费用。措施项目清单中的安全文明施工费应按照国家或省级、行业建设主管部门的规定计价,不得作为竞争性费用。

也就是说,措施项目内容依据招标文件中措施项目清单所列内容;措施项目费的计价,凡可精确计量的措施清单项目宜采用综合单价方式计价,其余的措施清单项目采用以"项"为计量单位的方式计价。

(1) 按综合单价法计价。

根据特征描述找到定额中与之相对应的项,汇总单价,计算管理费、风险费、利润,并进行单位换算。管理费、风险费、利润等费率参照地方政府推荐的费率。

(2) 以"项"为单位计价。

根据《建筑安装工程费用项目组成》(建标〔2013〕44号)中措施项目费的计算方法编制措施项目费,如安全文明施工费、夜间施工费、二次搬运费、冬雨季施工费、已完工程及设备保护费等根据计费基数乘相应费率计算。计费基数应为定额人工费或定额人工费+定额机械费;措施费费率参照地方政府推荐费率,也可由工程造价管理机构根据各专业工程特点和调查资料综合分析后确定。

3. 其他项目费的编制

(1) 暂列金额应根据工程特点,按有关计价规定估算,或参考如下原则估算。在招标控制价中需估算一笔暂列金额。暂列金额可根据工程的复杂程度、设计深度、工程环境条件(包括地质、水文、气候条件等)进行估算,一般可按分部分项工程费的10%～15%采用。

(2) 暂估价中的材料单价应根据工程造价信息或参照市场价格估算;暂估价中的专业工程金额应区分不同专业,按有关计价规定估算;暂估价中的检验试验费应根据分部分项工程费和措施项目费合计数乘规定的费率估算。

(3) 计日工应根据工程特点和有关计价依据计算。计日工包括计日工人工、材料和施工机械费用。计日工综合单价应含管理费、利润,但不含规费、税金。在编制招标控制价时,计日工中的人工单价和施工机械台班单价按省级建设主管部门或其授权的工程造价管理机构公布的单价计算;材料价格按当地工程造价管理机构造价信息上发布的市场信息计算,造价信息未发布市场价格信息的材料,其价格应按市场调查确定的价格计算。

(4) 总承包服务费。编制招标控制价时,总承包服务费按照省级建设主管部门的规定计算,或参考如下标准估算。

① 招标人仅要求对分包的专业工程进行总承包管理和协调时,按分包的专业工程估算造价的1.5%计算;

② 招标人要求对分包的专业工程进行总承包管理和协调,并同时要求提供配合服务时,根据招标文件列出的配合服务内容和提出的要求,按分包的专业工程估算造价的3%～5%计算;

③ 招标人自行供应材料的,按招标人供应材料价值的1%计算。

(5) 检验试验费。检验试验费应根据分部分项工程费和措施项目费合计数乘规定的费率计算。

(6) 优良工程增加费。优良工程增加费应根据分部分项工程费和措施项目费合计数乘规定的费率计算。

4.税前项目费的编制

税前项目费在计价时,可直接通过当地的工程造价管理机构在工程造价信息上发布的税前项目市场报价确定或自行确定,该项目报价已含除税金以外的全部费用。

5.规费和税金的编制

规费和税金应按国家、省级或行业建设主管部门的规定计算,不得作为竞争性费用,即规费和税金必须按国家或省级、行业建设主管部门的有关规定计算。

6.汇总编制资料

汇总各专业造价文件,形成初步成果,完善"编制说明";征询有关各方的意见并汇总,根据意见对成果文件修正。

7.成果形式

(1) 分部分项工程工程量清单与计价表见表3-4。

表3-4 分部分项工程工程量清单与计价表

工程名称： 标段： 第 页 共 页

序号	项目编码	项目名称	项目特征描述	计量单位	工程量	金额/元		
						综合单价	合价	其中:暂估价

(2) 措施项目清单与计价表见表3-5、表3-6。

表3-5 措施项目清单与计价表(一)

工程名称： 标段： 第 页 共 页

序号	项目编码	项目名称	项目特征描述	计量单位	工程量	金额/元	
						综合单价	合价

注:本表适用于以综合单价形式计价的措施项目。

表3-6 措施项目清单与计价表(二)

工程名称： 标段： 第 页 共 页

序号	项目名称	计算基础	费率/%	金额/元
1				
2				

注:本表适用于以“项”计价的措施项目,计算基础可以为“直接费”“人工费”或“人工费＋机械费”。

(3) 其他项目清单与计价汇总表见表3-7。

表3-7 其他项目清单与计价汇总表

序号	项目名称	计量单位	金额/元	备注
1	暂列金额			
2	暂估价			
3	计日工			
4	总承包服务费			
5	检验试验费			
6	优良工程增加费			
合计				

(4) 规费、税金项目清单与计价表见表 3-8。

表 3-8 规费、税金项目清单与计价表

工程名称： 标段： 第 页 共 页

序号	项目名称	计算基础	费率/%	金额/元
1	规费			
1.1	工程排污费			
1.2	社会保险费			
(1)	养老保险费			
(2)	失业保险费			
(3)	医疗保险费			
1.3	住房公积金			
1.4	危险作业意外伤害保险			
1.5	工伤保险费			
2	税金	分部分项工程费＋措施项目费＋其他项目费＋规费		
合计				

注：根据中华人民共和国住房与城乡建设部、中华人民共和国财政部发布的《建筑安装工程费用项目组成》(建标〔2013〕44 号)的规定，“计算基础”可为“直接费”“人工费”或“人工费＋机械费”。

四、编制招标控制价的注意事项

1. 严格依据有关规定编制招标控制价

招标控制价的编制客观、合理、合法，是工程招标公平、公正的前提。招标控制价不仅要依据招标文件和发布的工程量清单编制，还要全面、正确使用行业和地方的计价定额和价格信息，准确计算不可竞争的税费。竞争性措施费用，要采用专家论证的方案合理确定。

2. 一个招标工程只能设立一个招标控制价，招标控制价格式尽量简化

一个建设项目由一个或多个单项工程组成，一个单项工程由一个或多个单位工程组成。例如，一般民用建筑工程通常包括建筑装饰装修工程、给排水工程、电气工程、消防工程、通风空调工程、智能化工程六个单位工程。在编制招标控制价时，为了减少篇幅，建议如无特殊情况，无须按照每个单位工程分别各自设置一套工程量清单，可以根据需要将某栋楼的给排水、电气、通风空调、消防、智能等单位工程合并成一个单位工程，再与建筑装饰单位工程合并成一个单项工程编制一套招标控制价。同理，某一道路工程包含土方工程、道路工程、排水工程，可将其合并成一个单位工程编制；某一园林绿化工程包含绿化和园林铺装、小品等，可将其合并成一个单位工程编制。

3. 封面签字不许遗漏

招标控制价封面须按要求签字、盖章,不得有任何遗漏。其中,工程造价咨询人需盖单位资质专用章;编制人和复核人需要同时签字和盖专用章,且两者不能为同一人,复核人必须是造价工程师。一套招标控制价涉及多个专业的造价人员编制时,每个专业要有一名编制人在封面相应处签字盖章。

4. 编制说明内容尽可能详尽

编制说明内容应包括工程概况、招标和分包范围、具体的计价依据(如施工图号、清单规范及实施细则、具体的定额名称及参考的信息价等)及其他有关问题说明,不能过于简化。装饰工程及安装工程部分材料价格品牌差异大,因此这两个专业的材料总说明中(项目少的可在清单名称描述中注明)应分别写明各种主要材料相当于什么品牌的哪一个档次,未注明的则按普通档次产品定价。

5. 招标控制价应当反映招标控制价编制期的市场价格水平

招标控制价编制单位和编制人员不得在编制过程中有意抬高、压低价格或者提供虚假招标控制价报告。

6. 招标控制价的投诉处理

有关人员对招标控制价进行投诉,行政监督部门认为必要的,可以责成招标人和投诉人共同委托具有相应工程造价咨询资质的中介机构对招标控制价进行鉴定。

模块小结

工程招标是工程招标投标活动中最重要的环节,对整个招标投标过程是否合法、科学,能否实现招标目的,具有基础性影响。

我国工程招标投标活动实行的是强制招标投标制度,并规定了强制招标的项目范围和规模。必须进行招标的项目有:大型基础设施、公用事业等关系社会公共利益、公众安全的项目,全部或者部分使用国有资金投资或者国家融资的项目,使用国际组织或者外国政府贷款、援助资金的项目。必须进行招标项目的规模为:施工单项合同估算价在400万元人民币以上的;重要设备、材料等货物的采购,单项合同估算价在200万元人民币以上的;勘察、设计、监理等服务的采购,单项合同估算价在100万元人民币以上的。

工程建设项目必须具备一定的条件才能进行招标,这是为了规范招标行为,确保招标工作有条不紊地进行,维护招标投标正常市场秩序。建设单位开展招标投标活动应具备一定的条件。

招标投标制度在国际上有两百多年的历史,产生了许多招标方式。在我国,招标方式只有两种,即公开招标和邀请招标。

工程建设项目招标一般包括三个阶段,即招标准备阶段、招标阶段和定标签约阶段,各阶段均应按照规定的程序开展工作。

招标文件是招标人向投标人发出的旨在向其提供编写投标文件所需的资料，并向其通报招标投标将依据的规则、标准、方法和程序等内容的书面文件。采用标准招标文件成为国际招标投标活动的惯例和要求。我国房屋建筑工程所使用的主要标准招标文件有：《标准施工招标文件》、《行业标准施工招标文件》、《中华人民共和国标准施工招标文件》、地方标准招标文件(2012 年版)。

不同类型项目招标文件的内容构成基本相同，各部委结合行业的具体特点又进行了一些特殊规定。工程施工项目的招标文件一般包括下列内容：招标公告或投标邀请书；投标人须知；合同主要条款；投标文件格式；采用工程量清单招标的，应当提供工程量清单；技术条款；设计图纸；评标标准和方法；投标辅助材料。

招标控制价是招标人根据国家或省级、行业建设主管部门颁发的有关计价依据和办法，按设计施工图纸计算的，对招标工程限定的最高工程造价。编制招标控制价时，应遵守编制原则，编制要有依据，既要遵守计价规定，又要体现招标控制价的计价特点。招标控制价由具有编制能力的招标人负责编制，当招标人不具备编制招标控制价的能力时，应委托具有相应资质的工程造价咨询人编制招标控制价。

招标控制价由分部分项工程费、措施项目费、其他项目费、税前项目费(广西特有)、规费和税金组成，编制时要按一定的步骤和方法进行。

思考题

1. 某建设项目概算已获批准，项目已列入地方年度固定资产投资计划，并得到规划部门批准，根据有关规定采用公开招标，确定招标程序如下。

(1) 向建设部门提出招标申请。

(2) 得到批准后，编制招标文件，招标文件中规定外地区单位参加投标需垫付工程款，垫付比例可作为评标条件，本地区单位不需要垫付工程款。

(3) 对申请投标单位发出招标邀请函(4 家)。

(4) 投标文件递交。

(5) 由地方建设管理部门指定有经验的专家与本单位人员共同组成评标委员会。为得到有关领导支持，各级领导占评标委员会总人数的 1/2。

(6) 召开投标预备会，由地方政府领导主持会议。

(7) 投标单位报送投标文件时，A 单位在投标截止时间之前 3 小时在原报方案的基础上又补充了降价方案，被招标方拒绝。

(8) 由政府建设主管部门主持开标会，公证处派人监督，会议上只宣读三家投标单位的报价(另一家投标单位退标)。

(9) 由于未进行资格预审，故在评标过程中进行资格审查。

(10) 评标后评标委员会将中标结果直接通知了中标单位。

(11) 中标单位提出因主管领导生病等原因，需 2 个月后再签订承包合同。

问：上述招标程序有何不妥之处？请改正不妥之处。

2. 某建设项目实行公开招标，招标过程中出现了下列事件，指出不正确的处理方法。

(1)招标方于5月8日发出招标文件，文件中特别强调由于时间较紧，要求各投标人不迟于5月23日之前提交投标文件(即确定5月23日为投标截止时间)，并于5月10日停止出售招标文件，6家单位领取了招标文件。

(2)招标文件中规定：如果投标人的报价高于标底15%以上一律确定为无效标。招标方请咨询机构代为编制标底，并考虑投标人存在着为招标方有无垫资施工的情况编制了两个不同的标底，以适应投标人情况。

(3)招标方于5月15日通知各投标人，原招标工程中的土方量增加20%，项目范围也进行了调整，各投标人据此对投标报价进行计算。

(4)招标文件中规定，投标人可以用抵押方式进行投标担保，并规定投标保证金额为投标价格的5%，不得少于100万元，投标保证金有效时期同投标有效期。

(5)按照5月23日的投标截止时间要求，外地的一个投标人于5月21日从邮局寄出了投标文件，由于天气原因招标人于5月25日收到投标文件。本地A公司于5月22日将投标文件密封加盖了本企业公章并由准备承担此项目的项目经理本人签字按时送达招标方。

本地B公司于5月20日送达投标文件后，5月22日又递送了降低报价的补充文件，补充文件未对5月20日送达文件的有效期进行说明。本地C公司于5月19日送达投标文件后，考虑自身竞争实力于5月22日通知招标方退出竞标。

(6)开标会议由本市常务副市长主持。开标会议上未宣布退出竞标的C公司单位名称，本次参加投标的单位仅仅有5家单位。开标后宣布各单位报价与标底时发现5个投标报价均高于标底20%以上，投标人对标底的合理性当场提出异议。与此同时招标代理方代表宣布5家投标报价均不符合招标文件要求，此次招标作废，请投标人等待通知。(若某投标人退出竞标其保证金在确定中标人后退还)。3天后招标方决定于6月1日重新招标。招标方调整标底，原投标文件有效。评标委员会于7月15日评定本地区无中标单位。由于外地某公司报价最低故确定其为中标人。

(7)7月16日发出中标通知书。通知书中规定，中标人自收到中标书之日起30 d内按照招标文件和中标人的投标文件签订书面合同。与此同时招标方通知中标人与未中标人。投标保证金在开工前30 d内退还。中标人提出投标保证金不需归还，当作履约担保使用。

(8)中标单位签订合同后，将中标工程项目中的三分之二工程量分包给某未中标人E，未中标人又将其转包给外地的农民施工单位。

复习题库及答案

模块实训

虚拟一个建设项目，并编制该建设项目的招标公告。

模块四　建设工程项目投标

【模块概述】

工程投标是工程施工、货物和服务企业获得工程项目的主要来源,特别是工程施工承包企业,工程投标已成为获取工程承包业务的最重要途径。投标企业能否中标,中标后的利润能否达到预期,关键工作是投标。投标与招标共同构成了招标投标活动的完整环节。本模块首先对工程投标做了概述,包括工程投标的基本规定、工程投标的程序和内容及工程投标文件的组成;其次,介绍了工程投标决策和策略;再次,详细讲述了工程投标报价,包括工程投标报价的含义、工程施工投标报价的组成及编制方法和编制工程量清单报价应注意的事项;最后,介绍了工程投标文件的编制与报送。

【学习目标】

1. 掌握工程投标人的资格条件、工程投标文件的组成、工程投标报价的含义、工程施工投标文件的编制。

2. 熟悉投标保证金、工程投标的程序和内容、工程投标决策的含义、工程投标决策阶段的划分和种类,以及编制工程量清单报价的注意事项。

3. 了解对投标人的禁止性规定、工程投标策略、工程投标决策常用的定量分析方法、工程施工投标报价的组成及编制方法、工程施工投标文件的递交。

【能力目标】

通过本模块的学习,学生应具备独立编制一般工程施工投标文件的能力,初步具备投标决策能力。

【素质目标】

培养学生流程概念,并使其养成细致、严谨、全面分析投标决策的职业习惯。

任务一 概述

一、工程投标的基本规定

1.建设工程投标人的资格条件规定

《招标投标法实施条例》明确规定，投标人参加依法必须进行招标项目的投标，不受地区或者部门的限制，任何单位和个人不得非法干涉。也就是说，只要是依法必须招标的项目，任何单位和个人不得限制或排斥潜在投标人参加投标，潜在投标人可以跨地区、跨部门响应招标，参加投标。潜在投标人想成为合格投标人，还需要一定的资格条件。

响应招标、参加投标竞争的潜在投标人应该是法人或者其他组织，这是成为投标人的一般条件。要想成为合格投标人，还必须满足两项资格条件：一是国家有关规定对不同行业及不同主体投标人的资格条件；二是招标人根据项目本身的要求，在招标文件或资格预审文件中规定的投标人的资格条件。

工程施工、工程货物和工程服务等不同类别的招标项目，对投标人资格条件有不同的规定。

(1) 建设工程施工投标人的资格条件。

《工程建设项目施工招标投标办法》规定，投标人参加工程建设项目施工投标应当具备以下5个条件。

① 具有独立订立合同的权利；

② 具有履行合同的能力，包括专业、技术资格和能力，资金、设备和其他物质设施状况，管理能力，经验、信誉和相应的从业人员；

③ 未处于被责令停业，投标资格被取消，财产被接管、冻结，破产状态；

④ 在最近三年内没有骗取中标和严重违约及重大工程质量问题；

⑤ 国家规定的其他资格条件。

同时应强调，投标人是响应招标、参加投标竞争的法人或者其他组织。招标人的任何不具备独立法人资格的附属机构(单位)，或者为招标项目的前期准备或者监理工作提供设计、咨询服务的任何法人及其任何附属机构(单位)，都无资格参加该招标项目的投标。

也就是说，招标人的附属非独立法人机构及已经为某项目提供过前期服务的机构，不能参加该项目的工程施工投标。

(2) 工程货物投标人的资格。

《工程建设项目货物招标投标办法》规定，投标人是响应招标、参加投标竞争的法人或者其他组织。法定代表人为同一个人的两个及两个以上法人，母公司、全资子公司及其控股公司，都不得在同一货物招标中同时投标。一个制造商对同一品牌、同一型号的货物，仅能委托一个代理商参加投标，否则应作废标处理。

也就是说，同一法定代表人的两个法人机构，不能参加同一货物的投标；同一品牌、同一型号的货物，只能有一个代理商参加投标。

(3) 工程服务投标人的资格。

《工程建设项目勘察设计招标投标办法》规定，投标人是响应招标、参加投标竞争的法人或者其他组织。在其本国注册登记，从事建筑、工程服务的国外设计企业参加投标的，必须符合中华人民共和国缔结或者参加的国际条约、协定中所做的市场准入承诺以及有关勘察设计市场准入的管理规定。投标人应当符合国家规定的资质条件。

也就是说，参加工程勘察设计项目投标的机构，应当符合国家对勘察设计方面的资质条件规定。

(4) 招标人在招标文件或资格预审文件中规定的投标人资格条件。

招标人可以根据招标项目本身要求，在招标文件或资格预审文件中，对投标人的资格条件从资质、业绩、能力、财务状况等方面做出一些规定，并依此对潜在投标人进行资格审查。

投标人必须满足以上这些要求才有资格成为合格投标人，否则，招标人有权拒绝其参与投标。同时，法律禁止招标人以不合理的条件限制或排斥潜在投标人，以及对潜在投标人实行歧视待遇。

这里要注意，虽然法规对投标人的资格要求是法人或其他组织，但由于我国工程建设领域实行资质管理，新设企业一般先取得企业法人营业执照后，方可到建设行政主管部门办理资质申请手续，故我国对于建设工程施工投标人的资格实际限定在企业法人上，其他组织是不能参加工程投标的，对于勘察、设计和监理投标人的资格限定在企业法人和合伙企业上，最低一级资质条件才允许设合伙企业。也就是说，必须进行招标的服务项目及绝大多数招标项目，企业资质条件限定在企业法人上。在工程施工和工程服务招标投标活动中，非企业法人、其他非法人企业和其他组织实际上被排除在合格投标人之外，如企业法人的分支机构、个人独资企业等。工程货物的招标投标活动，对其他组织是否能参加投标没有特别明确的规定。

2. 投标保证金

参加工程投标的投标人，除了按规定递交投标文件外，还需要按规定交纳投标保证金。投标保证金是指在工程招标投标活动中，投标人随投标文件一同递交给招标人的一定形式、一定金额的投标责任担保。

(1) 投标保证金的作用。

① 对投标人的行为进行约束。保证投标人在递交投标文件后不随意撤销投标文件，中标后不无故不签订工程合同，签订合同时不向招标人提出附加条件，并且按照招标文件要求提交履约保证金。否则，招标人有权不予返还其递交的投标保证金。

② 在特殊情况下，可以弥补招标人的一部分损失。如果发生中标人反悔，不签订合同，则没收的投标保证金可以弥补中标人与中标候选人之间的投标报价金额差异的一部分。

③ 督促招标人尽快定标。投标保证金对招标人也有一定的约束作用，投标保证金是有一定时间限制的，这一时间即是投标有效期。如果超出了投标有效期，则投标人不对

其投标的法律后果承担任何责任。所以,投标保证金可以防止招标人无限期地延长定标时间,影响投标人的经营决策和资源的合理调配。

④ 从侧面考察投标人的实力。参加工程投标的企业交纳投标保证金,是对其资金实力的考验,如果投标人连投标保证金都交不起,说明企业根本不具备履行工程项目的基本能力。

(2) 投标保证金的形式。

投标保证金,并不是只有现金一种形式,还可以有其他多种形式。《工程建设项目施工招标投标办法》规定,投标保证金除现金外,还可以是银行出具的投标保函、保兑支票、银行汇票或现金支票。

① 现金。对于数额较小的投标保证金而言,采用现金方式是一种不错的选择。但对于数额较大的(如万元以上),采用现金方式就不太合适了。因为现金不易携带,不方便递交,在开标会上清点大量现金不仅浪费时间,操作手段也比较原始,既不符合我国财务制度,也不符合现代交易支付习惯。

② 投标保函。投标保函是由投标人申请银行开立的保证函,即银行保函,保证投标人在中标人确定之前不得撤销投标,在中标后应当按照招标文件和投标文件与招标人签订合同。如果投标人违反规定,开立保证函的银行将根据招标人的通知,支付银行保函中规定数额的资金给招标人。

③ 保兑支票。支票是出票人签发的,委托办理支票存款业务的银行或者其他金融机构在见票时无条件支付确定的金额给收款人或者持票人的票据。支票有现金支票和转账支票之分,一般有期限限制。保兑支票有保证兑付的意思,是付款银行应发票人或受款人的请求,在支票上记载"保付"或"照付"字样的支票。用作投标保证金的支票,一般由投标人开出,并由投标人交给招标人,招标人再凭支票在自己的开户银行支取资金。

④ 银行汇票。银行汇票是汇票的一种,是一种汇款凭证,由银行开出,交由汇款人转交给异地收款人,异地收款人再凭银行汇票在当地银行兑取汇款。用作投标保证金的银行汇票则由银行开出,交由投标人递交给招标人,招标人再凭银行汇票在自己的开户银行兑取汇款。

(3) 投标保证金的相关规定。

① 投标保证金的比例和数额。

《招标投标法实施条例》规定,投标保证金不得超过招标项目估算价的2%;《工程建设项目施工招标投标办法》规定,投标保证金一般不得超过投标总价的2%。也就是说,投标保证金是按工程项目投标价的比例估算的,即不超过投标价的2%。

② 投标保证金的递交。

投标保证金应当在开标时间前交纳,考虑银行转账的时间及需要招标人开具收到投标保证金的收据,投标人一般会考虑在规定的时间前交纳投标保证金。投标保证金可以交给招标人,也可以交给招标代理人。

《招标投标法实施条例》规定,对于依法必须进行招标项目的境内投标单位,以现金或者支票形式提交的投标保证金应当从其基本账户转出,即工程投标人的投标保证金需从本单位的唯一的基本账户转出,不得从其他账户转出,否则投标无效。

③ 投标保证金的期限。

投标保证金的有效期应与投标有效期一致。投标有效期在招标文件中需明确规定，一般从投标人提交投标文件截止之日起算。

④ 投标保证金的归还。

工程开标后，招标人应及时归还投标人的投标保证金和滋生的利息。《工程建设项目施工招标投标办法》规定，招标人最迟应当在与中标人签订合同后五日内，向中标人和未中标的投标人退还投标保证金及银行同期存款利息。

3. 对投标人的禁止性规定

工程建设项目涉及国家安全和社会公众利益，工程招标投标涉及各方重大利益，必须确保公开、公平、公正和诚实信用。国家除对招标人做了详细的规定外，对投标人投标也做了明确的规定，防止出现串通投标的行为。《招标投标法实施条例》规定，禁止投标人相互串通投标，禁止招标人与投标人串通投标。《招标投标法》明确规定，投标人不得以低于成本的报价竞标，也不得以他人名义投标或者以其他方式弄虚作假，骗取中标。

(1) 禁止投标人相互串通投标的情形。

《工程建设项目施工招标投标办法》规定，下列行为均属于投标人串通投标报价。

① 投标人之间相互约定抬高或压低投标报价；

② 投标人之间相互约定，在招标项目中分别以高、中、低价位报价；

③ 投标人之间先进行内部竞价，内定中标人，然后参加投标；

④ 投标人之间其他串通投标报价的行为。

在工程招标投标活动中，如果发现不同投标人的投标文件由同一单位或者个人编制，包括电子投标文件使用同一软件从同一个电脑终端发出，将会被视为投标人之间相互串通。视为投标人相互串通的行为还包括：不同投标人委托同一单位或者个人办理投标事宜，不同投标人的投标文件载明的项目管理成员为同一人，投标文件异常一致或者投标报价呈规律性差异，投标文件相互混装以及不同投标人的投标保证金从同一单位或者个人的账户转出。

(2) 禁止招标人与投标人串通投标的情形。

《工程建设项目施工招标投标办法》规定，下列行为均属于招标人与投标人串通投标。

① 招标人在开标前开启投标文件并将有关信息泄露给其他投标人，或者授意投标人撤换、修改投标文件；

② 招标人向投标人泄露标底、评标委员会成员等信息；

③ 招标人明示或者暗示投标人压低或抬高投标报价；

④ 招标人明示或者暗示投标人为特定投标人中标提供方便；

⑤ 招标人与投标人为谋求特定中标人中标而采取的其他串通行为。

对于实行工程量清单报价的情况，招标控制价应提前告知投标人，而且应毫无保留地告知投标人，这不属于串通投标行为。毫无保留是指招标控制价文件的全部内容应提前告知投标人。

(3) 禁止投标人以低于成本价投标或以他人名义投标的情形。

低于成本价是指低于投标人企业的个别成本,是否低于企业个别成本,由评标委员会根据经验判断,并可要求投标人解释说明。

以他人名义投标,是指投标人挂靠其他施工单位,或从其他单位通过受让或租借的方式获取资格或资质证书,或者由其他单位及其法定代表人在自己编制的投标文件上加盖印章和签字等行为。通过受让或者租借等方式获取资格、资质证书投标的,标书的编制人与加盖印章和签名的单位及个人不一致的,均属于以他人名义投标。

国家还明确规定,在投标活动中,禁止其他弄虚作假的行为,包括使用伪造、变造的许可证件,提供虚假的财务状况或者业绩,提供虚假的项目负责人或者主要技术人员简历、劳动关系证明,提供虚假的信用状况等。

二、工程投标的程序和内容

投标程序,也叫作投标流程,是指投标人在招标投标活动中,从开始到完成所经历的步骤和完成的事项。投标人必须熟悉投标程序,才能变被动为主动,最终实现中标。特别是工程施工投标,施工项目投资金额大、政策性强、竞争激烈,使得施工投标的程序和内容尤为复杂,投标人更应熟悉投标程序。

工程施工项目投标一般要经过以下几个阶段。

1. 前期准备阶段

(1) 主动、提前掌握工程招标信息。

由于国家推行工程招标投标制度,对重要投资项目实行强制招标投标,参加工程施工投标已成为施工企业获取工程项目承包的主要方式。因此,施工企业必须高度重视招标信息的获取,积极关注工程施工项目的前期进展情况,做好投标前的各项准备,一旦招标信息公告,就可主动参加投标。如果被动地等待招标信息发布后才开始做投标准备工作,往往由于时间紧而准备不足,失去中标机会,甚至在资格审查阶段就被淘汰。

(2) 提前介入工程投标环境调查。

工程投标环境是招标工程项目施工的自然、经济和社会条件,国内项目主要是指自然地理条件,工程施工条件,材料、设备供应条件以及市场状况调查。这些条件都是工程施工的制约因素,必然影响工程成本。要想报出恰当的投标报价,仅靠招标公告后给的投标时间往往是不够的。因此,施工企业要提前做好调查准备。环境调查的内容主要如下。

① 自然地理条件调查要点。

a. 当地气象资料,包括气温、湿度、主导风向和风速、年降雨量及雨季的起止期,重点调查全面不能施工和不易施工的期间。

b. 水文地质资料,如土质地基承载力、地下水位等。

c. 地震及其设防程度,洪水、台风及其他自然灾害情况。

② 工程施工条件调查要点。

a. 施工场地的地理位置、用地范围。这涉及工程施工现场、临时设施的布置和交通运输走向。

b. 施工现场周围道路、进出场条件，有无交通限制等。

c. 供水、供电及通信设施情况。

d. 地上、地下有无障碍物。

e. 附近现有工程情况。

f. 当地政府对施工现场管理的一般要求。

③ 材料、设备供应条件。

a. 砂、石等大宗地方材料的采购和运输。

b. 钢材、水泥、木材、商品混凝土等材料的可能供应来源和价格。

c. 当地供应构配件的能力和价格。

d. 当地租赁建筑机械的可能性和价格。

④ 市场状况调查。

a. 对招标方情况的调查，包括招标人资金来源及落实情况，项目审批手续是否齐全，招标人是否有丰富的工程建设经验以及是否有拖欠工程款的现象和能否正确对待索赔等。

b. 劳动力市场调查。我国现阶段“人口红利”优势逐渐消失，劳动力市场用工紧张，特别是某些技术工种短缺，造成劳动力成本上升。而工程施工项目招标投标计算的人工单价，是政府有关部门制定的指导价，甚至是指令价格，与工程实际的劳动力成本相差较大，如果不事先制定好劳动力价格差，造成的人工费亏损就会影响整个项目的盈利水平，甚至使企业亏损。因此，应事先调查可能招聘到的工种人数、素质情况及基本工资和社会福利等。

c. 竞争对手调查。要了解同类企业的市场占有情况，潜在竞争对手基本情况（包括技术特长、管理水平、经营水平）及所承包的项目情况，以往参加投标的偏好等。

d. 类似工程的招标情况，包括投标竞争的激烈程度、中标价与控制价的差距等。

(3) 积极做好本企业投标资格的各项资料准备，随时可以参加资格审查。

资格审查是工程招标投标必经的环节，无论是资格预审还是资格后审，各类工程项目所需审查资料大同小异，且都是证明资料，如企业营业执照、资质证书、企业人员资格证书、业绩证明材料等。作为工程施工企业，应该有专人负责搜集、管理这些证明材料的原件，或登记记录这些原件所在的部门人员，并且将扫描件和复印件归类整理，随时更新。一旦有招标项目，可随时整理成完整的投标资格文件，避免由于使用过期的复印件而一时又找不到原件这种低级失误导致投标被否决。如企业营业执照每年都要工商年检，一般是 6 月 30 日前完成，年检合格的企业，营业执照副本上会加盖年检专用章和签署日期。如果企业 7 月 1 日后还用旧的营业执照复印件，又不带营业执照副本原件，其投标很可能被否决。

2. 投标准备阶段

(1) 组建投标工作机构。

投标工作是一个复杂的系统工程，不是一两个人能够胜任和完成的，需要各方面人才的合理搭配。建立一个强有力的投标机构是投标获得成功的根本保证。招标公告或资格预审公告发布后,投标方应迅速成立投标工作机构,及时开展投标工作。投标机构应该由以下三类人才组成。

① 经营管理人才,也称为投标决策人,一般由主管经营的副总经理担任,或由总经济师、经营部门经理担任。其主要职责是正确做出项目投标报价策略和项目投标决策。

② 专业技术人才,是项目的技术负责人,一般由总工程师、技术部门经理或专业工程师担任。其主要职责是制定施工组织设计、施工方案和施工技术措施。

③ 商务金融人才,一般由造价工程师、造价员及投标员组成。其主要职责是根据投标工作机构确定的投标策略、项目施工方案、技术组织措施等,按照招标文件的要求,合理确定投标报价和编制投标文件等。

投标企业还可以委托投标代理机构开展各项工作,聘请企业以外资深专家为投标提供咨询服务。

(2) 购买招标文件,认真研究招标文件。

资格预审通过后,或资格后审的招标项目,投标人购买招标文件后就开始编制投标文件。有经验的投标商一般并不急于编制投标文件,而是认真研究招标文件,熟悉招标文件的实质性内容,特别是评标规则,对实质性要求和条件做出恰当的响应;对招标文件不明确的地方或有矛盾的地方是提出质疑,还是保持沉默,待以后中标后再揭示问题,要使自己始终处在主动地位。对于招标文件中质量和工期的要求,投标人切不可为了显示对招标文件的实质性要求有更高的响应而提高标准或提交更多资料,如工程质量报优良,工期较计划工期大幅缩短,类似工程项目要求有5个就可以得满分,投标人报20个甚至更多。这样投标对中标一点帮助都没有,反而还易被废标。另外,对于招标文件要求不一致的地方,如对人员的要求,有的地方要求项目经理应具有高级职称,有的地方只要求具有中级职称就可以了,这时要按照对本企业最有利的原则处理。

投标人要认真研究的招标文件内容还包括:招标人对投标报价的要求,是单价合同还是总价合同;对工程量清单报价的工程量要认真核对,做到心中有数;合同条件是否符合规定;分析规范与图纸,可能会涉及施工方法,影响投标报价。

(3) 参加现场踏勘,并对有关疑问提出质询。

无论招标人是否组织现场踏勘,投标人都要在去现场踏勘,及时发现与前期调研变化的情况,并对有关疑问做出是否提出质疑的分析,适时提出质疑。

3. 投标报价阶段

(1) 编制投标书及报价。

投标工作机构的专业技术人才负责技术标的编制工作。商务金融人才负责商务标和投标报价的编制工作,若采用工程量清单报价,则只有本单位的注册造价师或造价员才具有签字权。经营管理人才做出最后投标决策。

(2) 装订投标文件,递交投标书。

投标文件装订的质量好坏,会影响评委对投标人的基本印象,因此要注重装订质量。在投标截止日期前,还要及时交纳投标保证金,并要求开具收据。投标保证金转账底单和收据复印件往往是投标文件的组成部分,必须放在投标文件中。按时递交投标书,避免迟到。

（3）参加开标会议。

开标会议不是法定要求投标人必须参加的，但招标人有要求，投标人应响应并参加。

4.签约阶段

（1）接受中标通知书。投标人一旦接到中标通知书，应及时与招标人联系。

（2）进行合同谈判。虽然招标文件给出了合同文件，但如工程内容和范围的确认等某些具体工作内容还需进行讨论、修改、明确或细化，还有技术要求、技术规范和施工技术方案以及关于价格调整条款等。

（3）与招标人签订合同。

签订工程施工合同意味着此次投标工作的圆满结束，投标人转变为工程承包人，并及时交纳履约保证金。

三、工程投标文件的组成

《招标投标法》规定，投标人应当按照招标文件的要求编制投标文件。投标文件应当对招标文件提出的实质性要求和条件做出响应。招标项目属于建设施工的，投标文件的内容应当包括拟派出的项目负责人与主要技术人员的简历、业绩和拟用于完成招标项目的机械设备等。对于工程施工、工程货物和工程服务，因招标的要求相差较大，投标文件的组成也各不相同。

1.工程施工投标文件的组成

《工程建设项目施工招标投标办法》规定，投标文件一般包括投标函、投标报价、施工组织设计、商务和技术偏差表。

工程施工的复杂性，决定了工程施工投标文件的复杂性。根据国家发展和改革委员会等九部委发布的《标准施工招标文件》，施工投标文件应包括下列内容：

（1）投标函及投标函附录；

（2）法定代表人身份证明或附有法定代表人身份证明的授权委托书；

（3）联合体协议书（如有）；

（4）投标保证金；

（5）已标价工程量清单；

（6）施工组织设计；

（7）项目管理机构；

（8）拟分包项目情况表；

（9）资格审查资料；

（10）投标人须知前附表规定的其他材料。

2.工程货物投标文件的组成

根据《工程建设项目货物招标投标办法》的规定，工程货物的投标文件一般包括以下内容。

（1）投标函；

（2）投标一览表；

(3) 技术性能参数的详细描述;

(4) 商务和技术偏差表;

(5) 投标保证金;

(6) 有关资格证明文件;

(7) 招标文件要求的其他内容。

3. 工程服务投标文件的组成

工程服务包括、勘察、设计、工程监理等。以工程监理为例,根据《湖北省建设工程监理与相关服务招标文件示范文本(2018电子化第三版第2次修订)(未预审)》,投标文件应包括下列内容:① 投标函及投标函附录;② 法定代表人身份证明;③ 联合体协议书;④ 投标保证金;⑤ 监理与相关服务费报价表;⑥ 监理与相关服务建议书;⑦ 资格审查资料;⑧ 其他材料:见投标人须知前附表。

任务二　建设工程项目投标决策和策略

工程投标人通过投标取得项目,是市场经济条件下的必然,特别是工程施工项目。对承包商来说,经济效益是第一位的,企业的主旋律就是形成利润。但赢利有多种方式,掌握项目前期的投标策略非常重要。决策前要注意分析论证,避免决策的模糊性、随意性和盲目性。

投标人要想在投标中获胜,即中标得到承包工程,又想从承包工程中赢利,就需要研究投标策略和投标技巧。"策略""技巧"来自承包商的经验积累,以及其对客观规律的认识和实际情况的了解,同时也少不了决策的能力和魄力。

一、工程投标决策

1. 工程投标决策的含义

投标决策就是针对某工程招标项目,投标人是参加还是不参加,若参加,将采取什么策略,若不参加,有何替代项目可供选择的分析判断过程。它包括以下三方面内容。

(1) 针对某项目是投标还是不投标,即选择投标对象;

(2) 倘若去投标,是投什么性质的标,即投标报价策略问题;

(3) 投标中如何采用以长制短、以优胜劣的策略和技巧。

投标决策的正确与否,关系投标企业能否中标和中标后的效益,关系投标企业的发展前景和职工的经济利益。因此,企业的决策班子必须充分认识投标决策的重要作用,把这一工作摆在企业的重要议事日程上。

2. 工程投标决策阶段的划分

投标决策可以分两阶段进行,即投标决策的前期阶段和投标决策的后期阶段。

投标决策的前期阶段必须在购买投标人资格预审资料前后完成,决策的主要依据是招标广告,以及公司对招标工程、招标人情况的调研和了解的程度。前期阶段必须对投

标与否做出论证。通常情况下,下列招标项目应放弃投标。

(1) 本施工企业主管和兼营能力之外的项目;

(2) 工程规模、技术要求超过本施工企业技术等级的项目;

(3) 本施工企业生产任务饱满,而招标工程的盈利水平较低或风险较大的;

(4) 本施工企业技术等级、信誉、施工水平明显不如竞争对手的项目。

如果决定投标,即进入投标决策的后期阶段,即从申报资格预审至投标报价(封送投标书)前完成的决策研究阶段。该阶段主要研究倘若去投标,是投什么性质的标,以及在投标中采取的策略问题。

3. 工程投标决策的种类

按性质分类,投标有风险标和保险标;按效益分类,投标有盈利标、保本标和亏损标。

(1) 风险标。明知工程承包难度大、风险大,且技术、设备、资金上都有未解决的问题,但由于队伍窝工,或因为工程盈利丰厚,或为了开拓新技术领域而决定参加投标,同时设法解决存在的问题,即为风险标。投标后,如问题解决得好,可取得较好的经济效益,还可锻炼出一支好的施工队伍,使企业更上一层楼;如问题解决得不好,企业的信誉、效益就会受到损害,严重时可能导致企业亏损以至破产。因此,投风险标必须审慎。

(2) 保险标。对可以预见的情况(包括技术、设备、资金等重大问题)都有了解决的对策之后再投标,谓之保险标。企业经济实力较弱,经不起失误的打击,往往投保险标。当前,我国施工企业多数都愿意投保险标,特别是在国际工程承包市场上投保险标。

(3) 盈利标。如果招标工程既是本企业的强项,又是竞争对手的弱项,或建设单位意向明确,或本企业任务饱满,但招标工程利润丰厚,才考虑让企业超负荷运转,此种情况下的投标称为投盈利标。

(4) 保本标。当企业无后继工程,或已经出现部分窝工,必须争取中标。但招标的工程项目对本企业无优势可言,竞争对手又多,此时就是投保本标,至多投薄利标。

(5) 亏损标。亏损标是一种非常手段,一般是在下列情况下采用:本企业已大量窝工,严重亏损,若中标,至少可以使部分人工、机械运转,减少亏损;或者为在对手林立的竞争中夺得头标,不惜血本压低标价;或是在本企业垄断的行业里,为挤垮企图插足的竞争对手;或为打入新市场,取得拓宽市场的立足点而压低标价。以上这些,虽然是不正常的,但在激烈的竞争中有时可这样做。

二、工程投标策略

工程投标策略就是为了实现中标的目的及中标后盈利的目的,在工程投标中所采取的具体做法。要采取哪些具体的投标策略,需要对本企业的主、客观条件进行分析。

1. 工程投标企业的主观条件

首先要从本企业的主观条件,即自身各项业务能力和能否适应投标工程的要求进行衡量,主要考虑以下因素。

(1) 工人和技术人员的操作技术水平;

(2) 机械设备能力;

(3) 设计能力;

(4) 对工程的熟悉程度和管理经验;

(5) 器材设备的交货条件;

(6) 中标承包后对本企业今后的影响;

(7) 以往对类似工程的经验。

如通过上述各项因素的综合分析,大部分的条件都能胜任者,即可初步做出可以投标的判断。国际上通常先根据经验、统计,规定可以投标的最低总分,与“最低总分”比较,如超过则做出可以投标的判断。

2. 工程投标企业的客观因素

其次,还须了解企业自身以外的各种因素,即客观因素,主要有以下内容。

(1) 工程情况,包括图纸和说明书,现场地上、地下条件,如地形、交通、水源、电源、土壤地质、水文、气象等。这些都是拟订施工方案的依据和条件。

(2) 建设单位及其代理人(工程师)的基本情况,包括资历、业务水平、工作能力、个人的性格和作风等。这些都是有关今后在施工承包结算中能否顺利进行的主要因素。

(3) 劳动力的来源情况,如当地能否招聘到比较廉价的工人,以及当地工会对承包商在劳务问题上能否合作的态度。

(4) 建筑材料、机械设备等的供应来源、价格、供货条件以及市场预测等情况。

(5) 专业分包,如卫生、空调、电气、电梯等的专业安装力量情况。

(6) 银行贷款利率、担保收费、保险费率等与投标报价有关的因素。

(7) 当地各项法规、规范,如企业法、劳动法、关税、外汇管理法、工程管理条例以及技术规范等。

(8) 竞争对手的情况,包括企业的历史、信誉、经营能力、技术水平、设备能力、以往投标报价的价格情况和经常的投标策略等。

对以上这些客观情况的了解,除了可以从招标文件和招标人对招标工程的介绍、勘察现场获得外,还可通过广泛的调查研究、询价、社交活动等多种渠道获取。

3. 工程投标的具体策略

充分分析了以上主、客观情况,对某一具体工程认为值得投标后,这就须确定要采取的投标策略,以实现中标和获利的目的。常见的投标策略有以下几种。

(1) 靠提高经营管理水平取胜。

主要靠做好施工组织设计,采取合理的施工技术和施工机械,精心采购材料、设备,选择可靠的分包单位,安排紧凑的施工进度,力求节省管理费用等,从而有效地降低工程成本,获得较大的利润。

(2) 靠改进设计和缩短工期取胜。

仔细研究设计图纸,发现有不合理之处,提出能降低造价的修改设计建议,以提高对招标人的吸引力。另外,靠缩短工期取胜,即比规定的工期有所缩短,达到早投产、早收益,有时甚至标价稍高,对招标人也是很有吸引力的。

(3) 低利政策。

其主要适用于承包任务不足时,与其“坐吃山空”,不如以低利润承包一些工程。此外,承包商初到一个新地区,为了打入这个地区的承包市场,建立信誉,也往往采取这种策略。

(4) 加强索赔管理。

有时虽然报价低,却着眼于施工索赔,还能获得高额利润。

投标人要树立索赔意识,从设计图纸、标书、合同中寻找索赔机会,一般索赔金额可达10%~20%。随着与国际接轨,索赔管理将是工程投标的主要策略之一。

(5) 着眼于发展。

为争取将来的优势,而宁愿目前少盈利。承包商为了掌握某种有发展前途的工程施工技术(如建筑核电站的反应堆或海洋工程等),就可能采取这种策略。这是一种较有远见的策略。

以上这些策略不是互相排斥的,可以根据具体情况,综合、灵活运用。

三、工程投标决策的定量分析方法

对于工程投标决策,要做出科学的决策,就要采用科学的方法,定性分析必不可少,定量分析也不可或缺。工程投标常用的定量分析方法有综合评分法、概率分析法、线性规划法、决策树法、层次分析方法。下面仅介绍综合评分法和决策树法。

1. 综合评分法

将投标工程定性分析的各个因素通过评分转化为定量问题,计算综合得分,用以衡量投标工程的条件。综合评分法的一般步骤如下。

(1) 确定评价项目,即工程投标中哪些因素会影响投标决策,确定这些因素为分析指标。

(2) 制定评价等级和标准。先制定出各项评价指标统一的评价等级或分值范围,然后制定每项评价指标每个等级的标准,以便打分时掌握。这项标准,一般是定性与定量相结合,可以定量为主,也可以定性为主,根据具体情况而定。

(3) 制定评分表,内容包括所有的评价指标及其等级区分和打分。表4-1为某工程项目投标决策综合评分表。

(4) 根据指标和等级评出分数值。评价者收集与指标相关的资料,给评价对象打分,填入表格。打分的方法一般是先对某项指标达到的成绩做出等级判断,然后进一步细化,在这个等级的分数范围内确定一个具体分。这时往往要对不同评价对象进行横向比较。

(5) 数据处理和评价。

表4-1　　某工程项目投标决策综合评分表

序号	评价指标	权数(W)	等级(C)					指标得分(W×C)
			好	较好	一般	较差	差	
1	管理水平	0.15		0.8				0.12
2	技术水平	0.15	1					0.15
3	机械设备能力	0.05	1					0.05
4	对风险的控制能力	0.15			0.6			0.09
5	实现工期的可能性	0.1			0.6			0.06
6	资金支付条件	0.1		0.8				0.08
7	与竞争对手实力比较	0.1				0.4		0.04
8	与竞争对手投标积极性比较	0.1		0.8				0.08
9	今后机会的影响	0.05			0.6			0.03
10	以往类似工程的经验	0.05		0.8				0.04
合计$\sum WC$		1						0.74
可接受的最低分值								0.6

如表4-1所示，该工程投标机会评价值为0.74，高于可接受的最低分值为0.6，故该项目可以参加投标。

2.决策树法

决策者构建出问题的结构，将决策过程中每次决策可能出现两个或两个以上的状态及其概率和产生不同结果的决策分支画成图形，很像一棵树的枝干，故这种决策方法称为决策树法。

决策树是以方框和圆圈为节点，方框代表决策点，圆圈代表状态点(也可称为方案节点)，用直线连接而成的一种树状结构图。

决策树绘制方法如下。

(1) 先画一个方框作为出发点，这个方框又称为决策点；

(2) 从决策点向右引出若干根直线或折线，每根直线或折线代表一个方案，这些直线或折线称为方案枝；

(3) 在每个方案枝的端点画个圆圈，这个圆圈称为概率分叉点，也称为自然状态点；

(4) 从自然状态点引出若干根直线或折线，代表各自然状态的分枝，这些直线或折线称为概率分枝；

(5) 在概率分枝上标明各自然状态的损益值。

决策树分析最佳方案的过程是比较各方案的损益值，哪个方案的期望值最大，则该方案为最佳方案。

【例 4-1】 某施工企业面临 A、B 两工程项目投标。因受本企业资源条件限制，只能选择其中一项工程投标或者这两项工程均不参加投标。根据过去类似工程投标的经验数据，A 工程投高标的中标概率为 0.3，投低标的中标概率为 0.6，编制该工程投标文件的费用为 6 万元；B 工程投高标的中标概率为 0.4，投低标的中标概率为 0.7，编制该工程投标文件的费用为 4 万元。各方案承包的效果、概率、损益值如表 4-2 所示。试用决策树法进行投标决策分析。

表 4-2　**各方案效果、概率及损益值表**

方案	效果	概率	损益值/万元
A 工程投高标	好	0.3	300
	中	0.5	200
	差	0.2	100
A 工程投低标	好	0.2	220
	中	0.7	120
	差	0.1	0
B 工程投高标	好	0.4	220
	中	0.5	140
	差	0.1	60
B 工程投低标	好	0.2	140
	中	0.5	60
	差	0.3	−20

运用决策树法分析决策时需注意：

① 不中标概率为 1 减去中标概率。

② 不中标损失费用为编制投标文件的费用。

③ 绘制决策树时自左向右，而计算期望值时自右向左。各机会点的期望值结果应标在机会点上方。

【解】 决策树如图 4-1 所示。

图中各状态点的期望值计算如下。

点⑦：$300\times0.3+200\times0.5+100\times0.2=210$（万元）；

点②：$210\times0.3+(-6)\times0.7=58.8$（万元）；

点⑧：$220\times0.2+120\times0.7+0\times0.1=128$（万元）；

点③：$128\times0.6+(-6)\times0.4=74.4$（万元）；

点⑨：$220\times0.4+140\times0.5+60\times0.1=164$（万元）；

点④：$164\times0.4+(-4)\times0.6=63.2$（万元）；

点⑩：$140\times0.2+60\times0.5+(-20)\times0.3=52$（万元）；

点⑤：$52\times0.7+(-4)\times0.3=35.2$（万元）；

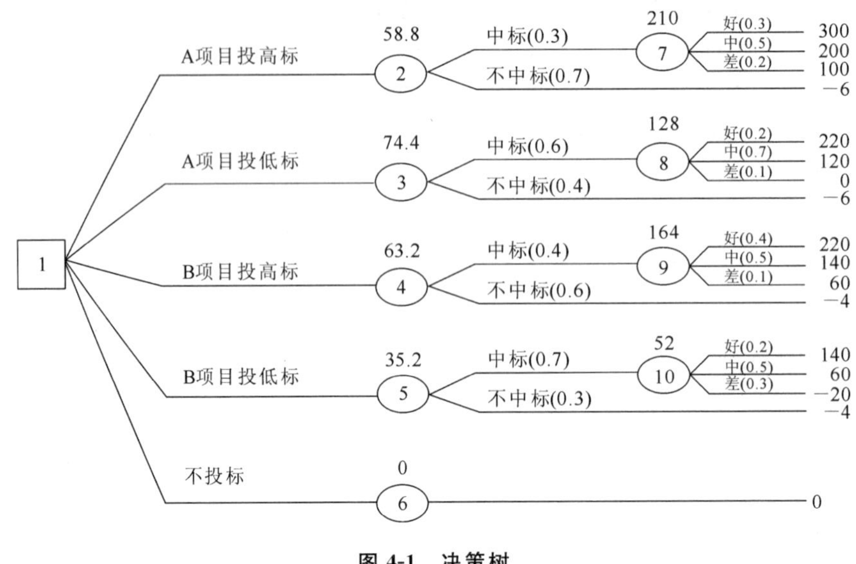

图4-1 决策树

点⑥:0。

$$\max\{58.8,74.4,63.2,35.2,0\}=74.4(万元)$$

点③的期望值最高,故该企业应采用A项目投低标方案。

任务三　建设工程项目投标报价

一、工程投标报价的含义

1.工程投标报价的概念

工程投标报价是指投标人响应招标文件的要求,按照一定的编制原则、规定的编制依据、适当的编制方法,并考虑投标企业的风险承受能力,估算的预计完成招标工程项目所发生的各项费用的总和。工程投标报价是投标人对招标人的招标文件的价格要素做出的要约表示,直接影响投标人能否中标和中标后的利润。因此,工程投标报价是工程投标工作的核心内容。

对于工程施工项目,由于计价的方式不同,工程招标投标分为定额计价报价和工程量清单报价。采用工程量清单计价的工程施工投标报价,就是按照工程量清单计价编制原则、编制依据,采用工程量清单计价的方法,考虑企业的风险承受能力,确定预计完成工程施工项目的工程造价。

2.工程施工投标报价的编制依据

采用工程量清单报价的工程施工项目,其编制依据与招标控制价的编制依据基本一致,具体内容如下。

(1) 招标单位提供的招标文件。

(2) 招标单位提供的设计图纸、工程量清单及有关的技术说明书等。

(3) 国家及地区颁发的现行建筑、安装工程预算定额及与之相配套执行的各种费用定额规定等。

(4) 地方现行材料预算价格、采购地点及供应方式等。

(5) 因招标文件及设计图纸等不明确经咨询后由招标单位书面答复的有关资料。

(6) 企业内部制定的有关取费、价格等的规定、标准。

(7) 其他与报价计算有关的各项政策、规定及调整系数等。如有关配套费率、人工和机械台班费用调整规定、中国建设工程造价信息网某期价格信息以及当地市场材料价格。

3. 工程施工投标报价的编制原则

(1) 非竞争性费用严格按政策规定套算。

非竞争性费用是指招标文件中根据省级政府或省级有关权力部门的规定列项或由招标单位自行统一规定的费用部分。投标人直接将其加入投标报价部分即可。对于非竞争性费用,投标人决不可按自己的意愿进行调整,否则将违反国家有关规定或因不响应招标文件而造成投标文件废标。非竞争性费用主要有安全文明施工费、规费、税金、暂列金额、暂估价等。

(2) 竞争性费用以定额、规定为基础,在风险范围内适当调整。

竞争性费用是指由投标单位按政策规定、招标文件等要求,根据招标工程项目特点,结合自身的能力优势、施工组织、材料市场信息价并考虑风险后自行报价的部分,如定额消耗量、人材机单价、企业管理费费率、利润率、风险费用、措施费用、计日工单价、总承包管理费等。

二、工程施工投标报价的组成及编制方法

投标报价的编制,应首先根据招标人提供的工程量清单编制分部分项工程和措施项目清单与计价表,其他项目清单与计价汇总表,规费、税金项目计价表,然后汇总得到单位工程投标报价,再层层汇总,得出单项工程投标报价和建设项目投标总价。在编制过程中,投标人应按招标人提供的工程量清单填报价格,填写的项目编码、项目名称、项目特征、计量单位、工程量必须与招标人提供的一致。

1. 分部分项工程量清单与计价表的编制

投标人投标报价时,分部分项工程费应按招标文件中分部分项工程项目清单与计价表的特征描述确定综合单价。综合单价包括完成一个规定清单项目所需的人工费、材料和工程设备费、施工机具使用费、企业管理费、利润,并考虑一定范围的风险费用。

综合单价＝人工费＋材料和工程设备费＋施工机具使用费＋企业管理费＋利润　(4-1)

(1) 确定综合单价时的注意事项。

① 以项目特征描述为依据。项目特征是确定综合单价的重要依据之一。投标过程中,当出现招标工程清单特征描述与设计图纸不符时,投标人应以招标工程量清单的项

目特征描述为准,确定投标报价的综合单价。当施工中施工图纸或设计变更与招标工程量清单项目特征描述不一致时,发承包双方应按实际施工的项目特征,依据合同约定重新确定综合单价。

② 材料、工程设备暂估价的处理。招标文件中在其他项目清单中提供了暂估单价的材料和工程设备,应按其暂估的单价计入清单项目的综合单价中。

③ 考虑合理的风险。招标文件中要求投标人承担的风险费用,投标人确定综合单价时应予以考虑。在施工过程中,当出现的风险内容及其范围(幅度)在招标文件规定的范围(幅度)内时,综合单价不得变动,合同价款不作调整。根据国际惯例并结合我国工程建设的特点,发承包双方对工程施工阶段的风险宜采用如下分摊原则。

a. 对于主要由市场价格波动导致的价格风险,如工程造价中的建筑材料、燃料等价格风险,发承包双方应当在招标文件中或在合同中对此类风险的范围和幅度予以明确约定,进行合理分摊。根据工程特点和工期要求,一般采取的方式是承包人承担5%以内的材料、工程设备价格风险,10%以内的施工机具使用费风险。

b. 对于法律、法规、规章或有关政策出台导致工程税金、规费、人工费发生变化,由省级、行业建设行政主管部门或其授权的工程造价管理机构根据上述变化发布的政策性调整,由政府定价或政府指导价管理的原材料等价格进行了调整,承包人不应承担此类风险,应按照有关调整规定执行。

c. 对于承包人根据自身技术水平、管理、经营状况能够自主控制的风险,如承包人的管理费、利润的风险,承包人应结合市场情况,根据企业自身的实际合理确定、自主报价,该部分风险由承包人全部承担。

(2) 综合单价确定的步骤和方法

当分部分项工程内容比较简单,由单一计价子项计价,且《建设工程工程量清单计价规范》(GB 50500—2013)与所使用计价定额中的工程量计算规则相同时,综合单价的确定只需用相应计价定额子目中的人工费、材料费、施工机具费做基数计算管理费、利润,再考虑相应的风险费用即可。当工程量清单给出的分部分项工程与所用计价定额的单位不同或工程量计算规则不同时,则需要按计价定额的计算规则重新计算工程量,并按照下列步骤来确定综合单价。

① 确定计算基础。计算基础主要包括消耗量指标和生产要素单价。根据企业的实际消耗量水平,并结合拟定的施工方案确定完成清单项目需要消耗的各种人工、材料、机具台班的数量。计算时应采用企业定额,在没有企业定额或企业定额缺项时,可参照与本企业实际水平相近的国家、地区、行业定额,并通过调整来确定清单项目的人工、材料、机具台班单位用量。各种人工、材料、机具台班的单价,则应根据询价的结果和市场行情综合确定。

② 分析每一清单项目的工程内容。投标人根据工程量清单中项目特征的描述,再结合施工现场情况和拟定的施工方案确定完成各清单项目实际应发生的工程内容。必要时可参照《建设工程工程量清单计价规范》(GB 50500—2013)中提供的工程内容,有些特殊的工程也可能出现规范列表之外的工程内容。

③ 计算工程内容的工程数量与清单单位的含量。每一项工程内容都应根据所选定

的工程量计算规则计算其工程数量，当定额的工程量计算规则与清单的工程量计算规则一致时，可直接以工程量清单中的工程量作为工程内容的工程数量。

当采用清单单位含量计算人工费、材料费、施工机具使用费时，还需要计算每一计量单位的清单项目所分摊的工程内容的工程数量，即清单单位含量。

$$\text{清单单位含量} = \frac{\text{某工程内容的定额工程量}}{\text{清单工程量}} \tag{4-2}$$

④ 分部分项工程人工费、材料费、施工机具使用费的计算。以完成每一计量单位的清单项目所需的人工、材料、机具用量为基础计算，即

$$\begin{matrix}\text{每一计量单位清单项目}\\\text{某种资源的使用量}\end{matrix} = \text{该种资源的定额单位用量} \times \text{相应定额条目的清单单位含量} \tag{4-3}$$

再根据预先确定的各种生产要素的单位价格，计算出每一计量单位清单项目的分部分项工程的人工费、材料费与施工机具使用费。

$$\text{人工费} = \text{完成单位清单项目所需人工的工日数} \times \text{人工工日单价} \tag{4-4}$$

$$\text{材料费} = \sum\left(\begin{matrix}\text{完成单位清单项目所需}\\\text{各种材料、半成品的数量}\end{matrix} \times \begin{matrix}\text{各种材料、}\\\text{半成品单价}\end{matrix}\right) + \text{工程设备费} \tag{4-5}$$

$$\begin{aligned}\text{施工机具使用费} = & \sum\left(\begin{matrix}\text{完成单位清单项目所需}\\\text{各种机械的台班数量}\end{matrix} \times \begin{matrix}\text{各种机械的}\\\text{台班单价}\end{matrix}\right)\\ & + \sum\left(\begin{matrix}\text{完成单位清单项目所需}\\\text{各种仪器仪表的台班数量}\end{matrix} \times \begin{matrix}\text{各种仪器仪表的}\\\text{台班单价}\end{matrix}\right)\end{aligned} \tag{4-6}$$

当招标人提供的其他项目清单中列示了材料暂估价时，应根据招标人提供的价格计算材料费，并在分部分项工程项目清单与计价表中表现出来。

⑤ 计算综合单价。企业管理费和利润的计算可按照规定的取费基数乘一定的费率计算，若以人工费与施工机具使用费之和为取费基数，则

$$\text{企业管理费} = (\text{人工费} + \text{施工机具使用费}) \times \text{企业管理费费率} \tag{4-7}$$

$$\text{利润} = (\text{人工费} + \text{施工机具使用费}) \times \text{利润率} \tag{4-8}$$

将上述五项费用汇总，并考虑合理的风险费用后，即可得到清单综合单价。根据计算的综合单价，可编制分部分项工程项目清单与计价表，如表 4-3 所示。

表 4-3　**分部分项工程项目清单与计价表**

工程名称：　　　　　　　　　　标段：　　　　　　　　　　第　页　共　页

序号	项目编码	项目名称	项目特征	计量单位	工程量	金额/元		
						综合单价	合价	其中：暂估价
⋮								
		0105 混凝土及钢筋混凝土工程						
5	010503001001	基础梁	C30 预拌混凝土	m^3	208	356.14	74077	

续表

工程名称：　　　　　　　　　　标段：　　　　　　　　　　第　页　共　页

序号	项目编码	项目名称	项目特征	计量单位	工程量	金额/元		
						综合单价	合价	其中：暂估价
6	010515001001	现浇构件钢筋	螺纹钢 Q235，ϕ14	t	200	4787.16	957432	800000
⋮								
		分部小计				2432419	800000	

(3) 工程量清单综合单价分析表的编制

为表明综合单价的合理性，投标人应对其进行单价分析，以作为评标时的判断依据。综合单价分析表的编制应反映上述综合单价的编制过程，并按照规定的格式进行，如表4-4所示。

表4-4　**工程量清单综合单价分析表**

工程名称：　　　　　　　　　　标段：　　　　　　　　　　第　页　共　页

项目编码	010515001001	项目名称	现浇构件钢筋	计量单位	t	工程量	200

清单综合单价组成明细

定额编号	定额名称	定额单位	数量	单价/元				直接费合价/元			
				人工费	材料费	机具费	管理费和利润	人工费	材料费	机具费	管理费和利润
AD0899	现浇构件钢筋制安	t	1.07	275.47	4044.58	58.34	95.60	294.75	4327.70	62.42	102.29
人工单价				小计				294.75	4327.70	62.42	102.29
80元/工日				未计价材料费							
清单项目综合单价								4787.16			

材料费明细	主要材料名称及规格、型号	单位	数量	单价/元	合价/元	暂估单价/元	暂估合价/元
	螺纹管 Q235，ϕ14	t	1.07			4000.00	4280.00
	焊条	kg	8.64	4.00	34.56		
	其他材料费	—	13.14	—			
	材料费小计	—	47.70	—	4280.00		

2. 措施项目清单与计价表的编制

措施项目分为可计量的措施项目和不可计量的措施项目。其中，可计量的措施项目清单与计价表的编制同分部分项工程清单与计价表，综合单价的计算也同分部分项工程综合单价的计算。因此，下文主要阐述不可计量措施项目清单与计价表的编制。

对于不可计量措施项目，通常编制总价措施项目清单与计价表。投标人对总价措施项目投标报价应遵循以下原则。

(1)措施项目的内容应依据招标人提供的措施项目清单和投标人投标时拟定的施工组织设计或施工方案确定。

(2)措施项目费由投标人自主确定，但其中安全文明施工费必须按照国家或省级、行业建设主管部门的规定计价，不得作为竞争性费用。招标人不得要求投标人对该项费用进行优惠，投标人也不得将该项费用参与市场竞争。投标报价时总价措施项目清单与计价表的编制如表 4-5 所示。

表 4-5　　**总价措施项目清单与计价表**

工程名称：　　　　　　　　标段：　　　　　　　　第　页　共　页

序号	项目编码	项目名称	计算基础	费率/%	金额/元	调整费率/%	调整后金额/元	备注
1	011707001001	安全文明施工费	定额人工费	25	209650			
2	011707002001	夜间施工增加费	定额人工费	1.5	12479			
3	011707004001	二次搬运费	定额人工费	1	8386			
4	011707005001	冬雨季施工增加费	定额人工费	0.6	5032			
5	011707007001	已完工程及设备保护费			6000			
⋮								
					241547			

3.其他项目清单与计价表的编制

其他项目费主要包括暂列金额、暂估价、计日工以及总承包服务费组成，如表 4-6 所示。

表 4-6　　**其他项目清单与计价表**

工程名称：　　　　　　　　标段：　　　　　　　　第　页　共　页

序号	项目名称	金额/元	结算金额/元	备注
1	暂列金额	350000		
2	暂估价	200000		
2.1	材料(工程设备)暂估价/结算价	—		
2.2	专业工程暂估价/结算价	200000		
3	计日工	26528		
4	总承包服务费	20760		
合计				

投标人对其他项目费投标报价时应遵循如下原则。

(1) 暂列金额应按照招标人提供的其他项目清单中列出的金额填写，不得变动，如表 4-7 所示。

表 4-7 **暂列金额明细表**

工程名称： 标段： 第 页 共 页

序号	项目名称	计量单位	金额/元	备注
1	自行车棚工程	项	100000	正在设计图纸
2	工程量偏差和设计变更	项	100000	
3	政策性调整和材料价格波动	项	100000	
4	其他	项	50000	
5	…			
合计			350000	—

(2) 暂估价不得变动和更改。暂估价中的材料、工程设备暂估价必须按照招标人提供的暂估单价计入清单项目的综合单价(表 4-8)；专业工程暂估价必须按照招标人提供的其他项目清单中列出的金额填写(表 4-9)。材料、工程设备暂估单价和专业工程暂估价均由招标人提供，为暂估价格，在工程实施过程中，对于不同类型的材料与专业工程采用不同的计价方法。

表 4-8 **材料(工程设备)暂估单价表**

工程名称： 标段： 第 页 共 页

序号	材料(工程设备)名称、规格、型号	计量单位	数量		暂估/元		确认/元		差额±/元		备注
			暂估	确认	单价	合价	单价	合价	单价	合价	
1	钢筋(规格见施工图)	t	200		4000	800000					用于现浇钢筋混凝土项目
2	低压开关柜(CGD190380/220 V)	台	1		45000	45000					用于低压开关柜安装项目
合计						845000					—

表 4-9 **专业工程暂估价表**

工程名称： 标段： 第 页 共 页

序号	工程名称	工程内容	暂估金额/元	结算金额/元	差额±/元	备注
1	消防工程	合同图纸中标明的以及消防工程规范和技术说明中规定的各系统中的设备、管道、阀门、线缆等的供应、安装和调试工作	200000			
⋮						
合计			200000			—

(3)计日工应按照招标人提供的其他项目清单列出的项目和估算的数量，自主确定各项综合单价并计算费用，如表 4-10 所示。

表 4-10　　　　　　　　　　　　**计日工表**

工程名称：　　　　　　　　　　标段：　　　　　　　　　　第　页　共　页

序号	项目名称	单位	暂定数量	实际数量	综合单价/元	合价/元	
						暂定	实际
一	人工						
1	普工	工日	100		80	8000	
2	技工	工日	60		110	6600	
⋮							
人工小计						14600	
二	材料						
1	钢筋(规格见施工图)	t	1		4000	4000	
2	水泥 42.5	t	2		600	1200	
3	中砂	m^3	10		80	800	
4	砾石(5～40 mm)	m^3	5		42	210	
5	页岩砖(240 mm×115 mm×53 mm)	千匹	1		300	300	
⋮							
材料小计						6510	
三	施工机具						
1	自升式塔吊起重机	台班	5		550	2750	
2	灰浆搅拌机(400 L)	台班	2		20	40	
⋮							
施工机具小计						2790	
四	企业管理费和利润(按人工费 18%计)					2628	
总计						26528	

(4) 总承包服务费应根据招标人在招标文件中列出的分包专业工程内容和供应材料、设备情况，按照招标人提出的协调、配合与服务要求和施工现场管理需要自主确定，如表 4-11 所示。

表4-11　　**专业工程暂估价表**

工程名称：　　标段：　　第　页　共　页

序号	项目名称	项目价值/元	服务内容	计算基础	费率/%	金额/元
1	发包人发包专业工程	200000	1.按专业工程承包人的要求提供施工工作面,并对施工现场进行统一管理,对竣工资料进行统一整理、汇总。 2.为专业工程承包人提供垂直运输机械和焊接电源接入点,并承担垂直运输费和电费			
2	发包人提供材料	845000	对发包人供应的材料进行验收及保管和使用发放	项目价值	0.8	6760
⋮						
合计		—	—		—	20760

4. 规费、税金项目计价表的编制

规费和税金应按国家或省级、行业建设主管部门的规定计算,不得作为竞争性费用。因此投标人在投标报价时必须按照规定计算规费和税金。规费、税金项目计价表的编制如表4-12所示。

表4-12　　**规费、税金项目计价表**

工程名称：　　标段：　　第　页　共　页

序号	项目名称	计算基础	计算基数	费率/%	金额/元
1	规费				239001
1.1	社会保险费				188685
(1)	养老保险费	定额人工费		14	117404
(2)	失业保险费	定额人工费		2	16772
(3)	医疗保险费	定额人工费		6	50316
(4)	工伤保险费	定额人工费		0.25	2096.5
(5)	生育保险费	定额人工费		0.25	2096.5
1.2	住房公积金	定额人工费		6	50316
1.3	工程排污费	按工程所在地环境保护部门收取标准、按实计入			
2	税金	人工费+材料费+施工机具使用费+企业管理费+利润+规费		11	868225
合计					1107226

5. 投标报价汇总

投标人的投标总价应当与组成工程量清单的分部分项工程费、措施项目费、其他项目费和规费、税金的合计金额一致，即投标人在进行工程量清单招标的投标报价时，不能进行投标总价优惠，投标人对投标报价的任何优惠均应反映在相应清单项目的综合单价中。

某单位工程投标报价汇总表，如表4-13所示。

表4-13　**单位工程投标报价汇总表**

工程名称：　标段：　第　页　共　页

序号	汇总内容	金额/元	其中：暂估价/元
1	分部分项工程	6318410	845000
⋮			
0105	混凝土及钢筋混凝土工程	2432419	800000
⋮			
2	措施项目	738257	
2.1	其中：安全文明施工费	209650	
3	其他项目	597288	
3.1	其中：暂列金额	350000	
3.2	其中：专业工程暂估价	200000	
3.3	其中：计日工	26528	
3.4	其中：总承包服务费	20760	
4	规费	239001	
5	税金	868225	
投标报价合计=1+2+3+4+5		8761181	845000

三、编制工程量清单报价注意事项

1. 投标报价说明

(1) 投标人应依据招标文件及其招标工程工程量清单自主确定报价成本，投标报价不得低于工程成本。

(2) 投标人不得采用总价让利或以百分比让利等形式进行报价。投标函中的报价须与工程量清单汇总表一致，否则可能作废标处理。

(3) 投标价应由投标人或受其委托具有相应资质的工程造价咨询人编制。

(4) 投标人可根据工程实际情况结合施工组织设计，对招标人所列的措施项目进行增补。

(5) 招标工程工程量清单与计价表中列明的所有需要填写的单价和合价的项目，投标人均应填写且只允许有一个报价。未填写单价和合价的项目，视为此项费用已包含在已标价工程量清单其他项目的单价和合价之中。竣工结算时，此项目不得重新组价予以调整。

(6) 投标总价应当与分部分项工程费、措施项目费、其他项目费和规费、税金的合计金额一致。

(7) 人工工日单价、机械台班单价允许按照市场情况进行调整。投标人应提供人工工日单价、机械台班单价以及涉及调整的单价一览表,并同时提供调整说明。

(8) 投标人可在现行费用定额(按工程类别)的最大值到最小值之间自主选择管理费费率。定额编制费、劳动定额测定费及地方各级政府规定必须支出的工程施工费用应单项列出,作为不可竞争性费用。

(9) 利润及风险费率区间。利润和风险由投标人自行考虑,利润不得为负数。

(10) 有工程量的项目应报单价和合价,无工程量的项目不报价。投标人在报价中所报的单价和合价,以及投标报价汇总表中的价格均包括完成该工程项目的成本、利润、税金、开办费、技术措施费、大型机械进出场费、风险费、政策性文件规定费用等所有费用。

2. 投标报价编制的关键点

(1) 投标人应按招标人提供的工程量清单填报价格,填写的项目编码、项目名称、项目特征、计量单位、工程量必须与招标人提供的一致,俗称"五统一"。如项目编码与项目特征、计量单位、工程量无法一一对应,则该清单项目作废,该清单项目的费用视为包含在其他清单中;如作废的清单项目有 3 项以上(含本数)或作废的清单项目造价累计超过单位工程投标报价的 2%(含本数),则视为不响应招标文件实质性内容,作废标处理。

(2) 特别注意招标工程工程量清单中带"*"的项目。工程量清单中带"*"的项目实行最高限价,即投标人投标文件中相应项目的单价如超出经公布的招标控制价的相应项目单价,则作废标处理。

(3) 措施项目可进行增补。措施项目的内容应依据招标人提供的措施项目清单和投标人投标时拟定的施工组织设计或施工方案确定;投标人可根据工程实际情况结合施工组织设计,对招标人所列的措施项目进行增补。

(4) 分部分项工程费报价的最重要依据之一是该项目的特征描述。投标人应依据招标文件中分部分项工程工程量清单项目的特征描述确定清单项目的综合单价,当招标文件中分部分项工程工程量清单项目的特征描述与设计图纸不符时,应以工程量清单项目的特征描述为准;当施工中施工图纸或设计变更与工程量清单项目的特征描述不一致时,发、承包双方应按实际施工的项目特征,依据合同约定重新确定综合单价。

(5) 投标人自行考虑风险因素。投标人在自主决定投标报价时,还应考虑招标文件中要求投标人承担的风险内容及其范围(幅度)和相应的风险费用。在施工过程中,当出现的风险及其范围(幅度)在招标文件规定的范围内时,综合单价不得变更,工程价款不做调整。

3. 不平衡投标报价的应用

随着我国社会主义市场经济体制的建立,建筑业推行了工程承包制合同制,形成了发包方和承包方两大主体。虽然在法律上两个主体是平等的,但在实际工作中,形成了发包方占强势地位的局面。工程招标投标制度的推行初期并未改变这种局面,使得在招标投标过程中,投标人为了争取自身利益,逐步总结出多种投标技巧,如不平衡报价、多方案报价、突然降价法、先亏后盈报价法及扩大标价法等。

工程量清单计价的推出，逐步削弱了发包人的强势地位，增强了承包人话语权，同时也使得各种投标报价技巧失去了应有的作用，特别是《建设工程工程量清单计价规范》(GB 50500—2013)实施后，大大提升了承包人的地位。完全依靠价格竞争策略的投标报价技巧，将被依靠企业实力竞争、信用至上的投标所取代。这并不是说，投标报价就不需要技巧。不平衡报价在工程量清单报价中仍可发挥一定作用。

不平衡报价(unbalanced bids)[也称为前重后轻法(front loaded)]是指一个工程项目的投标报价，在总价基本确定后，如何调整内部各个项目的报价，以期既不提高总价而不影响中标，又能在结算时得到更理想的经济效益。一般可以在以下情况考虑采用不平衡报价法。

(1) 能够早日结账收款的项目(如开办费、土石方工程、基础工程等)可以报价高一些，以利于资金周转，后期工程项目(如机电设备安装工程、装饰工程等)可适当降低报价。

(2) 经过工程量核算，预计今后工程量会增加的项目，单价可适当提高，这样在最终结算时可多获利；而将工程量可能减少的项目单价降低，工程结算时损失减少。

但是(1)、(2)两点要统筹考虑，针对工程量有误的早期工程，如果不可能完成工程量表中的数量，则不能盲目抬高报价，要具体分析后再确定。

(3) 设计图纸不明确，估计修改后工程量要增加的，可以提高单价，而工程内容未说清的，则可降低单价。

(4) 暂定项目。暂定项目又叫作任意项目或选择项目，对这类项目要具体分析，因这一类项目要开工后再由建设单位研究决定是否实施，由哪一家承包商实施。如果工程不分标，只由一家承包商施工，则其中肯定要做的单价可高一些，不一定做的则应低一些；如果工程分标，该暂定项目可能由其他承包商实施时，不宜报高价，以免抬高总包价。

(5) 在单价包干混合制合同中，有些项目招标人要求采用包干报价时，宜报高价。一是这类项目多半有风险；二是这类项目在完成后可全部按报价结账，即可以全部结算款项。而其余单价项目则可适当降低。

但是不平衡报价法一定要建立在对工程量清单中工程量仔细核对、分析的基础上，特别是对报低单价的项目，如项目执行时工程量增多将造成承包商的重大损失，同时一定要控制在合理幅度内(一般在10%左右)，以免招标人反对，甚至导致废标。有时招标人会挑选出报价过高的项目，要求投标者进行单价分析，并围绕单价分析中过高的内容压价，以致承包商得不偿失。

任务四　建设工程项目投标文件的编制与递交

一、工程施工投标文件的编制

投标文件的编制，应根据招标文件的要求和格式进行。工程施工投标文件一般由三

建设工程项目投标文件案例

部分组成,即资格审查部分(适用于资格后审的招标项目)、商务部分和技术部分,三部分内容分别装订成册,分别密封。资格审查部分的内容已在模块二做了讲述,下面重点介绍商务部分和技术部分的内容。

1.商务标文件的编制

工程施工商务标文件一般由以下四部分组成。

(1) 投标函及投标函附录。投标函是指投标人按照工程招标文件的条件和要求,向招标人提交的有关工程报价、工程质量、工期及履约保证金等承诺和说明的函件,是投标人为响应招标文件相关要求所做的概括性说明和承诺的函件,一般位于投标文件的首要部分。其格式、内容必须符合招标文件的规定,并要加盖投标单位公章,经单位法定代表人或其委托代理人(同时是专职投标员)签字或盖章。

投标函附录是附于投标函后并构成投标函一部分的文件,对投标人响应招标文件中规定的实质性要求和条件做出的承诺,一起构成合同文件的重要组成部分。承诺必须优于招标文件的要求。

(2) 投标响应表,对招标文件有关工期、投标有效期、质量要求、技术标准和要求、招标范围等实质性内容做出的响应,格式由投标人自行拟定。

(3) 投标报价表,对投标报价按建筑工程、安装工程等进行的汇总,同时列出不包括在投标总价中的社会保险费(如安全防护、文明施工措施费等)及工程施工主要材料(如钢材、水泥、商品混凝土)的用量。

(4) 已标价工程量清单,是按工程量清单报价要求提交的工程量清单报价文件。该部分文件必须有本单位的注册造价工程师或造价员签字并加盖执业专用章。

2.技术标文件的编制

技术标文件主要是施工组织设计,如有分包工程,则应列出拟分包计划表。当技术标采用暗标时,应将项目管理机构及人员配备情况另册装订。

(1) 施工组织设计。编制施工组织设计,应采用文字并结合图表形式说明施工方法,如拟投入本工程的主要施工设备情况、拟配备本工程的试验和检测仪器设备情况、劳动力计划等;结合工程特点,提出切实可行的工程质量、安全生产、文明施工、工程进度、技术组织等措施,同时应对关键工序、复杂环节重点提出相应技术措施,如冬雨季施工技术,减少噪声、降低环境污染的措施,地下管线及其他地上、地下设施的保护加固措施等。

施工组织设计除采用文字表述外,还可附下列图表。

① 拟投入本工程的主要施工设备表,见表4-14。

② 拟配备本工程的试验和检测仪器设备表,见表4-15。

③ 劳动力计划表,见表4-16。

④ 计划开、竣工日期和施工进度网络图。

投标人应提交施工进度网络图或施工进度表,说明按招标文件要求的工期进行施工的各个关键日期。施工进度表可采用网络图(或横道图)表示,说明计划开工日期、各分项工程各阶段的完工日期和分包合同签订的日期。施工进度计划应与施工组织设计相适应。

⑤ 施工总平面图。

投标人应递交一份施工总平面图，绘出现场临时设施布置图表并附文字说明，说明临时设施，加工车间，现场办公室，设备及仓储，供电、供水、卫生、生活、道路、消防等设施的情况和布置。

⑥ 临时用地表，见表 4-17。

表 4-14　**拟投入本工程的主要施工设备表**

序号	设备名称	型号规格	数量	国别产地	制造年份	额定功率/kW	生产能力	用于施工部位	备注

表 4-15　**拟配备本工程的试验和检测仪器设备表**

序号	仪器设备名称	型号规格	数量	国别产地	制造年份	已使用台时数	用途	备注

表 4-16　**劳动力计划表**　（单位：人）

工种	按工程施工阶段投入劳动力情况						

表 4-17　**临时用地表**

用途	面积/m^2	位置	需用时间

（2）拟分包计划表。

如果工程允许分包，则拟分包计划表列出拟分包项目的名称、范围及理由，拟选分包人基本情况，见表 4-18。

表 4-18　**拟分包计划表**

序号	拟分包项目名称、范围及理由	拟选分包人					备注
		拟选分包人名称		注册地点	企业资质	有关业绩	
		1					
		2					
		3					

注：本表所列分包仅限于承包人自行施工范围内的非主体、非关键工程。

（3）暗标施工组织设计的编制及装订要求。

暗标是在评标时，评标委员会成员从投标文件中不能识别出投标企业的投标方式。这样便于评委客观、公正、公平地评标。编制暗标是以能够隐去投标人的身份为原则，尽可能简化编制和装订要求。

暗标对投标文件编制和装订有统一的要求,如打印纸张要求、颜色要求、字体、字号、排版等统一规定。构成投标文件的“技术暗标”正文中均不得出现投标人的名称和其他可识别投标人身份的字符、徽标、人员名称以及其他特殊标记等。

(4) 项目管理机构情况。

项目管理机构情况由项目管理机构配备情况表(表4-19)、项目经理(注册建造师)简历表(表4-20)、技术负责人简历表(表4-21)及辅助说明资料等组成。

表4-19　　**项目管理机构配备情况表**

(招标工程项目名称)工程

岗位	姓名	职称	执业或职业资格证明					承担完工工程情况	
			证书名称	级别	证号	专业	原服务单位	项目数	主要项目名称
施工员									
质检员									
安全员									
材料员									
造价员									
…									
一旦我单位中标,将实行项目经理负责制,我方保证并配备上述项目管理机构。上述填报内容真实,若不真实,愿按有关规定接受处理。项目管理班子机构设置、职责分工等情况另附资料说明。相关证明材料未通过诚信库审核的,在评审时不予承认									

表4-20　　**项目经理(注册建造师)简历表**

(招标工程项目名称)工程

姓名		性别		年龄	
职务		职称		学历	
参加工作时间		担任项目经理年限			
项目经理注册证书编号					
在建和已完工程项目情况					
建设单位	项目名称	建设规模	开、竣工日期	在建或已完工程	工程质量

注:1. 已完成的类似工程应附中标通知书或合同协议书、工程接收证书(工程竣工验收证书)的复印件。在建类似工程应附中标通知书或合同协议书复印件。

2. 相关证明材料未通过诚信库审核的,在评审时不予承认。

表 4-21　**项目技术负责人简历表**

（招标工程项目名称）工程

姓名		性别		年龄	
职务		职称		学历	
参加工作时间		担任技术负责人年限			
在建和已完工程项目情况					
建设单位	项目名称	建设规模	开、竣工日期	在建或已完工程	工程质量

注：1. 已完成的类似工程应附中标通知书和（或）合同协议书、工程接收证书（工程竣工验收证书）的复印件。在建类似工程应附中标通知书和（或）合同协议书复印件。

2. 相关证明材料未通过诚信库审核的，在评审时不予承认。

（5）企业信誉实力部分。

为了证明投标人中标后，有能力和信用履行中标工程，招标人一般要求投标企业提供近三年来获得的有关荣誉证书，见表 4-22。

表 4-22　**企业信誉实力一览表**

序号	项目
1	企业近三年内完成工程获得奖项，含鲁班奖、国家市政金杯奖、国家优质工程金（或银）杯奖、詹天佑大奖、国家 AAA 级安全文明标准化诚信工地
2	企业近两年内承建或完成的工程获得省级质量或安全奖
3	企业在上一年度承建或完成的工程获得本项目所在的地级市“优质工程”或“安全文明工地”奖项
4	企业在近三年内完成国家级建设工法
5	企业近两年内完成省级建设工法
6	其他，如行政主管部门颁发的与建筑工程的质量、安全文明、绿色环保、节能有关的荣誉等

注：本表所列项目按评标办法前附表要求填写，并按要求附已通过诚信库审核的相关证明材料，否则在评审时不予承认。

3. 编制投标文件的注意事项

投标文件是评标委员会评价投标人的基础资料，一份装帧精美、内容翔实的投标文件是中标的重要前提。投标人在编制投标文件时要特别注意以下问题。

（1）投标文件应按招标文件规定的“投标文件格式”进行编写，内容应该全面、具体，如有必要，可以增加附页，作为投标文件的组成部分。

（2）投标文件应当对招标文件有关工期、投标有效期、质量要求、技术标准和要求、招标范围等实质性内容做出响应。

（3）投标文件应用不褪色的材料书写或打印，并由投标人的法定代表人或其委托代理人签字和加盖单位公章。委托代理人签字的，投标文件应附法定代表人签署的授权委托书。

（4）投标文件应尽量避免涂改、行间插字或删除。如果出现上述情况，改动之处应加盖单位公章或由投标人的法定代表人或其授权代理人签字确认。

(5) 投标人拟在中标后将部分工作分包给其他单位完成的(前提是招标人允许分包),应在投标文件中写明。

(6) 如果是联合体投标,则应附有效签署的联合体协议书。

(7) 投标人应按招标人要求提交足额的投标保证金。

(8) 如果对招标文件提出商务部分或技术部分偏差的,应按招标文件的要求在偏差表中列明。

(9) 投标报价应按照招标文件的要求进行填报和封装(通常要求单独封装提交)。

(10) 投标文件的正本与副本应分别装订成册,并编制目录,份数应满足招标文件的要求。

二、工程施工投标文件的递交

1.投标文件的修改与撤回

投标文件的修改是指投标人对投标文件中遗漏和不足部分进行增补,对已有的内容进行修订。投标文件的撤回是指投标人收回全部投标文件,或放弃投标,或以新的投标文件重新投标。

投标人可以修改和撤回已递交的投标文件,但必须在投标文件递交截止日期之前进行,并书面通知招标人。书面通知应按照规定的要求签字或盖章。招标人收到书面通知后,向投标人出具签收凭证。

修改的内容为投标文件的组成部分。修改的投标文件应按照规定进行编制、密封、标记和递交,并标明"修改"字样。

投标截止时间之后至投标有效期满之前,投标人对投标文件的任何补充、修改,招标人不予接受,撤回投标文件的,还将被没收投标保证金。

2.投标文件的密封与标记

工程施工投标文件的资格审查申请书单独包封;商务标、技术标、电子文件光盘分别密封在三个内层投标文件密封袋中,再密封在同一个外层投标文件密封袋中。

投标文件的封套上应清楚地标记"正本"或"副本"字样,封套上应写明规定的其他内容;未按规定要求密封和加写标记的投标文件,招标人不予受理。

3.投标文件的送达与签收

(1) 投标文件的送达。

投标文件的送达应注意以下问题:

① 投标文件的提交截止时间。招标文件通常会明确规定投标文件提交的时间,投标文件必须在招标文件规定的投标截止时间之前送达。

② 投标文件的送达方式。投标人递送投标文件的方式可以是直接送达,即投标人派授权代表直接将投标文件按照规定的时间和地点送达;也可以通过邮寄方式送达,邮寄方式送达应以招标人实际收到时间为准,而不是以邮戳时间为准。

③ 投标文件的送达地点。投标人应严格按照招标文件规定的地址送达投标文件,特别是采用邮寄送达方式的。投标人因为递交地点发生错误而逾期送达投标文件的,将被

招标人拒绝接收。

(2) 投标文件的签收。

投标文件按照招标文件的规定时间送达后,招标人应签收保存。《工程建设项目施工招标投标办法》规定,招标人收到投标文件后,应当向投标人出具标明签收人和签收时间的凭证,在开标前任何单位和个人不得开启投标文件。

(3) 投标文件的拒收。

如果投标文件没有按照招标文件要求送达,招标人可以拒绝受理。《工程建设项目施工招标投标办法》规定,投标文件有下列情形之一的,招标人不予受理:a. 逾期送达的或者未送达指定地点的;b. 未按招标文件要求密封的。

模块小结

工程投标是工程施工、货物和服务企业获得工程项目的主要来源,特别是工程施工承包企业,工程投标已成为获取工程承包业务最重要的途径。投标企业能否中标,中标后的利润能否达到预期,关键工作是投标。

参加工程投标,企业除了具备法人或者其他组织的一般条件外,还必须满足两项资格条件:一是国家有关规定对不同行业及不同主体投标人的资格条件;二是招标人根据项目本身的要求,在招标文件或资格预审文件中规定的投标人的资格条件。

参加工程投标的投标人,除了按规定递交投标文件外,还需要按规定交纳投标保证金。

工程招标投标涉及各方重大利益,国家除了对招标人做了详细的规定外,对投标人投标也做了明确的禁止性规定,防止出现串通投标的行为。

工程施工投标的程序和内容极为复杂,投标人应该熟悉投标程序。工程施工项目投标一般要经过前期准备、投标准备、投标报价和签约四个阶段。

投标人应当按照招标文件的要求编制投标文件。投标文件应当对招标文件提出的实质性要求和条件做出响应。工程施工投标文件一般包括投标函、投标报价、施工组织设计、商务和技术偏差表。

掌握正确的投标决策是中标的前提。投标决策就是针对某工程招标项目,投标人选择参加还是不参加,若参加,将采取什么策略,若不参加,有何替代项目可供选择的分析判断过程。投标决策可以分为投标决策的前期阶段和投标决策的后期阶段两个阶段。

工程投标决策的种类较多,按性质分类,有风险标和保险标;按效益分类,有盈利标、保本标和亏损标。

工程投标策略是投标必不可少的。要采取哪些具体的投资策略,需要对本企业的主、客观条件进行分析。

科学的定量分析法在工程投标决策中能发挥较好的作用,投标人应学会使用。

工程投标报价是工程投标最主要的内容。工程投标报价是指投标人响应招标文件的要求,按照一定的编制原则、规定的编制依据、适当的编制方法,并考虑投标企业的风险承受能力,估算的预计完成招标工程项目所发生的各项费用的总和。

工程量清单报价已成为工程投标报价的主要方式，但传统的定额计价报价在非国有投资项目中还有一定的市场。

定额计价方式是依据工程定额和有关规定，先直接计算出工程的直接工程费，再按规定的计算方法计算间接费、利润、税金，汇总确定建筑安装工程造价的一种计价方式。采用定额计价方式时，建筑安装工程费用项目按费用构成要素组成划分，分为人工费、材料费、施工机具使用费、企业管理费、利润、规费和税金。

工程量清单计价方式是国际通用的惯例，我国正处在过渡时期。编制工程量清单报价，应符合国家颁布的《建设工程工程量清单计价规范》(GB 50500—2013)及有关规定。在工程量清单报价中，建筑安装工程费用项目组成是按造价形成划分的，分为分部分项工程费、措施项目费、其他项目费、规费、税金五大部分。

投标文件的编制应根据招标文件的要求和格式进行。工程施工投标文件一般由三部分组成，即资格审查部分(适用于资格后审的招标项目)、商务部分和技术部分。其中，商务文件是最主要的内容，工程施工商务标文件一般由以下四部分组成：投标函及投标函附录、投标响应表、投标报价表和已标价工程量清单。技术标文件主要是施工组织设计，如有分包工程，应列出拟分包计划表。

投标文件的编制要注意实质性内容和细节。投标文件的修改与撤回、密封与标记、送达与签收都有明确的规定。

思 考 题

1. 某大型水利工程项目中的引水系统由电力部委托某技术进出口公司组织施工公开招标，确定的招标程序如下：① 成立招标工作小组；② 编制招标文件；③ 发布招标邀请书；④ 对报名参加的投标者进行资格预审，并将审查结果通知各申请投标者；⑤ 向合格的投标者分发招标文件及设计图纸、技术资料等；⑥ 建立评标组织，制订评标定标办法；⑦ 召开开标会议，审查投标书；⑧ 组织评标，决定中标单位；⑨ 发出中标通知书；⑩ 签订承发包合同。参加投标报价的某施工企业需制订投标报价策略，既可以投高标，也可以投低标，其中标概率与效益情况如表4-23所示；若未中标，需损失投标费用5万元。

问：(1) 上述招标程序有何不妥之处？请加以指正。

(2) 请运用决策树法为上述施工企业确定投标报价策略。

表4-23　　中标概率与效益情况

方案	中标概率	效果	利润/万元	效果概率
投高标	0.3	好	300	0.3
		中	100	0.6
		差	−200	0.1

续表

方案	中标概率	效果	利润/万元	效果概率
投低标	0.6	好	200	0.3
		中	50	0.5
		差	−300	0.2

2. 某年5月，某制衣公司准备投资800万元兴建一幢办公兼生产大楼。该公司按规定公开招标，并授权由有关技术、经济等方面的专家组成的评标委员会直接确定中标人。招标公告发布后，共有6家施工企业参加投标。其中一家建筑工程总公司投标报价为480万元(包工包料)。在公开开标、评标和确定中标人的程序中，其他5家建筑单位对该建筑工程总公司480万元的报价提出异议，一致认为，该报价低于成本价，属于以亏损的报价排挤其他竞争对手的不正当竞争行为。评标委员会经过认真评审，确认该建筑工程总公司的投标报价低于成本，违反了《招标投标法》的有关规定，否决其投标，另外确定中标人。

问：(1) 报价越低中标概率越大吗？

(2) 评标委员会能否否决其投标？

(3)《招标投标法》规定，中标人中标应满足的条件是什么？

(4)《招标投标法》规定“投标人不得以低于成本的方式投标竞争”，其中成本指的是什么？

模块实训

全班同学以7～9人为一组进行分组，根据模块三编制的虚拟建设项目招标文件选择其中一份或另找一份真实的建设项目招标文件，各组以资格预审时的模拟企业名义参加投标，编制一份符合招标文件要求的投标文件。

模块五　建设工程项目开标、评标和定标

【模块概述】

本模块包括开标、评标、定标三个部分内容。工程开标部分介绍了开标的一般要求，包括开标的时间和地点、开标的形式及参与人、工程开标的一般程序。工程评标部分首先介绍了评标委员会的组建和构成、评标专家库的组建和评标专家的条件，详述了评标程序和评标标准及方法。工程定标部分讲述了工程中标的条件和确定、中标通知书及报告的编写，以及中标无效的情况。

【学习目标】

1. 掌握工程开标的一般要求、评标程序、中标通知书及报告的编写。
2. 熟悉评标委员会的组建和构成、评标的标准和方法。
3. 了解评标专家库的组建、工程中标的条件和确定、中标无效的情况。

【能力目标】

通过本模块的学习，学生能够参与工程开标活动，协助评标、定标工作，并具有独立编写评标报告的能力。

【素质目标】

培养学生养成职业标准、规范化的意识。

任务一　建设工程项目开标

工程开标就是工程招标单位按照规定和要求宣布参加工程投标活动单位的过程。投标截止时间的到来，就意味着开标活动的开始。为了体现招标投标活动的原则，开标必须按照规定的要求和程序进行。

一、开标的一般要求

《招标投标法》规定，开标应当在招标文件确定的提交投标文件截止时间的同一时间公开进行，开标地点应当为招标文件中预先确定的地点。

1. 开标的时间和地点

招标人应当在招标公告和招标文件中明确开标的时间和地点。开标的时间与地点应与投标人递交投标文件的截止时间和递交地点一致。这样做既可以避免投标人错过开标时间，还可以防止招标中的舞弊行为，确保开标公开、透明。

投标人如对开标有异议的，应当在开标现场提出，招标人应当场做出答复，并制作记录。

如果因对已发出招标文件做澄清或修改，或开标前发现有影响公正性的不正当行为或其他突发事件等，确实需要变更开标时间和地点的，招标人在征得招标主管部门的同意后，可暂缓或推迟开标时间，变动开标地点。招标人更改招标时间或地点，还应事先书面通知到每一位购买招标文件的投标人。

2. 开标的形式

开标应当以会议的形式公开进行，使每位投标人都能参与开标过程，确保投标人的合法权益，维护公开、公平、公正的招标投标原则。

3. 参加开标会的人员

(1) 主持人。开标会设主持人一人，按照规定的程序负责开标的全过程。开标会应当由招标人主持，招标人也可以委托招标代理机构主持。

(2) 参与人。投标人是开标会的参与人。开标会应邀请所有的投标人参加。投标人可以派法定代表人或其授权的委托代理人参加会议，也可不派人参加(招标文件特别规定的除外)。出席开标会是法律赋予投标人的权利，招标人应当为投标人参加开标会议提供必要的场所和其他条件。

(3) 监标人。开标会应当有监督人参加，以确保开标会的公开性和透明性。招标人应当邀请招标监督管理部门的代表作为监标人参加开标会议。

(4) 公证人。开标会可以邀请公证部门参加。如果为特别重大的招标项目或其他特殊情况，可以请公证部门派人作为公证人参与开标会，对开标过程进行公证。

(5) 其他工作人员。开标过程中，招标人还应安排有关工作人员作为开标人、唱标人、记录人等，负责唱标、记录开标过程等事项。开标人一般为招标人或招标代理机构的工作人员，唱标人可以是投标人的代表，或者招标人或招标代理机构的工作人员，记录人由招标人指派。

特别说明，评标委员会成员不应参加开标会，因为《招标投标法》明确规定，评标委员会成员的名单在中标结果确定前应当保密。如果评标委员会成员参加开标会，势必造成评委会名单的提前泄露，可能会影响评标的公正性。

二、开标的一般程序

1. 出席开标会的代表签到

在投标文件递交截止时间前，投标人授权出席开标会的代表本人在递交投标文件后，填写开标会签到表，出席开标会议。招标工作人员负责核对签到人身份，签到人不是法定代表人的,应出示法定代表人授权委托书,并确保其与签到的内容一致。出席开标会的监标人、公证人等也应在开标会前出示证件并签到。

2. 招标人检查递交投标文件的投标单位数

在递交投标文件截止时间后,招标人应检查投标人递交的投标文件的签收记录。在截止时间前递交投标文件的投标人少于三家的,招标无效,开标会即告结束,招标人应当依法重新组织招标;递交投标文件的投标人等于或多于三家的,开标活动继续进行。

在招标文件规定的截止时间后递交的投标文件不得接收,由招标人原封退还给有关投标人。

3. 主持人宣布开标会开始,并宣布开标会纪律、开标会程序和拒绝投标的规定

(1) 宣布开标会纪律。开标会纪律一般包括:① 场内严禁吸烟;② 凡与开标无关人员不得进入开标会场;③ 参加会议的所有人员应关闭通信工具,开标期间不得高声喧哗;④ 投标人代表有疑问应举手发言,参加会议人员未经主持人同意不得在场内随意走动。

(2) 拒绝投标的规定。投标文件有下列情形之一的,招标人应当拒收:① 逾期送达;② 未按招标文件要求密封。

4. 招标人再次确认参加开标会的投标人

招标人公布在投标截止时间前递交投标文件的投标人名称,并点名再次确认投标人是否派人到场。

5. 确定并介绍出席开标会的有关人员

主持人介绍出席开标会的开标人、唱标人、记录人、监标人等有关人员姓名。

6. 主持人介绍招标情况

主持人介绍招标文件、补充文件或答疑文件的组成和发放情况,可以同时强调主要条款和招标文件中的实质性要求。

7. 检查投标书密封情况

招标人邀请投标人按照投标人须知前附表规定检查投标文件的密封情况。密封不符合招标文件要求的投标文件,招标人应当场宣布拒绝其投标,不得进入评标。

8. 主持人宣布开标和唱标顺序

一般按投标人递交投标文件签到顺序进行开标和唱标。如果为设有标底的工程招标项目,还应公布标底。

9. 按顺序依次开标并唱标

开标人在监督人员及与会代表的监督下当众开标,拆封投标文件后应当检查投标文件组成情况并记入开标会记录,开标人应将投标书和投标书附件以及招标文件中可能规定需要唱标的其他文件交唱标人进行唱标。唱标内容一般包括投标报价、工期和质量标准、质量奖项等方面的承诺、替代方案报价、投标保证金、主要人员等,同时宣布在递交投标文件截止时间前收到的投标人对投标文件的补充、修改。在递交投标文件截止时间前收到投标人撤回其投标的书面通知的投标文件不再唱标,但须在开标会上说明。

10. 各方代表在开标记录表上签字确认

投标人代表、招标人代表、监标人、记录人等有关人员应在开标记录表上签字确认。

开标记录表应当如实记录开标过程中的重要事项，包括开标时间、唱标记录等，有公证机构出席公证的还应记录公证结果。投标人的授权代表人应当在开标会记录上签字确认，对记录内容有异议的可以注明，但必须对没有异议的部分签字确认。工程项目的开标记录表如表 5-1 所示。

表 5-1　　工程项目开标记录表

____________（项目名称）________标段施工开标记录表

开标时间：____年___月___日___时___分

序号	投标人	密封情况	投标保证金	投标报价/元	质量目标	工期	备注	签名
招标人编制的标底（或招标控制价）								

招标人代表：________　记录人：________　监标人：________　　____年___月___日

11. 主持人宣布开标会结束

各方代表在开标记录表上签字确认后，主持人宣布开标会结束，工作人员将投标文件、开标会记录等送封闭评标区交评标委员会，或封存后待评标委员会成员到齐后交评标委员会。

任务二　建设工程项目评标

工程评标是指评标人员按照规定和要求，对投标文件进行审查、评审和比较，对符合工程招标文件要求的投标人进行排序，并向招标人推荐中标候选人或直接推荐中标人的过程。开标结束后即进入评标阶段。

某工程施工招标评标案例

一、评标委员会

1. 评标委员会的组建

评标委员会是依法组建，负责评标活动，向招标人推荐中标候选人或者根据招标人的授权直接确定中标人的临时组织。《招标投标法》规定，评标由招标人依法组建的评标委员会负责，即评标委员会的组建是由招标人负责的。

2. 评标委员会成员构成

《招标投标法》规定，依法必须进行招标的项目，其评标委员会由招标人的代表和有关技术、经济等方面的专家组成，成员人数为五人以上单数，其中技术、经济等方面的专家不得少于成员总数的2/3。评标委员会成员名单一般应在开标前确定，中标结果出来前保密。

(1) 招标人代表，是代表招标人参加评标活动的人员。招标人可以指定其熟悉业务的人员进入评标委员会，也可以委托招标代理机构的相关人员进入评标委员会，还可以不派代表。

(2) 有关技术、经济方面的专家，应当是进入依法组建的专家库的专家。专家的确定，一般由招标人按照随机的原则，在开标前从专家库中抽取。抽取的专家应包括工程技术和工程经济两方面的专家。对于技术复杂、专业性强或者国家有特殊要求的招标项目，采取随机抽取方式确定的专家难以保证胜任的，可以由招标人直接确定专家。

(3) 评标委员会负责人，是在组建评标委员会后，一般在评标开始后，正式评标前，由评标委员会成员民主推举产生的。评标委员会负责人也可由招标人确定。评标委员会负责人与评标委员会的其他成员享有同等的表决权。

3.评标委员会成员的禁止规定

有下列情形之一的，不得担任评标委员会成员。

(1) 投标人或者投标人主要负责人的近亲属；

(2) 项目主管部门或者行政监督部门的人员；

(3) 与投标人有经济利益关系，可能影响投标公正评审的；

(4) 曾因在招标、评标以及其他与招标投标有关活动中有违法行为而受过行政处罚或刑事处罚的。

评标委员会成员如有以上规定情形之一的，应当主动提出回避。

二、评标专家库

1.评标专家库的组建

评标专家库是由省级及以上人民政府有关部门或者依法成立的招标代理机构依照法规以及国家统一的评标专家专业分类标准和管理办法的规定自主组建的评标专家人员名单。评标专家库应当具备下列条件。

(1) 具有符合规定条件的评标专家，专家总数不得少于500人；

(2) 有满足评标需要的专业分类；

(3) 有满足异地抽取、随机抽取评标专家需要的必要设施和条件；

(4) 有负责日常维护管理的专门机构和人员。

为了规范和统一评标专家分类标准，2010年7月15日，国家发展和改革委员会等十部门联合制定并印发了《评标专家专业分类标准(试行)》(发改法规〔2010〕1538号)，要求在2013年6月30日前完成专家库的分类调整工作。评标专家分为工程、货物和服务三大类，每一大类又按三个级别进行分类，如工程类分为9个1级类别，其中A06工程造价又分为A0601土建工程和A0602安装工程两个二级类别，A0601土建工程再分为A060101建筑等25个三级类别。

2. 评标专家的条件

入选评标专家库的专家，必须具备如下条件。

(1) 从事相关专业领域工作满八年并具有高级职称或同等专业水平；

(2) 熟悉有关招标投标的法律、法规；

(3) 能够认真、公正、诚实、廉洁地履行职责；

(4) 身体健康，能够承担评标工作；

(5) 符合法规规章规定的其他条件。

3. 入选评标专家库的方式

专家入选评标专家库，采取个人申请和单位推荐两种方式。采取单位推荐方式的，应事先征得被推荐人同意。个人申请书或单位推荐书应当存档备查，并附有关证明材料，如高级职称证书、执业资格证书、学历证书、身份证等复印件。

三、评标程序

评标的目的是根据招标文件中确定的标准和方法，对每个投标文件进行评价和比较，以评出最符合招标文件要求的投标人。评标必须以招标文件为依据，不得采用招标文件规定以外的标准和方法进行评标。评标应按以下程序进行。

1. 评标准备

(1) 认真研究招标文件。评标委员会成员在评标前首先应研究招标文件，至少应了解和熟悉以下内容：① 招标的目标；② 招标项目的范围和性质；③ 招标文件中规定的主要技术要求、标准和商务条款；④ 招标文件规定的评标标准、评标方法和在评标过程中考虑的相关因素。

(2) 获得评标所需信息。从招标人或者其委托代理的招标代理机构人员中获得评标所需的重要信息和数据，如招标文件的修改、澄清等。

(3) 编制供评标使用的相应表格。评标使用的表格一般有：初步评审表、符合性鉴定表、商务评审表、技术评审表、评标结果汇总表等，初步评审表、符合性鉴定表分别见表 5-2 和表 5-3。

表 5-2　**初步评审表**

招标项目：　　　　投标截止时间：

序号	投标企业名称	投标人递交投标文件份数和投标报价是否符合招标文件规定	投标文件是否按招标文件签署条款要求签章	投标文件份数是否符合招标文件前附表要求	投标文件组成是否符合招标文件要求	资格资料是否符合招标文件要求	联合体投标是否附联合体各方共同投标协议	是否符合法律、法规规定	备注
1									
2									

表 5-3　　符合性鉴定表

招标项目：　　投标截止时间：

序号	投标企业名称	投标函是否按招标文件要求编制	总报价是否响应招标文件要求	质量是否响应招标文件要求	工期是否响应招标文件要求	投标资格是否响应招标文件要求	备注
1							
2							

专家(签名)：

2. 初步评审

初步评审，即对投标文件进行符合性审查，也就是审查投标文件是否响应招标文件的实质性要求，包括形式评审、资格评审、响应性评审等。符合招标文件要求的，方可进行详细评审。有下列情形之一的，评标委员会应当否决其投标。

(1) 投标文件未经投标单位盖章和单位负责人签字；

(2) 联合体投标没有提交共同投标协议；

(3) 投标人不符合国家或者招标文件规定的资格条件；

(4) 同一投标人递交两个以上不同的投标文件或者投标报价，但招标文件要求提交备选投标的除外；

(5) 投标报价低于成本或者高于招标文件设定的最高投标限价(商务标评委在详细评审时否决)；

(6) 投标文件没有对招标文件的实质性要求和条件做出响应；

(7) 投标人有串通投标、弄虚作假、行贿等违法行为。

3. 详细评审

完成初步评标以后，下一步就进入详细评审阶段。只有在初步评审中确定为合格的投标文件，才有资格进入详细评审阶段。评标委员会按照招标文件规定的具体评标方法对初审合格的投标文件区分商务部分和技术部分，分别由商务标评委和技术标评委进行详细评审，并按量化因素评定情况，按照由优到差的顺序，评定出各投标文件的排列次序。

根据国家有关规定，对工程造价在一定金额以下(如 300 万元及以下)，建筑面积在一定规模以下(如 3000 m^2 及以下)，具有通用技术、性能标准的一般建设工程项目，可不进行技术标评审，只进行商务标评审。

湖北某活动中心新建项目施工招标评标工作报告案例

4. 编写并上报评标报告

评标委员会完成评标后，应当向招标人提交书面评标报告，并将其抄送有关行政监督部门。评标报告应当如实记录以下内容。

(1) 基本情况和数据表；

(2) 评标委员会成员名单；

(3) 开标记录；

（4）符合要求的投标一览表；

（5）否决投标的情况说明；

（6）评标标准、评标方法或评审因素一览表；

（7）经评审的价格或评分比较一览表；

（8）经评审的投标人排序；

（9）推荐的中标候选人名单与签订合同前要处理的事宜；

（10）澄清、说明、补正事项纪要。

评标报告由评标委员会全体成员签字。对评标结论持有异议的评标委员会成员可以书面方式阐述其不同意见和理由。评标委员会成员拒绝在评标报告上签字且不陈述其不同意见和理由的，视为同意评标结论。评标委员会应当对此进行书面说明并记录在案。

向招标人提交书面评标报告后，评标委员会应将评标过程中使用的文件、表格，以及其他资料即刻归还招标人。

四、评标的标准和方法

1. 评标标准

《招标投标法》规定，评标委员会应当按照招标文件确定的评标标准和方法，对投标文件进行评审和比较。也就是说，任何未在招标文件中采用的标准和方法，均不得作为评标依据。招标文件已标明的标准和方法，也不得有任何改变。这是保证评标公正、公平的关键，也是国际通行的做法。

评标标准，一般而言，包括价格标准和价格标准以外的其他标准（又称为非价格标准）。价格标准比较直观，都是以货币额表示的报价。非价格标准内容多且复杂，在评标时应尽可能使非价格标准客观，并由定性化转化为定量化，这样才能使评标具有可比性。评标中使用的非价格标准一般有工期、工程质量、企业资质与信誉、项目管理机构情况等。

（1）初步评审标准。

① 形式评审标准，包括如下内容。

a. 投标人名称，与营业执照、资质证书、安全生产许可证一致；

b. 投标函签字盖章，有法定代表人或其委托代理人签字和加盖单位章；

c. 投标文件格式，符合招标文件规定的“投标文件格式”的要求；

d. 联合体投标人，提交联合体协议书，并明确联合体牵头人（如有）；

e. 报价唯一性，投标人只能有一个有效报价。

② 资格评审标准。进行资格预审的工程招标项目，以资格审查标准为准；未进行资格预审的工程，其资格评审标准包括如下内容。

a. 营业执照，具有有效的营业执照，已参加年审；

b. 安全生产许可证，具备有效的安全生产许可证；

c. 资质等级，符合招标文件规定的要求；

d. 财务状况，符合招标文件规定的要求；

e. 类似项目业绩,符合招标文件规定的要求;
f. 信誉,符合招标文件规定的要求;
g. 项目经理,符合招标文件规定的资格要求;
h. 其他要求,符合招标文件规定的要求;
i. 联合体投标人,符合招标文件规定的对联合体的要求。

③ 响应性评审标准,包括如下内容。

a. 投标内容、工期、工程质量、投标有效期、投标保证金等符合招标文件规定的要求;
b. 权利义务符合招标文件"合同条款及格式"规定;
c. 已标价工程量清单,符合招标文件"工程量清单"给出的范围及数量;
d. 技术标准和要求,符合招标文件"技术标准和要求"规定。

初步评审表如表5-4所示。

表5-4 **初步评审表**

项目名称:(略) 招标编号:(略)

序号	评审形式	评审内容	评审标准	投标人1	投标人2	…	投标人 n
1	形式评审	投标人名称	与营业执照、资质证书、安全生产许可证一致				
		投标函签字盖章	有法定代表人或其委托代理人签字或加盖单位公章				
		投标文件	提交所有文件且格式符合"投标文件格式"的要求及"投标人须知"的规定				
		报价唯一	只能有一个报价				
2	资格评审	营业执照	具备有效的营业执照				
		安全生产许可证	具备有效的安全生产许可证				
		资质等级	国内独立法人,具备房屋建筑工程施工总承包三级以上(含三级)资质				
		项目经理	拟派项目经理为二级以上(含二级)注册建造师(建筑工程专业)				
		信誉	近三年中不曾在任何合同中违约被驱逐或因任何原因而使任何合同被解除				
		其他要求	除项目经理外,须项目技术负责人(总工)及专职安全员并提供相关材料				

续表

序号	评审形式	评审内容	评审标准	投标人 1	投标人 2	…	投标人 n
3	响应性评审	投标内容	建筑栋号 J1～J8 的土建、装饰、水电安装、消防、防雷等，总建筑面积为 7218 m²，二层框架结构；A1# ～ A4#、B1# ～B3# 轻钢房的土建、水电安装、消防、防雷等设计图纸规定的相应内容				
		工程工期	70 日历天				
		工程质量	达到国家施工验收规范合格标准				
		投标有效期	投标截止日期后 30 日历天				
		投标保证金	人民币拾伍万元(￥150,000元)				
		工程报价	经评标委员会审核严重不合理的报价将不予接受				
		技术标准和要求	符合“技术标准和要求”规定				
		安全防护、文明施工承诺	是否按招标文件要求提供				
		农民工工资保证金交纳和使用承诺	是否按招标文件要求提供				
		工程量清单	与招标文件所附工程量清单一致				
结论							

注：结论填写“合格”或“不合格”。初步评审不合格的投标人，不得进入下一步评审。

评委签名：　　　　　　　　　　　　　监督人签名：

④ 施工组织设计和项目管理机构评审标准。

当工程评标采用经评审的最低投标价法时，不再对技术标进行详细评审，只对施工组织设计和项目管理机构进行初步评审，包括施工方案与技术措施、质量管理体系与措施、安全管理体系与措施、环境保护管理体系与措施、工程进度计划与措施、资源配备计划、技术负责人、其他主要人员、施工设备以及试验、检测仪器设备等应能满足招标工程的需要。

(2) 详细评审标准。

采用经评审的最低投标价法的详细评审,只对商务标进行评审,按照招标文件规定的量化因素和标准进行价格折算,计算出评标价,并编制价格比较一览表。

采用综合评估法时,详细评审包括商务评审和技术评审两部分,一般根据事先确定的商务标和技术标的分值构成和评分因素,分别对商务标和技术标进行评审,然后将商务标得分与技术标得分加总,确定投标文件的最终得分。

技术标需要量化的因素包括施工组织设计和项目管理机构。

施工组织设计评分因素有内容完整性和编制水平、施工方案与技术措施、质量管理体系与措施、安全管理体系与措施、环境保护管理体系与措施、工程进度计划与措施、资源配备计划等。

项目管理机构评分因素有项目经理任职资格与业绩、技术负责人任职资格与业绩、其他主要人员情况(如施工员、质检员、安全员、材料员、预算员的配备情况)。

评标委员会发现投标人的报价明显低于其他投标报价,或者在设有标底时明显低于标底,使得其投标报价可能低于成本的,应当要求该投标人做出书面说明并提供相应的证明材料。投标人不能合理说明或者不能提供相应证明材料的,由评标委员会认定该投标人以低于成本报价竞标,其投标作废标处理。

商务标详细评审的商务评审表如表5-5所示。

表5-5 **商务评审表**

工程招标项目:

<table>
<tr><td colspan="5">招标单位:</td><td colspan="3">开标地点:</td></tr>
<tr><td colspan="3">开标时间:</td><td colspan="5">招标代理单位:</td></tr>
<tr><td>序号</td><td>投标人</td><td>投标总报价/元</td><td>自报工期/日历天</td><td>自报质量等级</td><td>报价是否有效</td><td>评分原则</td><td>商务标得分(满分100分)/分</td></tr>
<tr><td>1</td><td></td><td>6093559.00</td><td>365</td><td>合格</td><td>有效</td><td rowspan="4">评审时以经评审的合理低价为最高分,采用内插法计算,投标人报价每高于合理低价1%的扣2分,每低于合理低价1%的扣1分</td><td>99.69</td></tr>
<tr><td>2</td><td></td><td>6111302.42</td><td>365</td><td>合格</td><td>有效</td><td>99.10</td></tr>
<tr><td>3</td><td></td><td>6106751.13</td><td>365</td><td>合格</td><td>有效</td><td>99.25</td></tr>
<tr><td>4</td><td></td><td>6083995.52</td><td>365</td><td>合格</td><td>有效</td><td>100.00</td></tr>
<tr><td colspan="2">上限控制价/元</td><td colspan="6">6113811.58</td></tr>
<tr><td colspan="8">评委签字:</td></tr>
</table>

采用综合评估法时,技术标施工组织设计评分的技术标打分表如表5-6所示。

表 5-6

技术标打分表

项目名称:(略)　　　　招标编号:　　　　时间:

<table>
<tr><th rowspan="4">序号</th><th rowspan="4">投标单位名称</th><th colspan="11">评审内容</th></tr>
<tr><th colspan="11">施工组织设计分(满分 21 分)</th></tr>
<tr><th colspan="2">a. 施工组织机构和施工人员配备(6 分),分三档打分。
一档 4～6 分:组织机构设置合理,管理及施工人员配备齐全,满足项目要求;
二档 2～3.9 分:组织机构设置基本合理,管理及施工人员配备基本齐全,基本满足项目要求;
三档 0～1.9 分:组织机构设置不合理,管理及施工人员配备不齐,不能满足项目要求。
打分前由评委集体讨论确定各投标人所属档次,再分别打分</th><th colspan="2">b. 现场施工管理方案(5 分),分三档打分。
一档 4～5 分:现场施工管理方案的可操作性强,设置合理、恰当,满足项目要求;
二档 2～3.9 分:现场施工管理方案的可操作性一般,设置基本合理,基本满足项目要求;
三档 0～1.9 分:现场施工管理方案的可操作性差,设置不合理,不能满足项目要求。
打分前由评委集体讨论确定各投标人所属档次,再分别打分</th><th colspan="2">c. 施工进度计划(4 分),分三档打分。
一档 3～4 分:施工进度计划可行性强,计划合理、恰当,能提前完成施工任务,并且能具体提出完成施工任务的理由,满足项目要求;
二档 1～2.9 分:施工进度计划可行性不强,计划基本合理,能按时完成项目,基本满足项目要求;
三档 0～0.9 分:施工进度计划不可行,计划不合理,不能满足项目要求。
打分前由评委集体讨论确定各投标人所属档次,再分别打分</th><th rowspan="2">d. 进入该工程的机械设备配备情况(1 分)</th><th rowspan="2">e. 保证工期、质量、安全、文明施工的技术措施(2 分)</th><th rowspan="2">f. 服务承诺(1 分)</th><th rowspan="2">g. 实现施工现场视频监控(2 分)</th><th rowspan="2">综合得分/分</th></tr>
<tr><th>档次</th><th>得分/分</th><th>档次</th><th>得分/分</th><th>档次</th><th>得分/分</th></tr>
<tr><td>1</td><td>投标人 1</td><td></td><td></td><td></td><td></td><td></td><td></td><td></td><td></td><td></td><td></td><td></td></tr>
<tr><td>2</td><td>投标人 2</td><td></td><td></td><td></td><td></td><td></td><td></td><td></td><td></td><td></td><td></td><td></td></tr>
<tr><td>3</td><td>投标人 3</td><td></td><td></td><td></td><td></td><td></td><td></td><td></td><td></td><td></td><td></td><td></td></tr>
<tr><td>评委签字</td><td colspan="12"></td></tr>
</table>

2. 评标方法

《评标委员会和评标方法暂行规定》规定,评标方法包括经评审的最低投标价法、综合评估法和法律、行政法规允许的其他评标方法。

(1) 经评审的最低投标价法,是指能够满足招标文件的实质性要求,并且经评审的最低投标价的投标,应当推荐为中标候选人的方法。采用此方法,评标委员会应当根据招标文件中规定的评标价格调整方法,对所有投标人的投标报价以及投标文件的商务部分做必要的价格调整,无须对投标文件的技术部分进行价格折算。

经评审的最低投标价法一般适用于具有通用技术、性能标准或者招标人对其技术、性能没有特殊要求的招标项目。

根据经评审的最低投标价法完成详细评审后,评标委员会应当拟定一份"标价比较表",连同书面评标报告提交招标人。标价比较表应当载明投标人的投标报价、对商务偏差的价格调整和说明经评审的最终投标价。

(2) 综合评估法,是指最大限度地满足招标文件中规定的各项综合评价标准的投标,应当推荐为中标候选人的方法。采用此方法,应对技术部分和商务部分进行量化后,评标委员会对这两部分的量化结果进行加权,计算出每一投标的综合评估价或者综合评估分。

衡量投标文件是否最大限度地满足招标文件中规定的各项评价标准,可以采取折算为货币的方法、打分的方法或者其他方法。需量化的因素及其权重应当在招标文件中明确规定。

不宜采用经评审的最低投标价法的招标项目,一般应当采取综合评估法进行评审。

根据综合评估法完成评标后,评标委员会应当拟定一份"综合评估比较表",连同书面评标报告提交招标人。综合评估比较表应当载明投标人的投标报价、所做的任何修正、对商务偏差的调整、对技术偏差的调整、对各评审因素的评估以及对每一投标的最终评审结果。

3. 投标文件的澄清和补正

(1) 在评标过程中,评标委员会可以书面形式要求投标人对所提交投标文件中不明确的内容进行书面澄清或说明,或者对细微偏差进行补正。问题澄清通知格式详见表 5-7。评标委员会不接受投标人主动提出的澄清、说明或补正。

(2) 澄清、说明和补正不得改变投标文件的实质性内容(算术性错误修正除外)。投标人的书面澄清、说明和补正属于投标文件的组成部分。问题的澄清格式详见表 5-8。

(3) 评标委员会对投标人提交的澄清、说明或补正有疑问的,可以要求投标人进一步澄清、说明或补正,直至满足评标委员会的要求为止。

表 5-7 **问题澄清通知**

问题澄清通知

编号:

____________________(投标人名称):

____________________(项目名称)__________标段施工招标的评标委员会,对你方的投标文件进行了仔细的审查,现需你方对下列问题以书面形式予以澄清:

1.

2.

……

请将上述问题的澄清于______年____月____日____时前递交至____________________(详细地址)或传真至____________________(传真号码)。采用传真方式的,应在______年____月____日____时前将原件递交至____________________(详细地址)。

评标工作组负责人:____________(签字)

______年____月____日

表 5-8　　问题的澄清

问题的澄清

编号：

____________________（项目名称）__________标段施工招标评标委员会：

问题澄清通知（编号：__________）已收悉，现澄清如下：

1.

2.

……

投标人：______________________________（盖单位章）

法定代表人或其委托代理人：________________（签字）

______年____月____日

任务三　建设工程项目定标

一、定标的条件和确定

1. 定标的条件

工程中标，也称为工程定标，即评标委员会完成评标后，向招标人提出书面评标报告，并推荐合格的中标候选人，招标人确定中标人的过程。招标人也可以授权评标委员会确定中标人。中标人的投标应当符合下列条件之一。

（1）能够最大限度满足招标文件中规定的各项综合评价标准，即当采用综合评估法评标时，投标价格最低的不一定能中标，能够中标的一定是按照价格标准和非价格标准对投标文件进行总体评估和比较后获得最佳综合评价的投标。

（2）能够满足招标文件的实质性要求，并且经评审的投标价格最低，但是投标价格低于成本的除外，即采用经评审的最低投标价法时，投标报价最低的中标，但前提条件是该投标符合招标文件的实质性要求，且投标报价不低于企业成本。如果投标不符合招标文件的要求而被招标人所拒绝，则投标价格再低，也不在考虑之列。

2. 中标候选人的公示

根据招标投标有关法律，招标人应当对中标候选人进行公示，对于依法必须进行招标的项目，招标人应当自收到评标报告之日起三日内公示中标候选人，公示期不少于三日。至于公示的媒体，有关法规并未做出明确的规定，一般来说，只要在能方便投标人获取信息的媒介上公示即可，不一定要在发布该项目资格预审公告、招标公告的指定媒体上公示。

3. 定标的确定

（1）确定中标人。

中标候选人经公示无异议后，招标人应确定中标人。招标人应当接受评标委员会推荐的中标候选人,并确定中标人,不得在评标委员会推荐的中标候选人之外确定中标人。

国有资金占控股或者主导地位的依法必须进行招标的项目,招标人应当确定排名第一的中标候选人为中标人。排名第一的中标候选人放弃中标,因不可抗力提出不能履行合同,不按照招标文件的要求提交履约保证金,或者被查实存在影响中标结果的违法行为等情形,不符合中标条件的,招标人可以按照评标委员会提出的中标候选人名单排序依次确定其他中标候选人为中标人。依次确定其他中标候选人与招标人预期差距较大,或者对招标人明显不利的,招标人可以重新招标。

(2) 确定中标人的时限要求。

投标人从投标到招标人确定中标人应有一个时限要求,超过这个期限,对投标人将失去约束力。这个期限叫作投标有效期,是指招标人对投标人发出的要约做出承诺的期限,一般在招标文件中规定,通常为90～120天。

有关法规规定,评标和定标应当在投标有效期结束日30个工作日前完成,即一般情况下,确定中标人应当在投标有效期结束前30个工作日完成。特殊情况下,招标人不能在投标有效期内确定中标人的,招标人应当通知所有投标人延长投标有效期。拒绝延长投标有效期的投标人有权收回投标保证金。

有关地方法规规定,评标委员会提出书面评标报告后15日内,招标人应当确定中标人。

二、中标通知书及报告

1. 中标通知书

(1) 中标通知书的发出。

中标人确定后,招标人应当向中标人发出中标通知书,同时向未中标的投标人发出中标结果通知书,中标通知书格式详见表5-9,中标结果通知书格式详见表5-10。

表5-9 **中标通知书**

中标通知书

____________(中标人名称):

你方于________(投标日期)所递交的____________(项目名称)________标段施工投标文件已被我方接受,被确定为中标人。

中标价:________元。

工期:________日历天。

工程质量:符合____________标准。

项目经理:________(姓名)。

请你方在接到本通知书后的____日内到______________(指定地点)与我方________签订施工承包合同,在此之前按招标文件第二章“投标人须知”第7.3款规定向我方提交履约担保。

特此通知。

招标人:________(盖单位章)

法定代表人:________(签字)

____年___月___日

表 5-10　**中标结果通知书**

<table>
<tr><td>
中标结果通知书
____________(未中标人名称)：
我方已接受____________(中标人名称)于____________(投标日期)所递交的____________(项目名称)________标段施工投标文件，确定____________(中标人名称)为中标人。
感谢你单位对我们工作的大力支持！
招标人：________(盖单位章)
法定代表人：________(签字)
____年___月___日
</td></tr>
</table>

招标人应当与中标人在投标有效期内以及中标通知书发出之日起 30 日之内签订合同。由于招标人和中标人应在投标有效期内签订合同，因此中标通知书的发出时限，应当在投标有效期届满前 30 日。

依法必须进行施工招标的工程，招标人应当自确定中标人之日起 15 日内，向工程所在地的县级以上地方人民政府建设行政主管部门提交施工招标投标情况的书面报告。建设行政主管部门自收到书面报告之日起 5 日内未通知招标人在招标投标活动中有违法行为的，招标人可以向中标人发出中标通知书，并将中标结果通知所有未中标的投标人。

(2) 中标通知书的生效。

中标通知书是招标人向中标人发出的告知其中标的书面文件，是招标投标过程中非常重要的法律文件，是招标人对投标人要约的承诺。中标通知书在发出时即生效。

中标通知书对招标人和中标人具有法律效力。中标通知书发出后，招标人改变中标结果的，或者中标人放弃中标项目的，都应当依法承担法律责任。

中标通知书的发出，并不意味着合同的成立。任何一方毁标，违背诚实信用原则，都应承担缔约过失责任。

2. 签订合同

合同是工程招标投标结果的最终体现。招标人和中标人应当自中标通知书发出之日起 30 日内，按照招标文件和中标人的投标文件订立书面合同。招标人和中标人不得再行订立背离合同实质性内容的其他协议。

工程施工中标人与招标人签订合同，应以招标文件提供的建设工程施工合同条款和格式为依据。签订的施工合同包括通用合同条款、专用合同条款和协议书这三部分内容。

招标人与中标人在法定期限内订立书面合同，属于强制性规定。也就是说，中标通知书发出后，招标人必须与中标人签订书面合同，否则，将承担相应的法律责任。合同的具体内容详见模块六。

3. 向行政监督部门提交书面报告

依法必须进行招标的项目，招标人应当自确定中标人之日起 15 日内，向有关行政监督部门提交招标投标情况的书面报告。依法必须进行施工招标的项目，提交招标投标情况的书面报告至少应包括下列内容。

(1) 招标范围;

(2) 招标方式和发布招标公告的媒介;

(3) 招标文件中投标人须知、技术条款、评标标准和方法、合同主要条款等内容;

(4) 评标委员会的组成和评标报告;

(5) 中标结果。

三、中标无效

1. 中标无效的含义

中标无效是指招标人最终做出的中标决定没有法律约束力,即获得中标的投标人丧失与招标人签订合同的资格,招标人不再有与之签订合同的义务。在已签订合同的情况下,所签订的合同无效。

2. 导致中标无效的情况

根据《招标投标法》的相关规定,中标无效主要有以下几种情况。

(1) 招标代理机构违反《招标投标法》规定,泄露应当保密的与招标投标活动有关的情况和资料,或者与招标人、投标人串通损害国家利益、社会公共利益或者他人合法权益的行为影响中标结果的,中标无效。

(2) 依法必须进行招标的项目的招标人向他人透露已获取招标文件的潜在投标人的名称、数量或者可能影响公平竞争的有关招标投标的其他情况,或者泄露标底的行为影响中标结果的,中标无效。

(3) 投标人相互串通投标,与招标人串通投标的,或为谋取中标行贿的,中标无效。

(4) 投标人以他人名义投标或者以其他方式弄虚作假,骗取中标的,中标无效。

(5) 依法必须进行招标的项目,招标人违法与投标人就投标价格、投标方案等实质性内容进行谈判的行为影响中标结果的,中标无效。

(6) 招标人在评标委员会依法推荐的中标候选人以外确定中标人的,依法必须进行招标的项目在所有投标被评标委员会否决后自行确定中标人的,中标无效。

3. 中标无效的法律后果

(1) 尚未签订合同时中标无效的法律后果。

依法必须进行招标的项目在中标无效后的处理办法有两种。

① 应当依照规定的中标条件从其余投标人中重新确定中标人;

② 依照《招标投标法》重新进行招标。

对于不是依法必须进行招标的项目在中标无效后的处理办法,法律法规没有明确的规定,招标人可以从其余投标人中重新确定中标人,也可以重新招标或者采取其他方式。

(2) 签订合同时中标无效的法律后果。

招标人与中标人已经签订了书面合同而中标无效的,所签合同无效。《民法典》第五百六十六条规定:“合同解除后,尚未履行的,终止履行;已经履行的,根据履行情况和合同性质,当事人可以请求恢复原状或者采取其他补救措施,并有权请求赔偿损失。合同因违约解除的，解除权人可以请求违约方承担违约责任，但是当事人另有约定的除外。主合同解除后，担保人对债务人应当承担的民事责任仍应当承担担保责任，但是担保合同另有约定的除外。”根据《民法典》的有关规定，合同无效产生以下后果。

① 恢复原状。中标无效是指在订立合同后实际上就是招标人与投标人之间根据招标文件订立的合同无效。根据《合同法》的规定，无效的合同自始没有法律约束力。因该合同取得的财产，应当予以返还；不能返还或者没有必要返还的，应当折价补偿。

② 赔偿损失。有过错的一方应当赔偿对方因此所受到的损失，双方都有过错的，应当各自承担相应的责任。具体而言，因为招标代理机构的违法行为而使中标无效的，招标代理机构应当赔偿招标人、投标人因此所受的损失。如果招标人、投标人也有过错的，各自承担相应的责任。根据《中华人民共和国民法通则》的规定，招标人知道招标代理机构从事违法行为而不作反对表示的，应当与招标代理机构一起对第三人负连带责任。

③ 重新确定中标人或者重新招标。

《招标投标法》第六十四条规定，中标无效的，应当依照本法规定的中标条件从其余投标人中重新确定中标人或者依照本法重新进行招标。

模块小结

工程开标就是工程招标单位按照规定和要求宣布参加工程投标活动单位的过程。开标应当在招标文件确定的提交投标文件截止时间的同一时间公开进行，开标地点应当为招标文件中预先确定的地点。开标应当以会议的形式公开进行。参加开标会的人员有主持人、参与人（投标人）、监标人、公证人和其他工作人员。但评标委员会成员不得参加开标会。

开标应遵循一定的程序，一般工程开标程序是：① 出席开标会的代表签到；② 招标人检查递交投标文件的投标单位数；③ 主持人宣布开标会开始，并宣读开标会纪律、开标会程序和拒绝投标的规定；④ 招标人再次确认参加开标会的投标人；⑤ 确定并介绍出席开标会的有关人员；⑥ 主持人介绍招标情况；⑦ 检查投标书密封情况；⑧ 主持人宣布开标和唱标顺序；⑨ 按顺序依次开标并唱标；⑩ 各方代表在开标记录表上签字确认；⑪ 主持人宣布开标会结束。

工程评标就是评标人员按照规定和要求，对投标文件进行审查、评审和比较，对符合工程招标文件要求的投标人进行排序，并向招标人推荐中标候选人或直接推荐中标人的过程。评标之前，首先要依法组建评标委员会，评标委员会由招标人的代表和有关技术、经济等方面的专家组成，成员人数为 5 人以上单数，其中技术、经济等方面的专家不得少于成员总数的 2/3。评标委员会成员如有禁止规定情形之一的，应当主动提出回避。省级及以上人民政府有关部门或者依法成立的招标代理机构应当组建评标专家库，以满足评标时随机抽取评标专家的需要，入库评标专家必须符合国家的有关规定。

评标的目的是根据招标文件中确定的标准和方法，对每个投标文件进行评价和比较，以评出最符合招标文件要求的投标人。评标应遵循一定的程序，即：① 评标准备；

② 初步评审;③ 详细评审;④ 编写并上报评标报告。

评标委员会应当按照招标文件确定的评标标准和方法,对投标文件进行评审和比较。初步评审包括形式评审、资格评审和响应性评审以及对施工组织设计和项目管理机构评审。详细评审有两种方法,即经评审的最低投标价法和综合评估法。采用经评审的最低投标价法的详细评审,只对商务标进行评审;采用综合评估法时,详细评审包括商务评审和技术评审两部分。在评标过程中,评标委员会可以书面形式要求投标人对所提交投标文件中不明确的内容进行书面澄清或说明,或者对细微偏差进行补正。

工程中标也叫作工程定标,即评标委员会完成评标后,向招标人提出书面评标报告,并推荐合格的中标候选人,招标人确定中标人的过程。中标候选人经公示无异议后,招标人才能确定中标人。

招标人应当在确定中标人后的规定时限内,向中标人发出中标通知书,并与签订合同。依法必须进行招标的项目,招标人应当自确定中标人之日起15日内,向有关行政监督部门提交招标投标情况的书面报告。

发出中标通知书和签订合同,并不意味着某投标人必然中标,也可能会出现中标无效的情况。中标无效是指招标人最终做出的中标决定没有法律约束力。中标无效的法律后果因是否签订合同而有所不同。

思 考 题

某一工程货物采购招标中,该招标文件中有这样一句话:资格要求,具有工商审批资质的独立法人资格,注册资金在100万元以上。共有三个投标单位递交了投标文件并通过了开标。评委在评标过程中发现,投标人有一家为个人独资企业,有一家为个体工商户,有一家为自然人投资的有限责任公司。

问:(1) 工商登记需审批吗?

(2) 工商登记出具的是资质证明吗?

(3) 何为独立法人资格?

(4) 招标文件可以随意设定注册资本的条件吗?

(5) 面对不合法的招标文件,评标专家的权利是什么?

(6) 评标委员会如何界定这三家企业性质?

(7) 本项目如何评标?

复习题库及答案

模块实训

根据模块四的模块实训模拟投标用的招标文件，从各组中抽出人员组成开标会参加人员，对模块四完成的投标文件模拟进行现场开标，同时，从各组抽出人员组成评标委员会进行评标，最后撰写评标报告。

模块六 建设工程合同

【模块概述】

建设工程合同是承包人进行工程建设，发包人支付价款的合同。建设工程合同在经济活动、社会生活中具有重要作用，是工程招标文件的重要组成部分。掌握建设工程合同基本知识，对工程招标投标及中标后的履约具有重要意义。本模块首先介绍了合同的基本法律知识，包括合同的概念、特征，合同的类型及合同的履行、变更、转让和终止等；接着介绍了建设工程合同的基本知识，包括建设工程合同概念及特征、建设工程合同分类；最后介绍了建设工程合同中最重要的合同——建设工程施工合同，包括施工合同的含义和特征、施工合同的订立、《建设工程施工合同（示范文本）》（GF—2017—0201）简介及施工合同当事人。

【学习目标】

1. 掌握合同的概念、合同的变更、建设工程合同的概念、建设工程施工合同的含义和特征。

2. 熟悉合同的法律特征、合同的主要内容和形式、建设工程合同的特征和分类、建设工程施工合同当事人。

3. 了解合同的基本原则，合同的类型，合同的履行、变更、转让和终止，建设工程施工合同的订立，《建设工程施工合同（示范文本）》（GF—2017—0201）。

【能力目标】

通过本模块的学习，学生应掌握各类建设工程合同基本知识，为进一步订立和履行建设工程合同，特别是施工合同打下坚实的基础。

【素质目标】

培养学生的建设工程合同法律意识，树立契约精神，提升专业及职业素养，提高学生的学习能力。

任务一　概述

一、合同的概念、特征及基本原则

1.合同的概念

合同(contract),又称为契约、协议,是当事人之间设立、变更、终止民事权利义务关系的协议。它是一个跨越部门法的法律名称,其范围可以包括民事合同、行政合同、劳动合同。

合同作为一种民事法律行为,是当事人协商一致的产物,是两个以上的意思表示相一致的协议。只有当事人所做出的意思表示合法,合同才具有法律约束力。依法成立的合同从成立之日起生效,具有法律约束力。

合同生效与否案例

在民法中,合同有广义和狭义之分。广义的合同是指两个以上的民事主体之间设立、变更、终止民事权利义务关系的协议。广义的合同除了民法中的债权合同之外,还包括物权合同、身份合同及行政法中的行政合同和劳动法中的劳动合同等。狭义的合同是指债权合同,即两个以上的民事主体之间设立、变更、终止债权债务关系的协议。本书所称的合同是《民法典》中因合同产生的民事关系,是狭义的合同。根据《民法典》第四百六十四条的规定,合同是民事主体之间设立、变更、终止民事法律关系的协议。

2.合同的法律特征

根据合同的概念和法律内涵可知,合同具有如下主要法律特征。

(1)合同是法律地位平等的当事人意思表示一致的协议,即签订合同的当事人,无论是自然人、法人还是其他组织,其法律地位都是平等的,没有领导和服从的关系,任何一方都不得把自己的意志强加给对方。

(2)合同以设立、变更或终止债权债务关系为目的。合同当事人签订合同的目的,在于各自的经济利益或共同的经济利益,必然会形成债权债务关系,合同当事人为了实现或保证各自的经济利益或共同的经济利益,以合同的方式来设立、变更、终止债权债务的民事权利义务关系。

(3)合同是一种民事法律行为,即是以设立、变更、终止民事权利和民事义务为目的的具有法律约束力的合法民事行为。所谓法律约束力,是指合同的当事人必须遵守合同的规定,如果违反,就要承担相应的法律责任。合同的法律约束力主要体现在两个方面:一是不得擅自变更或解除合同,二是违反合同应当承担相应的违约责任。

3.《民法典》规定合同的基本原则

民法是调整平等主体的自然人、法人和非法人组织之间的人身关系和财产关系。合同是民事主体之间设立、变更、终止民事法律关系的协议。《民法典》规定合同订立的基本原则有平等原则、自愿原则、公平原则、诚信原则。

(1) 平等原则

《民法典》第四条规定,民事主体在民事活动中的法律地位一律平等。

(2) 自愿原则

《民法典》第五条规定,民事主体从事民事活动,应当遵循自愿原则,按照自己的意思设立、变更、终止民事法律关系。

(3) 公平原则

《民法典》第六条规定,民事主体从事民事活动,应当遵循公平原则,合理确定各方的权利和义务。

(4) 诚信原则

《民法典》第七条规定,民事主体从事民事活动,应当遵循诚信原则,秉持诚实,恪守承诺。

(5) 法定其他原则

《民法典》第八条规定,民事主体从事民事活动,不得违反法律,不得违背公序良俗。

《民法典》第九条规定,民事主体从事民事活动,应当有利于节约资源、保护生态环境。

二、合同的类型

依据《民法典》的相关规定,合同的类别主要包括:买卖合同,供用电、水、气、热力合同,赠与合同,借款合同,保证合同,租赁合同,融资租赁合同,保理合同,承揽合同,建设工程合同,运输合同,技术合同,保管合同,仓储合同,委托合同,物业服务合同,行纪合同,中介合同,合伙合同等。

从不同的角度可以对合同做不同的分类,具体如下。

1. 计划合同与非计划合同

计划合同是指依据国家有关部门下达的计划签订的合同,非计划合同则是当事人依据市场需求和自己的意愿订立的合同。虽然在市场经济中,依计划订立的合同的比重降低了,但仍然有一部分合同是依据国家有关计划订立的。计划合同和非计划合同在合同的签订、履行、变更、解除等方面都存在很大的差别:计划合同在以上各方面都要符合有关计划的要求,而非计划合同则完全取决于当事人意愿。

2. 双务合同与单务合同

根据当事人双方权利和义务的分担方式,合同可分为双务合同和单务合同。双务合同是指双方当事人双方相互享有权利、承担义务的合同,如买卖、互易、租赁、承揽、运送、保险等合同。单务合同是指当事人一方享有权利,另一方只承担义务的合同,如赠与合同、借用合同。

3. 诺成合同与实践合同

根据合同的成立是否以交付标的物为要件,合同可分为诺成合同和实践合同。诺成合同又称为不要物合同,是指当事人意思表示一致即可成立的合同。实践合同又称为要物合同,是指除当事人意思表示一致外,还必须交付标的物方能成立的合同。在现代经济生活中,大部分合同都是诺成合同。这种合同分类的目的在于确立合同的生效时间。

4. 主合同与从合同

根据合同间是否有主从关系,合同可分为主合同与从合同。主合同是指不依赖其他合同而能够独立存在的合同。从合同是指须以主合同的存在为前提而存在的合同。主合同的无效、终止将导致从合同的无效、终止,但从合同是否有效不会影响主合同的效力。担保合同是典型的从合同。

5. 有偿合同与无偿合同

根据当事人取得权利是否以偿付为代价,合同可分为有偿合同与无偿合同。有偿合同是指当事人一方享有合同权利须向另一方偿付相应代价的合同。有些合同只能是有偿的,如买卖、互易、租赁等合同;有些合同只能是无偿的,如赠与合同;有些合同既可以是有偿的也可以是无偿的,由当事人协商确定,如委托、保管等合同。双务合同都是有偿合同,单务合同原则上为无偿合同,但有的单务合同也可以为有偿合同,如有息贷款合同。

6. 要式合同与不要式合同

根据合同的成立是否需要特定的形式,合同可分为要式合同与不要式合同。要式合同是根据法律要求必须具备一定的形式和手续的合同。不要式合同是指法律不要求必须具备一定形式和手续的合同。

7. 格式合同与非格式合同

格式合同,也称为定式合同、定型化合同、标准合同,是指合同条款由当事人一方预先拟定,对方只能表示全部同意或者不同意的合同,亦即一方当事人要么整体接受合同条件,要么不订立合同。

非格式合同是格式合同以外的其他合同,是指合同条款全部由双方当事人在订立合同时协商确定的合同,是法律未对合同内容做出直接规定的合同,实践中绝大多数的合同均属于此类。

三、合同的内容、条款和形式

当事人依程序订立合同,意思表示一致,便形成合同条款,构成作为法律行为的合同内容。合同的形式是当事人合意的表现形式,是合同内容的外部表现,是合同内容的载体。

1. 合同的内容

当事人约定的合同内容,一般包括以下条款。

(1) 当事人的名称(或姓名)和住所。当事人由其名称(或姓名)及住所加以特定化、固定化,所以草拟时具体合同条款必须写清当事人的名称(或姓名)和住所。

(2) 标的。标的是合同权利和义务指向的对象。标的是一切合同的主要条款。标的条款必须清楚地写明标的名称,以使标的特定化,从而能够界定权利和义务量。标的一般分为四类,即有形财产、无形财产、劳务和工作成果。

(3) 质量和数量。质量和数量是确定合同标的的具体条件,是这一标的区别于同类另一标的的具体特征。质量需订得详细、具体,如技术指标、质量要求、规格等都要明确,数量要确切。首先应选择双方共同接受的计量单位,其次要确定双方认可的计量方法,最后应允许规定合理的磅差或尾差。

(4)价款或酬金。价款或酬金是有偿合同的条款。价款是取得标的物所支付的代价,酬金是获得服务所应支付的代价。价款通常指标的物本身的价款,但因商业上的大宗买卖一般都是异地交货,便产生了运费、保险费、装卸费、保管费、报关费等一系列额外费用。它们由哪一方支付,需在价款条款中写明。

(5)履行期限。履行期限直接关系合同义务完成的时间,涉及当事人的期限利益,也是确定违约与否的因素之一,因而是重要的条款。履行期限可以规定为即时履行,也可以规定为定时履行,还可以规定为在一定期限内履行。如果是分期履行,还应写明每期的准确时间。履行期限若能通过有关规则及方式推定出来,则合同欠缺此内容,也不影响合同成立。

(6)履行地点和方式。履行地点是确定验收地点的依据,是确定运输费用由谁负担、风险由谁承受的依据,有时是确定标的物所有权是否转移、何时转移的依据,是确定诉讼管辖的依据之一。对于涉外合同纠纷,它是确定法律适用的一项依据,故十分重要。履行方式事关当事人的物质利益,合同应写明,但对于大多数合同来说,它不是主要条款。履行的地点、方式若能通过有关方式推定,即使合同欠缺它们,也不影响合同成立。

(7)违约责任。它是促使当事人履行债务,使守约方免受或少受损失的法律措施,对当事人的利益关系重大,合同对此应予以明确。违约责任是法律责任,即使合同中没有违约责任条款,只要未依法免除违约责任,违约方仍应负责任。

(8)解决争议的方法。其是指有关解决争议运用什么程序,适用何种法律,选择哪家检验或鉴定机构等内容。

2.合同的条款

合同的条款可分为主要条款和普通条款。

(1)合同的主要条款,是指合同必须具备的条款。欠缺主要条款,合同就不成立。它决定着合同的类型,决定了当事人各方权利和义务的质与量。合同的主要条款,有时是法律直接规定的,当法律直接规定某种特定合同应当具备某些条款时,这些条款就是主要条款。合同的主要条款也可以由当事人约定产生。

(2)合同的普通条款,是指除合同主要条款以外的条款,包括以下两种类型。

① 法律未直接规定,也不是合同类型和性质要求必须具备的,当事人无意使之成为主要条款的合同条款。关于包装物返还的约定和免责条款等均属于此类。

② 当事人未写入合同中,甚至从未协商过,但基于当事人的行为,或基于合同的明示条款,或基于法律的规定,理应存在的合同条款。

3.合同的形式

我国《民法典》第四百六十九条规定,当事人订立合同,可以采用书面形式、口头形式或者其他形式。书面形式是合同书、信件、电报、电传、传真等可以有形地表现所载内容的形式。以电子数据交换、电子邮件等方式能够有形地表现所载内容,并可以随时调取查用的数据电文，视为书面形式。

另外，《民法典》规定："书面形式是指合同书、信件和数据电文等可以有形地表现所载内容的形式。"合同书是指记载合同内容的文件，合同书有标准合同书与非标准合同书之分。标准合同书是指合同条款由当事人一方预先拟定，对方只能表示全部同意或者不同意的合同书；非标准合同书是指合同条款完全由当事人双方协商一致所签订的合同书。信件是指当事人就要约与承诺所作的意思表示的普通文字信函。信件的内容一般记载于书面纸张上，因而与通过计算机及网络手段产生的信件不同，后者被称为电子邮件。数据电文是指与现代通信技术相联系的文件，包括电报、电传、传真、电子数据交换和电子邮件等。电子数据交换是一种由电子计算机及通信网络处理业务文件的技术，作为一种新的电子化贸易工具，又称为电子合同。

合同立法的主要宗旨就是保护交易的安全、有序和便捷。在社会活动中，采用书面合同形式更具有安全性，发生纠纷时，签有书面合同的，可以此为凭。但订立书面合同时，要按特定的程序，草拟文书和合同条文，认真审查，经签字盖章后，方可具有法律效力。相对而言，在当今市场经济活动中，合同采用书面形式有时会丧失商机。

四、合同的履行、变更、转让和终止

1. 合同的履行

(1) 合同履行的概念。

合同履行是指合同当事人双方依据合同条款的规定，实现各自享有的权利，并承担各自负有的义务。就其实质来说，合同的履行是合同当事人在合同生效后，全面、适当地完成合同义务的行为。如果当事人只完成了合同规定的部分义务，则称为合同的部分履行或不完全履行；如果合同的义务全部没有完成，则称为合同未履行或不履行合同。

合同履行是合同法律约束力的首要表现，是合同活动中的关键。

(2) 合同履行的原则。

合同履行是当事人应当按照约定全面履行自己的义务。

① 全面履行原则。当事人履行合同时应当按照约定全面履行双方在合同中约定的义务。

② 环保原则。当事人在履行合同过程中，应当避免浪费资源、污染环境和破坏生态。

③ 诚信原则。当事人应当遵循诚信原则，根据合同的性质、目的和交易习惯履行通知、协助、保密等义务。

2. 合同的变更

(1) 合同变更的概念。

合同变更是指合同依法订立后，在尚未履行或尚未完全履行时，当事人依法经过协商，对合同的内容进行修订或调整并达成协议。合同变更时，当事人应当通过协商，对原合同的部分内容条款做出修改、补充或增加的条款，如对原合同中规定的标的数量、质量，履行期限、地点和方式，违约责任，解决争议的方法等做出变更。当事人对合同内容变更取得一致意见时方为有效。

(2) 合同变更的条件。

我国《民法典》第五百四十三条规定:“当事人协商一致,可以变更合同。”我国《民法典》第五百四十四条规定:“当事人对合同变更的内容约定不明确的,推定为未变更。”

可见,合同变更需要满足以下条件。

① 原合同已生效。如果原合同未生效或者根本没有合同,则根本谈不上变更合同的问题。

② 原合同未履行或者未完全履行。

③ 当事人需要协商一致,即对变更的内容协商一致。合同的订立需要协商一致,变更也需要协商一致。

④ 当事人对变更合同的内容约定明确。只有内容约定明确,才能断定当事人变更的真实意思,才便于合同的履行。如果变更的内容不明确,则无法断定当事人的意思,这种变更也就不能否定原合同的效力,所以只能推定为未变更。

⑤ 遵守法定程序。这是针对那些以批准、登记等手续为生效条件的合同而言的。其生效应经批准、登记,其变更也必须办理批准、登记等手续才能生效。

3. 合同的转让

(1) 合同转让的概念。

合同转让是指当事人一方将其合同权利、合同义务或者合同权利义务,全部或者部分转让给第三人。合同的转让就是合同主体的变更,准确地说是合同权利、义务的转让,即在不改变合同关系内容的前提下,使合同的权利主体或者义务主体发生变动。

(2) 合同转让的分类。

根据转让内容的不同,合同转让包括合同权利的转让、合同义务的转移以及合同权利和义务的概括转让三种类型。

① 合同权利的转让,是指不改变合同权利的内容,由债权人将权利转移给第三人。债权人既可以将合同权利全部转让,也可以将合同权利部分转让。合同权利全部转让的,原合同关系消灭,产生一个新的合同关系,受让人取代原债权人的地位,成为新的债权人。合同权利部分转让的,受让人作为第三人加入到原合同关系中,与原债权人共同享有债权。

② 合同义务的转移,是指债务人经债权人同意,将合同义务全部或者部分地转让给第三人。正如债权人可以全部或者部分转让权利一样,债务人也可以将合同义务转移给第三人。转移合同义务是法律赋予债务人的一项权利。合同义务转移分为两种情况:一是合同义务的全部转移,在这种情况下,新的债务人完全取代了旧的债务人,新的债务人负责全面地履行合同义务;另一种情况是合同义务的部分转移,即新的债务人加入到原合同关系中,和原债务人一起向债权人履行义务。债务人无论转移的是全部义务还是部分义务,都需要征得债权人同意。

③ 合同权利和义务的概括转让。权利和义务一并转让又称为概括转让,是指合同一方当事人将其权利和义务一并转移给第三人,由第三人全部承受这些权利和义务。不同于权利转让和义务转让的是,它是合同一方当事人对合同权利和义务的全面处分,其转让的内容实际上包括权利的转让和义务的转让两部分。权利义务概括转让的后果是导

致原合同关系的消灭，第三人取代了转让方的地位，产生出一种新的合同关系。合同权利义务的概括转让除遵守合同转让的一般条件和要求外，必须经对方当事人同意，否则无效。

(3) 合同转让的批准或登记。

《民法典》第五百五十五条规定："当事人一方经对方同意，可以将自己在合同中的权利和义务一并转让给第三人。"合同权利义务概括转让的实质，是合同一方当事人对自己合同权利和义务的全面处分，包含合同权利的转让和合同义务的转移两方面的内容。既然包含合同义务的转移，当然应当经过对方当事人同意。

一方当事人方将自己在合同中的权利和义务一并转让给第三人，除应当经对方当事人同意外，还应当具备以下两个要件。

① 债权债务合法且具有可转让性。从债法上讲，合同权利义务一并转让就是对合同债权债务的一并转让，该债权债务必须合法且具备可转让性要件。

② 仅适用于双务合同。合同权利义务概括转让的内容是对合同中的权利义务一并进行转让，只有双务合同中，当事人一方才能即享有权利又承担义务，才可以发生合同权利义务一并转让的可能。

《民法典》第五百四十五条规定，债权人可以将债权的全部或者部分转让给第三人，但是有下列情形之一的除外：① 根据债权性质不得转让；② 按照当事人约定不得转让；③ 依照法律规定不得转让。

当事人约定非金钱债权不得转让的，不得对抗善意第三人。当事人约定金钱债权不得转让的，不得对抗第三人。

4. 合同的终止

合同的性质决定合同是有期限的民事法律关系，不可能永恒存在，它有着从设立到终止的过程。合同的权利义务终止，是指依法生效的合同，因具备法定情形和当事人约定的情形，合同债权、债务归于消灭，债权人不再享有合同权利，债务人也不必再履行合同义务。有下列情形之一的，合同终止。

合同中止与终止与否案例

(1) 债务已经按照约定履行。债务已经按照约定履行，是指债务人按照约定的标的、质量、数量、价款或者报酬、履行期限、履行地点和方式全面履行。

(2) 合同解除，是指合同有效成立后，当具备法律规定的合同解除条件时，因当事人一方或双方的意思表示而使合同关系归于消灭的行为。

(3) 债务相互抵销，是指当事人互负到期债务，又互享债权，以自己的债权充抵对方的债权，使自己的债务与对方的债务在等额内消灭。

(4) 债务人依法将标的物提存。提存是指由于债权人的原因，债务人无法向其交付合同标的物时，债务人将该标的物交给提存机关而消灭合同的制度。债务的履行往往需要债权人的协助，如果债权人无正当理由而拒绝受领或者不能受领，债权人虽应负担受领迟延的责任，但债务人的债务却不能消灭，债务人仍得随时准备履行，这显然有失公平。因此，合同法将提存作为合同权利义务终止的法定原因之一，规定了提存的条件、程序和法律效力。

(5) 债权人免除债务,是指债权人放弃自己的债权。债权人可以免除债务的部分,也可以免除债务的全部。

(6) 债权和债务同归于一人,是指由于某种事实的发生,使一项合同中,原本由一方当事人享有的债权,而由另一方当事人负担的债务,统归于一方当事人,使得该当事人既是合同的债权人,又是合同的债务人。

(7) 法律规定或者当事人约定终止的其他情形。除了前述合同的权利义务终止的情形外,出现了法律规定的终止的其他情形的,合同的权利义务也可以终止,如委托人或者受托人死亡、丧失民事行为能力或者破产的,委托合同终止。

任务二　建设工程合同概述

一、建设工程合同的概念及特征

1. 建设工程合同的概念

《民法典》第七百八十八条规定,建设工程合同是承包人进行工程建设,发包人支付价款的合同。建设工程合同包括工程勘察、设计、施工合同。发包人可以与总承包人订立建设工程合同,也可以分别与勘察人、设计人、施工人订立勘察、设计、施工承包合同。发包人不得将应当由一个承包人完成的建设工程支解成若干部分发包给数个承包人。

从合同理论上说,建设工程合同是广义承揽合同的一种,也是承包人(承揽人)按照发包人(定做人)的要求完成工作,交付工作成果,发包人给付报酬的合同。但由于建设工程合同在经济活动、社会生活中的重要作用,以及在国家管理、合同标的等方面均有别于一般的承揽合同,我国一直将建设工程合同列为单独的一类重要合同。

由此可以看出,建设工程合同实质上是一种承揽合同,或者说是承揽合同的一种特殊类型。

2. 建设工程合同的特征

建设工程合同具有以下特征。

(1) 建设工程合同的标的具有特殊性。建设工程合同是从承揽合同中分化出来的,属于一种完成工作的合同。与承揽合同不同的是,建设工程合同的标的为不动产建设项目。因此,建设工程合同具有内容复杂、履行期限长、投资规模大、风险较大等特点。

(2) 建设工程合同的当事人具有特定性。作为建设工程合同当事人一方的承包人,一般情况下只能是具有从事勘察、设计、施工资格的法人。这是由建设工程合同的复杂性所决定的。

(3) 建设工程合同具有一定的计划性和程序性。由于建设工程合同与国民经济建设及人民群众生活都有着密切的关系,因此该合同的订立和履行必须符合国家基本建设计划的要求,并接受有关政府部门的管理和监督。

(4) 建设工程合同是要式合同。《民法典》第七百八十九条规定,建设工程合同应当采用书面形式。《民法典》第七百九十二条规定，国家重大建设工程合同，应当按照国家规定的程序和国家批准的投资计划、可行性研究报告等文件订立。

（5）与承揽合同相同，建设工程合同也是双务合同、有偿合同和诺成合同。

二、建设工程合同分类

建设工程项目的实施需要许多单位来共同参与建设，不同的进度任务由不同的单位来承担，建设工程合同按照完成的工程任务的内容来划分，有勘察合同，设计合同，施工承包合同，设备、材料采购合同，工程监理合同，咨询合同，代理合同等。根据《民法典》，勘察合同、设计合同、施工承包合同属于建设工程合同，工程监理合同、咨询合同等属于委托合同。为更好地认识建设工程合同，建设工程合同还可以按其他方式进行分类。

1.按照工程建设阶段分类

建设工程的建设过程大体经过勘察、设计、施工三个阶段，可围绕不同阶段订立相应的合同。《民法典》规定的建设工程合同的工程勘察、设计、施工合同，就是按工程建设阶段分类的。

（1）建设工程勘察合同。建设工程勘察是指根据建设工程的要求，查明、分析、评价建设场地的地质、地理环境特征和岩土工程条件，编制建设工程勘察文件的活动。建设工程勘察合同即为发包人与勘察人就完成商定的勘察任务明确双方权利和义务的协议。

（2）建设工程设计合同。建设工程设计是指根据建设工程的要求，对建设工程所需的技术、经济、资源和环境等条件进行综合分析、论证，编制建设工程设计文件的活动。建设工程设计合同即为发包人与设计人就完成商定的工程设计任务明确双方权利和义务的协议。建设工程设计合同实际上包括两个合同：一是初步设计合同，即在建设工程立项阶段，承包人为项目决策提供可行性资料的设计而与发包人签订的合同；二是施工设计合同，是指承包人与发包人就具体施工设计达成的协议。

（3）建设工程施工合同。建设工程施工是指根据建设工程设计文件的要求，对建设工程进行新建、扩建、改建的活动。建设工程施工合同即为发包人与承包人为完成商定的建设工程项目的施工任务明确双方权利和义务的协议。施工合同主要包括建筑和安装两方面内容，建筑是指对工程进行营造的行为；安装主要是指与工程有关的线路、管道和设备等设施的装配。

2.按照承发包方式（范围）分类

（1）勘察、设计或施工总承包合同。

勘察、设计或施工总承包，是指发包人将全部勘察、设计或施工的任务分别发包给一个勘察、设计单位或一个施工单位作为总承包人，经发包人同意，总承包人可以将勘察、设计或施工任务的一部分分包给其他符合资质的分包人。据此明确各方权利和义务的协议即为勘察、设计或施工总承包合同。在这种模式中，发包人与总承包人订立总承包合同，总承包人与分包人订立分包合同，总承包人与分包人就工作成果对发包人承担连带责任。

(2) 单位工程施工承包合同。

单位工程施工承包,是指在一些大型、复杂的建设工程中,发包人可以将专业性很强的单位工程发包给不同的承包人,与承包人分别签订土木工程施工合同、电气与机械工程承包合同等,这些承包人之间为平行关系,据此明确各方权利和义务的协议即为单位工程施工承包合同。单位工程施工承包合同常见于大型工业建筑安装工程及大型、复杂的建设工程。

(3) 工程项目总承包合同。

工程项目总承包,是指建设单位将包括工程设计、施工、材料和设备采购等一系列工作全部发包给一家承包单位,由其进行实质性设计、施工和采购工作,最后向建设单位交付具有使用功能的工程项目。据此明确各方权利和义务的协议即为工程项目总承包合同。工程项目总承包实施过程可依法将部分工程分包,按照规定可分包的工程如下。

① 工程的次要部分。

② 群体工程(指结构技术要求相同的)半数以下的单位工程。

③ 门窗制作、安装等。

3.按照承包工程计价方式(或合同价格形式)分类

施工合同按照不同的分类标准可以分成不同类型,其中,按合同计价方式,可以分为单价合同、总价合同和其他价格形式合同。

(1) 单价合同,是指合同当事人约定以工程量清单及其综合单价进行合同价格计算、调整和确认的建设工程施工合同,在约定的范围内合同单价不做调整。合同当事人应在专用合同条款中约定综合单价包含的风险范围和风险费用的计算方法,并约定风险范围以外的合同价格的调整方法。故单价合同的含义是单价是相对固定的。实行工程量清单计价的工程,应采用单价合同。

(2) 总价合同,是指合同当事人约定以施工图、已标价工程量清单或预算书及有关条件进行合同价格计算、调整和确认的建设工程施工合同,在约定的范围内合同总价不做调整。合同当事人应在专用合同条款中约定总价包含的风险范围和风险费用的计算方法,并约定风险范围以外的合同价格的调整方法。故总价合同的含义是总价相对固定。技术简单、规模偏小、工期较短的项目,且施工图设计已审查批准的,可采用总价合同。

(3) 其他价格形式合同。合同当事人可在专用合同条款中约定其他合同价格形式。由于原来的成本加酬金合同形式的实践应用不具有典型性,故归入其他价格形式合同,其他价格形式合同还包含采用定额计价的合同。紧急抢险、救灾以及施工技术特别复杂的工程,可采用成本加酬金合同。

4.按合同签约各方的承包关系划分

(1) 总包合同。建设单位(发包人)将工程项目建设全过程或其中某个阶段的全部工作,发包给一个承包单位总包,发包人与总包方签订的合同称为总包合同。总包合同签订后,总承包单位可以将若干专业性工作交给不同的专业承包单位去完成,并统一协调和监督其工作。一般情况下,建设单位仅同总承包单位发生法律关系,而不同各专业承包单位发生法律关系。

(2) 分包合同。总承包人与发包人签订总包合同之后，将若干专业性工作分包给不同的专业承包单位去完成，总包方分别与几个分包方签订的合同称为分包合同。对于大型工程项目，有时也可由发包人直接与每个承包人签订合同，而不采取总包形式。这时每个承包人都处于同样地位，各自独立完成本单位所承包的任务，并直接向发包人负责。

5. 与建设工程有关的其他合同

监理合同管理案例

(1) 建设工程委托监理合同。建设工程委托监理合同是指委托人(发包人)与监理人签订，为了委托监理人承担监理业务而明确双方权利和义务关系的协议。

(2) 建设工程物资采购合同。建设工程物资采购合同是指出卖人转移建设工程物资所有权于买受人，买受人支付价款的明确双方权利和义务关系的协议。

(3) 建设工程保险合同。建设工程保险合同是指发包人或承包人为防范特定风险而与保险公司签订的明确双方权利和义务关系的协议。

(4) 建设工程担保合同。建设工程担保合同是指义务人(发包人或承包人)或第三人(或保险公司)与权利人(承包人或发包人)签订的为保证建设工程合同全面、正确履行而明确双方权利和义务关系的协议。

建设工程委托监理合同的标的是“服务”。建设工程物资采购合同属于“买卖合同”，其合同标的是“货物”。建设工程担保合同属于从合同。

任务三　建设工程施工合同

一、建设工程施工合同的含义、作用和特征

1. 建设工程施工合同的含义

建设工程施工合同，又称建筑安装工程承包合同，是指发包方(建设单位)和承包方(施工单位)为完成商定的施工工程，明确相互权利、义务的协议。施工合同的当事人是发包人和承包人，双方是平等的民事主体。承、发包双方签订施工合同，必须具备相应资质条件和履行施工合同的能力。依照施工合同，施工单位应完成建设单位交给的施工任务，建设单位应按照规定提供必要条件并支付工程价款。

施工合同是建设工程合同的一种，与其他建设工程合同一样，是双务、有偿合同，在订立时应遵循自愿、公平、诚实信用等原则。

2. 建设工程施工合同的作用

建设工程施工合同是承包人进行工程建设施工，发包人支付价款的合同，是工程建设质量控制、进度控制、投资控制的主要依据，其主要具有以下作用。

(1) 合同确定了工程实施和工程管理的主要目标,是控制工程质量、进度和造价的重要依据。

合同在工程实施前签订,它确定了工程所要达到的目标以及和目标相关的所有主要的内容和细节的问题。合同确定的工程目标主要有以下三个方面内容。

① 工期,包括工程开始、工程持续时间、工程结束的日期,由经双方一致同意的详细的进度计划等确定。

② 工程质量、工程规模和范围,即详细而具体的质量、技术和功能等方面的要求,如建筑面积、项目要达到的生产能力、建筑材料、设计、施工等质量标准和技术规范等。它们由合同条件、图纸、规范、工程量表、供应单等确定。

③ 工程造价,包括工程总造价、各分项工程的单价和总造价等,由工程报价单、中标函或合同协议等确定。这是承包人按合同要求完成工程任务所应取得的费用(包括承包人应得的利润)。

(2) 合同是协调双方经济关系的重要依据。

合同一经签订,合同双方便结成了一定的经济关系。合同规定了双方在合同实施过程中的经济责任、利益和权利,促使双方加强经营管理。承包人只有认真做好施工准备工作,合理组织人力、财力、物力,按照合同分工完成自己应承担的义务,才能取得较好的经济效果;发包人只有充分做好建设前期工作,严格进行施工中的检查与监督,才能促使工程顺利进行。

(3) 合同是工程施工过程中双方的最高行为准则。

工程施工过程中的一切活动都是为了履行合同,必须按合同办事,双方的行为主要靠合同来约束,所以工程管理的核心就是合同管理。

合同一经签订,只要合法,双方必须全面地完成合同规定的责任和义务。如果不能认真履行自己的责任和义务,甚至单方撕毁合同,则必须接受经济的,甚至法律的处罚。除了遇到特殊情况(如不可抗力因素等)使合同不能实施外,合同当事人即使亏本,甚至破产也不能摆脱这种法律约束力。

(4) 合同是协调工程各参加者行为的重要依据。

合同将工程所涉及的生产、材料和设备供应、运输、各专业设计和施工的分工协作关系联系起来,协调并统一工程各参加者的行为。一个参加单位与工程的关系,它在工程中承担的角色,它的任务和责任,就是由与它相关的合同所限定的。

(5) 合同是工程施工过程中双方争执解决的依据。

由于双方经济利益的不一致,在工程施工过程中争执是难免的。合同争执是经济利益冲突的表现,它常常起因于双方对合同理解的不一致,合同实施环境的变化,有一方违反合同或未能正确地履行合同等。合同对争执的解决有以下两个决定性作用。

① 争执的判定以合同作为法律依据,即以合同条文判定争执的性质,确定谁对争执负责,应负什么样的责任等。

② 争执的解决方法和解决程序由合同规定。

3. 建设工程施工合同的特征

建设工程施工合同是建设工程的主要合同之一,其订立的目的是将设计图纸变为满足功能、质量、进度、投资等发包人投资预期目的的建筑产品。建设工程施工合同具有以下基本特征。

(1) 合同标的的特殊性。

施工合同的标的不是一般的加工定作成果，而是基本建设工程，是各类建筑产品。建筑产品是不动产，建造过程中往往受到自然条件、地质水文条件、社会条件、人为条件等因素的影响。这就决定了施工合同的标的物不同于工厂批量生产的产品，具有单件性的特点。单件性是指不同地点建造的相同类型和级别的建筑，施工过程中所遇到的情况不尽相同，在甲工程施工中遇到的困难在乙工程中不一定发生，而在乙工程施工中可能出现甲工程没有发生过的问题，相互间具有不可替代性。

(2) 合同主体资格的严格性。

合同标的的特殊性，决定了不是任何一个单位或个人能够完成建设工程施工的。为了保证建设工程的质量和施工安全，法律对承包人的资质做了严格的要求，明确了工程施工承包人必须具备相应的工程施工承包资质。

(3) 合同履行期限的长期性。

由于建筑物结构复杂、体积大，且施工时所用建筑材料类型多、工作量大，建筑物的施工工期都较长(与一般工业产品的生产相比)。在较长的合同期内，双方履行义务往往会受到不可抗力、履行过程中法律法规政策的变化、市场价格的浮动等因素的影响，这些必然导致合同的内容约定、履行管理变得相当复杂。所以，施工合同履行需要合同当事人双方较长时期的通力协作。

(4) 合同内容的复杂性。

虽然施工合同的当事人只有两方，但履行过程中涉及的主体却有许多，内容的约定还需与其他相关合同相协调，如设计合同、供货合同、本工程的其他施工合同等。

(5) 合同形式的法定性和规范性。

建设工程施工合同应采用书面形式，且鼓励使用标准示范文本。

二、建设工程施工合同的订立

1. 订立施工合同应具备的条件

(1) 初步设计已经批准。

(2) 工程项目已经列入年度建设计划，并正式批准报建。

(3) 有能够满足施工需要的设计文件和有关技术资料。

(4) 建设资金和主要建筑材料、设备来源已经落实。

(5) 实行招标投标的工程，中标通知书已经下发。

2. 订立施工合同的约定注意事项

订立施工合同时应注意下列约定的注意事项。

(1) 工程发包与承包范围，工程质量标准，安全生产、文明施工目标要求，工期目标及工期调整的要求。

(2) 工程计量和计价依据，合同价款及其支付结算、调整要求及方法。

(3) 工程分包的内容、范围、工程量及要求。

(4) 材料和设备的供应方式与标准。

(5) 工程洽商、变更的方式和要求。

(6) 中间交工工程的范围和竣工时间。

(7) 竣工结算与竣工验收。

(8) 其他应在合同中明确约定的内容。

建设工程施工合同标的物特殊,合同执行期长,关于专利技术使用、发现地下障碍和文物、不可抗力、工程有无保险、工程停建或缓建等问题,都是建设工程施工合同约定的注意事项。

3. 订立施工合同的程序

《民法典》规定,合同的订立必须经过要约和承诺两个阶段。要约是指希望与他人订立合同的意思表示。承诺是指受要约人接受要约的意思表示。施工合同的订立也应经过要约和承诺两个阶段。其订立方式有直接发包和招标发包两种。这两种方式实际上都包含要约和承诺的过程。如果没有特殊情况,建设工程的施工都应通过招标投标确定施工企业。在工程招标投标过程中,投标人根据发包人提供的招标文件在约定的投标截止期内发出的投标文件即为要约;招标人通过评标,向投标人发出中标通知书即为承诺。施工合同一般订立程序如下。

(1) 接受中标通知书。

(2) 组成包括项目经理的谈判小组。

(3) 草拟合同协议书和专用条款。

(4) 谈判。

(5) 参照发包人拟定的合同条件或建筑工程施工合同示范文本与发包人订立建设工程施工合同。

(6) 合同双方在合同管理部门备案并缴纳印花税。

三、《建设工程施工合同(示范文本)》(GF—2017—0201)简介

1. 概述

(1) 执行时间。中华人民共和国住房和城乡建设部、中华人民共和国国家工商行政管理总局于2017年9月22日发布的《住房城乡建设部 工商总局关于印发建设工程施工合同(示范文本)的通知》中说明《建设工程施工合同(示范文本)》(GF—2017—0201)自2017年7月1日起执行。

(2) 适用范围。其适用于房屋建筑工程、土木工程、线路管道和设备安装工程、装修工程等建设工程的施工承发包活动。合同当事人可结合建设工程具体情况,根据《建设工程施工合同(示范文本)》(GF—2017—0201)订立合同,并按照法律法规规定和合同约定承担相应的法律责任及合同权利、义务。

(3) 法律地位。《建设工程施工合同(示范文本)》(GF—2017—0201)为非强制性使用文本。

2.《建设工程施工合同(示范文本)》(GF—2017—0201)的组成

《建设工程施工合同(示范文本)》(GF—2017—0201)由合同协议书、通用合同条款和专用合同条款三部分组成。

(1) 合同协议书。

合同协议书是指由合同当事人发包人和承包人共同签署的,约定合同主要内容的称为"合同协议书"的书面文件。合同协议书共计 13 条,主要包括工程概况、合同工期、质量标准、签约合同价和合同价格形式、项目经理、合同文件构成、承诺以及合同生效条件等重要内容,集中约定了合同当事人基本的合同权利义务。合同协议书格式见表 6-1。

表 6-1 **合同协议书格式**

第一部分 合同协议书

发包人(全称):________________

承包人(全称):________________

根据《中华人民共和国民法典》《中华人民共和国建筑法》及有关法律规定,遵循平等、自愿、公平和诚实信用的原则,双方就工程施工及有关事项协商一致,共同达成如下协议:

一、工程概况

1.工程名称:________________。

2.工程地点:________________。

3.工程立项批准文号:________________。

4.资金来源:________________。

5.工程内容:________________。

群体工程应附"承包人承揽工程项目一览表"(附件 1)。

6.工程承包范围:________________。

二、合同工期

计划开工日期:______年____月____日。

计划竣工日期:______年____月____日。

工期总日历天数:______天。工期总日历天数与根据前述计划开、竣工日期计算的工期天数不一致的,以工期总日历天数为准。

三、质量标准

工程质量符合________________标准。

四、签约合同价与合同价格形式

1.签约合同价为:

人民币(大写)____________(¥__________元);

其中:

(1) 安全文明施工费:

人民币(大写)____________(¥__________元);

(2) 材料和工程设备暂估价金额:

人民币(大写)____________(¥__________元);

(3) 专业工程暂估价金额:

人民币(大写)____________(¥__________元);

(4) 暂列金额:

人民币(大写)____________(¥__________元)。

2.合同价格形式:________________。

五、项目经理

承包人项目经理:________________。

续表

六、合同文件构成

本协议书与下列文件一起构成合同文件：

(1) 中标通知书(如果有)；

(2) 投标函及其附录(如果有)；

(3) 专用合同条款及其附件；

(4) 通用合同条款；

(5) 技术标准和要求；

(6) 图纸；

(7) 已标价工程量清单或预算书；

(8) 其他合同文件。

在合同订立及履行过程中形成的与合同有关的文件均构成合同文件组成部分。

上述各项合同文件包括合同当事人就该项合同文件所做出的补充和修改，属于同一类内容的文件，应以最新签署的为准。专用合同条款及其附件须经合同当事人签字或盖章。

七、承诺

1. 发包人承诺按照法律规定履行项目审批手续，筹集工程建设资金并按照合同约定的期限和方式支付合同价款。

2. 承包人承诺按照法律规定及合同约定组织完成工程施工，确保工程质量和安全，不进行转包及违法分包，并在缺陷责任期及保修期内承担相应的工程维修责任。

3. 发包人和承包人通过招标投标形式签订合同的，双方理解并承诺不再就同一工程另行签订与合同实质性内容相背离的协议。

八、词语含义

本协议书中词语含义与第二部分通用合同条款中赋予的含义相同。

九、签订时间

本合同于______年____月____日签订。

十、签订地点

本合同在________________________________签订。

十一、补充协议

合同未尽事宜，合同当事人另行签订补充协议，补充协议是合同的组成部分。

十二、合同生效

本合同自________________________________生效。

十三、合同份数

本合同一式______份，均具有同等法律效力，发包人执______份，承包人执______份。

发包人：(公章)

法定代表人或其委托代理人：

(签字)

组织机构代码：________________

地址：________________

邮政编码：________________

法定代表人：________________

委托代理人：________________

电话：________________

传真：________________

电子信箱：________________

开户银行：________________

账号：________________

承包人：(公章)

法定代表人或其委托代理人：

(签字)

组织机构代码：________________

地址：________________

邮政编码：________________

法定代表人：________________

委托代理人：________________

电话：________________

传真：________________

电子信箱：________________

开户银行：________________

账号：________________

(2) 通用合同条款。

通用合同条款是合同当事人根据《中华人民共和国建筑法》《民法典》等法律法规的规定,就工程建设的实施及相关事项,对合同当事人的权利义务做出的原则性约定,即反映合同的正常履行环境,以及合同双方对权利义务的理性安排。

通用合同条款共计 20 条,具体条款分别为一般约定,发包人,承包人,监理人,工程质量,安全文明施工与环境保护,工期和进度,材料与设备,试验与检验,变更,价格调整,合同价格、计量与支付,验收和工程试车,竣工结算,缺陷责任与保修,违约,不可抗力,保险,索赔和争议解决。上述条款安排既考虑了现行法律法规对工程建设的有关要求,也考虑了建设工程施工管理的特殊需要。

(3) 专用合同条款。

专用合同条款

专用合同条款是对通用合同条款原则性约定的细化、完善、补充、修改或另行约定的条款。合同当事人可以根据不同建设工程的特点及具体情况,通过双方的谈判、协商对相应的专用合同条款进行修改、补充。但原则上,对专用合同条款的使用应当遵循通用合同条款的原则要求和权利义务的基本安排。故在使用专用合同条款时应注意以下事项。

① 专用合同条款的编号应与相应的通用合同条款的编号一致。

② 合同当事人可以通过对专用合同条款的修改,满足具体建设工程的特殊要求,避免直接修改通用合同条款。

③ 在专用合同条款中有横线的地方,合同当事人可针对相应的通用合同条款进行细化、完善、补充、修改或另行约定;如无细化、完善、补充、修改或另行约定,则填写“无”或画“/”。

(4) 附件。

附件是对施工合同当事人权利、义务的进一步明确。《建设工程施工合同(示范文本)》(GF—2013—0201)共有 11 个附件,其中协议书附件有 1 个,专用合同条款附件有 10 个,具体如下。

协议书附件:附件 1,承包人承揽工程项目一览表。

专用合同条款附件。

① 附件 2,发包人供应材料设备一览表;

② 附件 3,工程质量保修书;

③ 附件 4,主要建设工程文件目录;

④ 附件 5,承包人用于本工程施工的机械设备表;

⑤ 附件 6,承包人主要施工管理人员表;

⑥ 附件 7,分包人主要施工管理人员表;

⑦ 附件 8,履约担保格式;

⑧ 附件 9,预付款担保格式;

⑨ 附件 10,支付担保格式;

⑩ 附件 11,暂估价一览表。

3.合同文件的优先顺序

因工程建设项目投资大、技术复杂,构成合同的组成文件种类较多,且合同文件之间有可能存在不一致,甚至相互矛盾的内容,从而影响对合同的理解和履行,且容易产生争议。因此,有必要按照一定的规则,对各合同文件的优先顺序进行约定,以便在合同文件内容出现不一致或矛盾时,尽快确定合同文义,以保证合同的顺利履行。

组成合同的各项文件应互相解释,互为说明。除专用合同条款另有约定外,解释合同文件的优先顺序如下。

(1) 合同协议书;

(2) 中标通知书(如果有);

(3) 投标函及其附录(如果有);

(4) 专用合同条款及其附件;

(5) 通用合同条款;

(6) 技术标准和要求;

(7) 图纸;

(8) 已标价工程量清单或预算书;

(9) 其他合同文件。

上述各项合同文件包括合同当事人就该项合同文件所做出的补充和修改,属于同一类内容的文件应以最新签署的为准。在合同订立及履行过程中形成的与合同有关的文件均构成合同文件组成部分,并根据其性质确定优先解释顺序。

4.版本对比

《建设工程施工合同(示范文本)》2017年版与2013年版的对比如表6-2所示。

表6-2 **版本对比**

条款号		《建设工程施工合同(示范文本)》(GF—2013—0201)	《建设工程施工合同(示范文本)》(GF—2017—0201)
通用合同条款	1.1.4.4	缺陷责任期:是指承包人按照合同约定承担缺陷修复义务,且发包人预留质量保证金的期限,自工程实际竣工日期起计算	缺陷责任期:是指承包人按照合同约定承担缺陷修复义务,且发包人预留质量保证金(已缴纳履约保证金的除外)的期限,自工程实际竣工日期起计算
	14.1	除专用合同条款另有约定外,承包人应在工程竣工验收合格后28天内向发包人和监理人提交竣工结算申请单,并提交完整的结算资料,有关竣工结算申请单的资料清单和份数等要求由合同当事人在专用合同条款中约定。 除专用合同条款另有约定外,竣工结算申请单应包括以下内容: (1) 竣工结算合同价格; (2) 发包人已支付承包人的款项; (3) 应扣留的质量保证金; (4) 发包人应支付承包人的合同价款	除专用合同条款另有约定外,承包人应在工程竣工验收合格后28天内向发包人和监理人提交竣工结算申请单,并提交完整的结算资料,有关竣工结算申请单的资料清单和份数等要求由合同当事人在专用合同条款中约定。 除专用合同条款另有约定外,竣工结算申请单应包括以下内容: (1) 竣工结算合同价格; (2) 发包人已支付承包人的款项; (3) 应扣留的质量保证金。已缴纳履约保证金的或提供其他工程质量担保方式的除外; (4) 发包人应支付承包人的合同价款

续表

条款号		《建设工程施工合同（示范文本）》(GF—2013—0201)	《建设工程施工合同（示范文本）》(GF—2017—0201)
通用合同条款	15.2.1	缺陷责任期自实际竣工日期起计算，合同当事人应在专用合同条款约定缺陷责任期的具体期限，但该期限最长不超过24个月。 单位工程先于全部工程进行验收，经验收合格并交付使用的，该单位工程缺陷责任期自单位工程验收合格之日起算。因发包人原因导致工程无法按合同约定期限进行竣工验收的，缺陷责任期自承包人提交竣工验收申请报告之日起开始计算；发包人未经竣工验收擅自使用工程的，缺陷责任期自工程转移占有之日起开始计算	缺陷责任期从工程通过竣工验收之日起计算，合同当事人应在专用合同条款约定缺陷责任期的具体期限，但该期限最长不超过24个月。 单位工程先于全部工程进行验收，经验收合格并交付使用的，该单位工程缺陷责任期自单位工程验收合格之日起算。因承包人原因导致工程无法按合同约定期限进行竣工验收的，缺陷责任期从实际通过竣工验收之日起计算。因发包人原因导致工程无法按合同约定期限进行竣工验收的，在承包人提交竣工验收报告90天后，工程自动进入缺陷责任期；发包人未经竣工验收擅自使用工程的，缺陷责任期自工程转移占有之日起开始计算
	15.2.2	工程竣工验收合格后，因承包人原因导致的缺陷或损坏致使工程、单位工程或某项主要设备不能按原定目的使用的，则发包人有权要求承包人延长缺陷责任期，并应在原缺陷责任期届满前发出延长通知，但缺陷责任期最长不能超过24个月	缺陷责任期内，由承包人原因造成的缺陷，承包人应负责维修，并承担鉴定及维修费用。如承包人不维修也不承担费用，发包人可按合同约定从保证金或银行保函中扣除，费用超出保证金额的，发包人可按合同约定向承包人进行索赔。承包人维修并承担相应费用后，不免除对工程的损失赔偿责任。发包人有权要求承包人延长缺陷责任期，并应在原缺陷责任期届满前发出延长通知。但缺陷责任期（含延长部分）最长不能超过24个月。 由他人原因造成的缺陷，发包人负责组织维修，承包人不承担费用，且发包人不得从保证金中扣除费用
	15.3	经合同当事人协商一致扣留质量保证金的，应在专用合同条款中予以明确	经合同当事人协商一致扣留质量保证金的，应在专用合同条款中予以明确。 在工程项目竣工前，承包人已经提供履约担保的，发包人不得同时预留工程质量保证金

续表

条款号		《建设工程施工合同（示范文本）》(GF—2013—0201)	《建设工程施工合同（示范文本）》(GF—2017—0201)
通用合同条款	15.3.2	质量保证金的扣留有以下三种方式： (1) 在支付工程进度款时逐次扣留，在此情形下，质量保证金的计算基数不包括预付款的支付、扣回以及价格调整的金额； (2) 工程竣工结算时一次性扣留质量保证金； (3) 双方约定的其他扣留方式。 除专用合同条款另有约定外，质量保证金的扣留原则上采用上述第(1)种方式。 发包人累计扣留的质量保证金不得超过结算合同价格的5%，如承包人在发包人签发竣工付款证书后28天内提交质量保证金保函，发包人应同时退还扣留的作为质量保证金的工程价款	质量保证金的扣留有以下三种方式： (1) 在支付工程进度款时逐次扣留，在此情形下质量保证金的计算基数不包括预付款的支付、扣回以及价格调整的金额； (2) 工程竣工结算时一次性扣留质量保证金； (3) 双方约定的其他扣留方式。 除专用合同条款另有约定外，质量保证金的扣留原则上采用上述第(1)种方式。 发包人累计扣留的质量保证金不得超过工程价款结算总额的3%。如承包人在发包人签发竣工付款证书后28天内提交质量保证金保函，发包人应同时退还扣留的作为质量保证金的工程价款；保函金额不得超过工程价款结算总额的3%。 发包人在退还质量保证金的同时按照中国人民银行发布的同期同类贷款基准利率支付利息
通用合同条款	15.3.3	发包人应按14.4款“最终结清”的约定退还质量保证金	缺陷责任期内，承包人认真履行合同约定的责任到期后，承包人可向发包人申请返还保证金。 发包人在接到承包人返还保证金申请后，应于14天内会同承包人按照合同约定的内容进行核实。如无异议发包人应当按照约定将保证金返还给承包人，对返还期限没有约定或者约定不明确的，发包人应当在核实后14天内将保证金返还承包人，逾期未返还的，依法承担违约责任。发包人在接到承包人返还保证金申请后14天内不予答复，经催告后14天内仍不予答复，视同认可承包人的返还保证金申请。 发包人和承包人对保证金预留、返还以及工程维修质量、费用有争议的，按本合同第20条约定的争议和纠纷解决程序处理
专用合同条款15.3		关于是否扣留质量保证金的约定： ________________	关于是否扣留质量保证金的约定：________________。工程项目竣工前，承包人按专用合同条款第3.7条提供履约担保的，发包人不得同时预留工程质量保证金

续表

条款号	《建设工程施工合同（示范文本）》(GF—2013—0201)	《建设工程施工合同（示范文本）》(GF—2017—0201)
附件三	工程缺陷责任期为________个月，缺陷责任期自工程实际竣工之日起计算，单位工程先于全部工程进行验收，单位工程缺陷责任期自单位工程验收合格之日起算。 缺陷责任期终止后，发包人应退还剩余的质量保证金	工程缺陷责任期为________个月，缺陷责任期自工程通过竣工验收之日起计算。单位工程先于全部工程进行验收，单位工程缺陷责任期自单位工程验收合格之日起算. 缺陷责任期终止后，发包人应退还剩余的质量保证金

四、建设工程施工合同当事人和有关人员

合同当事人是指发包人和承包人，双方按合同约定在合同中享有权利和履行合同义务。熟悉合同当事人是进行建设工程施工管理的基础。

1. 发包人

发包人是指与承包人签订合同协议书的当事人及取得该当事人资格的合法继承人。发包人的一般义务如下。

(1) 许可或批准。

① 发包人办理法律规定由其办理的许可、批准或备案，包括但不限于建设用地规划许可证，建设工程规划许可证，建设工程施工许可证，施工所需临时用水、临时用电、中断道路交通、临时占用土地等许可和批准。

② 发包人应协助承包人办理法律规定的有关施工证件和批文。

因发包人原因未能及时办理完毕前述许可、批准或备案，由发包人承担由此增加的费用和(或)延误的工期，并支付承包人合理的利润。

(2) 对发包人代表和发包人员的管理。

① 发包人应明确其派驻施工现场的发包人代表(以前称作工程师)的姓名、职务、联系方式及授权范围等事项。

② 发包人代表在发包人的授权范围内，负责处理合同履行过程中与发包人有关的具体事宜。

③ 发包人代表在授权范围内的行为由发包人承担法律责任。

④ 发包人更换发包人代表的，应提前 7 天书面通知承包人。

⑤ 发包人代表不能按照合同约定履行其职责及义务，并导致合同无法继续正常履行的，承包人可以要求发包人撤换发包人代表。

⑥ 发包人应要求在施工现场的发包人人员遵守法律及有关安全、质量、环境保护、文明施工等规定，并保障承包人免于承受因发包人人员未遵守上述要求给承包人造成的损失和责任。

(3) 施工现场、施工条件和基础资料的提供。

施工现场、施工条件和基础资料是保证承包人进场正常施工的基本前提，关系合同

工期的起算时间,因此无论是发包人还是承包人,均应当加以重视。

① 提供施工现场。

除专用合同条款另有约定外,发包人应最迟于开工日期7天前向承包人移交施工现场。施工现场应当包括工程施工场地以及为保证施工需要的其他场地。

② 提供施工条件。

除专用合同条款另有约定外,发包人应负责提供施工所需要的条件,包括以下内容。

a. 将施工用水、电力、通信线路等施工所必需的条件接至施工现场内;

b. 向承包人提供正常施工所需要的进入施工现场的交通条件;

c. 协调处理施工现场周围地下管线和邻近建筑物、构筑物、古树名木的保护工作,并承担相关费用;

d. 按照专用合同条款约定应提供的其他设施和条件。

③ 提供基础资料。

基础资料是指施工现场及工程施工所必需的毗邻区域内供水、排水、供电、供气、供热、通信、广播电视等地下管线资料,气象和水文观测资料,地质勘察资料,相邻建筑物、构筑物和地下工程等有关基础资料。

发包人应当在移交施工现场前向承包人提供有关基础资料,并对所提供资料的真实性、准确性和完整性负责。

按照法律规定,确需在开工后方能提供的基础资料,发包人应尽其努力及时在相应工程施工前的合理期限内提供,合理期限应以不影响承包人的正常施工为限。

④ 逾期提供的责任。

因发包人原因未能按合同约定及时向承包人提供施工现场、施工条件、基础资料的,由发包人承担由此增加的费用和(或)延误的工期。

(4) 支付合同价款及组织竣工验收。

发包人应按合同约定履行合同价款支付义务和及时组织竣工验收义务。

(5) 签订现场统一管理协议。

为解决由发包人直接发包某些专业工程的情况下施工现场统一管理问题,发包人应与承包人、由发包人直接发包的专业工程的承包人签订施工现场统一管理协议,明确各方的权利义务。施工现场统一管理协议作为专用合同条款的附件。

2. 承包人

承包人是指与发包人签订合同协议书的,具有相应工程施工承包资质的当事人及取得该当事人资格的合法继承人。法律对承包人的资质做出了严格的要求。

承包人在履行合同过程中应遵守法律和工程建设标准规范,并履行以下义务。

(1) 办理法律规定的应由承包人办理的许可和批准,并将办理结果书面报送发包人留存。

(2) 按法律规定和合同约定完成工程,并在保修期内承担保修义务。

(3) 按法律规定和合同约定采取施工安全和环境保护措施,办理工伤保险,确保工程及人员、材料、设备和设施的安全。

(4) 按合同约定的工作内容和施工进度要求,编制施工组织设计和施工措施计划,并对所有施工作业和施工方法的完备性和安全性、可靠性负责。

(5) 在进行合同约定的各项工作时,不得侵害发包人与他人使用公用道路、水源、市政管网等公共设施的权利,避免对邻近的公共设施产生干扰。承包人占用或使用他人的施工场地,影响他人作业或生活的,应承担相应责任。

(6) 按照环境保护条款约定,负责施工场地及其周边环境与生态的保护工作。

(7) 按安全文明施工条款约定采取施工安全措施,确保工程及其人员、材料、设备和设施的安全,防止因工程施工造成人身伤害和财产损失。

(8) 将发包人按合同约定支付的各项价款专用于合同工程,且应及时支付其雇用人员工资,并及时向分包人支付合同价款。

(9) 按照法律规定和合同约定编制竣工资料,完成竣工资料立卷及归档,并按专用合同条款约定的竣工资料的套数、内容、时间等要求移交发包人。

(10) 应履行的其他义务。

3. 项目经理

对项目经理的基本要求如下。

(1) 项目经理经承包人授权后代表承包人负责履行合同。

(2) 项目经理应是承包人正式聘用的员工,承包人应向发包人提交项目经理与承包人之间的劳动合同,以及承包人为项目经理缴纳社会保险的有效证明。

(3) 项目经理应常驻施工现场,且每月在施工现场时间不得少于专用合同条款约定的天数。

(4) 项目经理不得同时担任其他项目的项目经理。

(5) 项目经理确需离开施工现场时,应事先通知监理人,并取得发包人的书面同意。项目经理的通知中应当载明临时代行其职责人员的注册执业资格、管理经验等资料,该人员应具备履行相应职责的能力。

4. 监理人

监理人是指在专用合同条款中指明的,受发包人委托按照法律规定进行工程监督管理的法人或其他组织。监理人不是合同当事人,是发包人的委托代理人,其权利来源于发包人授权和法律规定的职责与义务。

(1) 监理人的一般规定。

工程实行监理的,发包人和承包人应在专用合同条款中明确监理人的监理内容及监理权限等事项。监理人应当根据发包人授权及法律规定,代表发包人对工程施工相关事项进行检查、查验、审核、验收,并签发相关指示,但监理人无权修改合同,且无权减轻或免除合同约定的承包人的任何责任与义务。

除专用合同条款另有约定外,监理人在施工现场的办公场所、生活场所由承包人提供,所发生的费用由发包人承担。

(2) 监理人员。

监理人员包括总监理工程师和监理工程师。监理人应将授权的总监理工程师和监理工程师的姓名及授权范围以书面形式提前通知承包人。更换总监理工程师的,监理人应提前7天书面通知承包人;更换其他监理人员的,监理人应提前48小时书面通知承包人。

(3) 监理人的指示。

监理人的任何指示均应当在发包人的授权范围内进行,并且指示应当采用书面形式;在紧急情况下,可以做出口头指示,但必须在发出口头指示后24小时内补发书面监理指示。

(4) 商定或确定。

商定或确定是在合同履行过程中的一种便捷的争议解决机制。

① 总监理工程师的权利。合同当事人进行商定或确定时,总监理工程师应当会同合同当事人尽量通过协商达成一致,不能达成一致的,由总监理工程师按照合同约定审慎做出公正的确定。

② 商定或确定的效力。总监理工程师应将确定以书面形式通知发包人和承包人,并附详细依据。合同当事人对总监理工程师的确定没有异议的,按照总监理工程师的确定执行。任何一方合同当事人有异议,按照争议解决约定处理。争议解决前,合同当事人暂按总监理工程师的确定执行;争议解决后,争议解决的结果与总监理工程师的确定不一致的,按照争议解决的结果执行,由此造成的损失由责任人承担。

模块小结

合同又称契约、协议,是当事人之间设立、变更、终止民事权利义务关系的协议。它是一个跨越部门法的法律名称,其范围包括民事合同、行政合同、劳动合同。合同有广义和狭义之分。本书所称的合同是狭义的合同,即债权合同,是指平等主体的自然人、法人、其他组织之间设立、变更、终止民事权利义务关系的协议。

合同的基本原则是平等原则、自愿原则、公平原则、诚实信用原则、遵守法律法规和公序良俗原则、对当事人具有法律约束力原则。

不同种类的合同具有不同的用途,《民法典》分则部分将合同分为15类,还可以从其他角度对合同进行分类。

当事人依程序订立合同,意思表示一致,便形成合同条款,构成作为法律行为的合同内容。合同的形式是当事人合意的表现形式,是合同内容的外部表现,是合同内容的载体。

合同履行是指合同当事人双方依据合同条款的规定,实现各自享有的权利,并承担各自负有的义务。合同还可以变更、转让和终止。

建设工程合同是广义承揽合同的一种,是承包人进行工程建设,发包人支付价款的合同,并具有一些显著特征。

建设工程合同按照完成的工程任务的内容进行划分,有勘察合同,设计合同,施工承包合同,设备、材料采购合同,工程监理合同,咨询合同,代理合同等。根据《民法典》,勘察合同、设计合同、施工承包合同属于建设工程合同,工程监理合同、咨询合同等属于委托合同。

建设工程施工合同，又称建筑安装工程承包合同，是指发包方（建设单位）和承包方（施工单位）为完成商定的施工工程，明确相互权利、义务的协议。

建设工程施工合同的作用有：① 是控制工程质量、进度和造价的重要依据；② 是协调双方经济关系的重要依据；③ 是工程施工过程中双方的最高行为准则；④ 是协调工程各参加者行为的重要依据；⑤ 是工程施工过程中双方争执解决的依据。

建设工程施工合同具有以下基本特征：合同标的的特殊性、主体资格的严格性、履行期限的长期性、内容的复杂性、形式的法定性和规范性。

订立施工合同应具备一定的条件，订立方式有两种，即直接发包和招标发包，订立应遵循一定的程序。

《建设工程施工合同（示范文本）》（GF—2017—0201）是我国经济管理体制进一步改革在建设领域的重要变化，全面梳理了我国现行工程建设方面的法律、行政法规、部门规章及规范性文件，充分吸收了十余年来我国建设工程领域的立法成果，将对规范建筑市场秩序，理顺建设工程承包活动的各方权利义务，保障施工合同参与主体的合法权益，促进建筑市场健康、有序、和谐发展发挥重要作用。

《建设工程施工合同（示范文本）》（GF—2017—0201）由合同协议书、通用合同条款和专用合同条款三部分组成。

建设工程施工合同当事人是指发包人和承包人，双方按合同约定在合同中享有权利和履行合同义务。监理人不是合同当事人，是发包人的委托代理人，其权利来源于发包人授权和法律规定的职责与义务。

思考题

1. 合同的内容包括哪些？
2. 简述建设工程施工合同的作用。
3. 简述订立施工合同应具备的条件。
4. 简述施工合同的优先解释顺序。
5. 简述承包人的一般义务。

复习题库及答案

模块实训

模拟一个工程项目和中标施工企业，请根据《建设工程施工合同（示范文本）》（GF—2017—0201）格式，签订一份合同协议书。

模块七　建设工程施工合同管理

【模块概述】

建设工程施工合同管理的相关部门和合同当事人及监理人对合同依法进行的一系列活动，可以分为政府的监督管理和企业的实施管理两个层次。本模块主要介绍企业的实施管理，首先介绍了施工合同的质量、进度和造价管理，包括施工合同质量管理的质量要求、质量保证措施、隐蔽工程检查等；施工合同进度管理的施工组织设计、施工进度计划、开工与测量放线等；施工合同造价管理的预付款、工程进度付款、竣工结算等。然后介绍了施工合同的变更及其他管理，包括变更管理、不可抗力、保险和担保的管理及违约和争议的解决。最后介绍了合同履行过程中的跟踪与控制，包括施工合同跟踪、合同实施的偏差分析和合同实施偏差处理。

【学习目标】

1. 掌握工程质量要求、施工组织设计的报送、施工合同造价管理、施工合同变更管理。

2. 熟悉工程质量保证措施，不可抗力、保险和担保的管理，违约和争议的解决。

3. 了解隐蔽工程检查、不合格工程的处理、质量争议检测、缺陷责任与保修、施工合同进度管理、施工合同跟踪与控制。

【能力目标】

通过本模块的学习，学生应具备签订一般施工合同的能力，初步具备施工合同管理、变更和分析能力。

【素质目标】

培养学生施工合同、施工风险意识，树立诚信品质，提升专业及职业素养，提高学生的学习能力。

建设工程施工合同的管理，是指各级工商行政管理机关、建设行政主管机关和金融机构，以及工程发包人、监理人、承包人依据法律和行政法规、规章制度，采取法律的、行政的手段，对建设工程施工合同关系进行组织、指导、协调及监督，保护合同当事人的合法权益，调解合同纠纷，防止和制裁违法行为，保证合同法规的贯彻实施等一系列法定活动。简单地说，其就是建设工程施工合同管理的相关部门和合同当事人及监理人对合同依法进行的一系列活动。

这种管理可划分为以下两个层次:第一层次为国家机关及金融机构对建设工程施工合同的监督管理,第二层次为合同当事人及监理人对建设工程施工合同的实施管理。本书只介绍第二层次的实施管理。

发包人、监理人、承包人对建设工程施工合同的实施管理体现在合同从订立到履行的全过程中,包括施工合同的质量管理、进度管理、造价管理和安全管理,贯穿施工准备阶段、施工过程和竣工验收阶段。

任务一 施工合同的质量、进度和造价管理

一、施工合同质量管理

1. 工程质量要求

(1) 工程质量标准。工程质量标准必须符合现行国家有关工程施工质量验收规范和标准的要求。有关工程质量的特殊标准或要求由合同当事人在专用合同条款中约定。

工程质量标准必须符合国家或者行业质量验收规范和标准,这是国家的强制性规定。虽然合同当事人可以在专用合同条款中约定标准或要求,但约定标准或要求不应低于国家标准中的强制性标准。

(2) 不达标准增加费用的承担规定。

① 因发包人原因造成工程质量未达到合同约定标准的,由发包人承担由此增加的费用和(或)延误的工期,并支付承包人合理的利润。

② 因承包人原因造成工程质量未达到合同约定标准的,发包人有权要求承包人返工直至工程质量达到合同约定的标准为止,并由承包人承担由此增加的费用和(或)延误的工期。

2. 工程质量保证措施

(1) 发包人的质量管理。

发包人应按照法律规定及合同约定完成与工程质量有关的各项工作,主要包括以下内容。

① 发包人应将施工图设计文件报县级以上人民政府建设行政主管部门或者其他有关部门审查;

② 办理工程规划许可手续;

③ 开工前向政府主管部门办理工程质量监督手续;

④ 领取施工许可证;

⑤ 做好图纸会审;

⑥ 不得压缩合理工期;

⑦ 在施工中应委托监理人及时对工程材料进行检验;

⑧ 对分部分项工程进行验收,对隐蔽工程进行验收,完成竣工验收及备案等。

(2) 承包人的质量管理。

承包人按照施工组织设计约定向发包人和监理人提交工程质量保证体系及措施文件,建立完善的质量检查制度,并提交相应的工程质量文件。承包人的主要合同义务是使工程质量达到合同约定标准,向发包人交付符合要求的工程。承包人具体的质量管理义务如下。

① 对于发包人和监理人的错误指示,承包人有权拒绝实施。

② 施工人员质量管理方面。承包人应对施工人员进行质量教育和技术培训,定期考核施工人员的劳动技能,严格执行施工规范和操作规程。

③ 材料、工程设备与工程的所有部位及其施工工艺的质量管理方面。承包人应进行全过程的质量检查和检验,并做详细记录,编制工程质量报表,报送监理人审查。此外,承包人还应按照法律规定和发包人的要求,进行施工现场取样试验、工程复核测量和设备性能检测,提供试验样品,提交试验报告和测量成果以及完成其他工作。

(3) 监理人的质量检查和检验。

① 监理人质量检查和检验的范围。监理人有进入工程现场的权利,按照法律规定和发包人授权对工程的所有部位及其施工工艺、材料和工程设备进行检查和检验。监理人的检查、检验并不能免除承包人对工程施工中的质量问题应承担的法定责任。

② 承包人应为监理人的检查和检验提供方便,包括监理人到施工现场,或制造、加工地点,或合同约定的其他地方进行察看和查阅施工原始记录。监理人为此进行的检查和检验,不免除或减轻承包人按照合同约定应当承担的责任。

③ 监理人的检查和检验不应影响施工的正常进行。监理人的检查和检验影响施工正常进行的,且经检查、检验不合格的,影响正常施工的费用由承包人承担,工期不予顺延;经检查、检验合格的,由此增加的费用和(或)延误的工期由发包人承担。

3. 隐蔽工程检查

(1) 承包人自检的要求。承包人应当对工程隐蔽部位进行自检,并经自检确认是否具备覆盖条件。确认质量合格、具备覆盖条件的,应书面通知监理人检查。

(2) 检查程序。

① 除专用合同条款另有约定外,工程隐蔽部位经承包人自检确认具备覆盖条件的,承包人应在共同检查前48小时书面通知监理人检查,通知中应载明隐蔽检查的内容、时间和地点,并附有自检记录和必要的检查资料。

② 监理人应按时到场,并对隐蔽工程及其施工工艺、材料和工程设备进行检查。经监理人检查确认质量符合隐蔽要求,并在验收记录上签字后,承包人才能进行覆盖。经监理人检查质量不合格的,承包人应在监理人指示的时间内完成修复,并由监理人重新检查,由此增加的费用和(或)延误的工期由承包人承担。

③ 除专用合同条款另有约定外,监理人不能按时进行检查的,应在检查前24小时向承包人提交书面延期要求,但延期不能超过48小时,由此导致工期延误的,工期应予以顺延。监理人未按时进行检查,也未提出延期要求的,视为隐蔽工程检查合格,承包人可自行完成覆盖工作,并做相应记录报送监理人,监理人应签字确认。监理人事后对检查记录有疑问的,可按重新检查的约定进行检查。

(3) 重新检查。

承包人覆盖工程隐蔽部位后，发包人或监理人对质量有疑问的，可要求承包人对已覆盖的部位进行钻孔探测或揭开重新检查，承包人应遵照执行，并在检查后重新覆盖恢复原状。经检查证明工程质量符合合同要求的，由发包人承担由此增加的费用和(或)延误的工期，并支付承包人合理的利润；经检查证明工程质量不符合合同要求的，由此增加的费用和(或)延误的工期由承包人承担。

(4) 承包人私自覆盖的处理。

承包人未通知监理人到场检查，私自将工程隐蔽部位覆盖的，监理人有权指示承包人钻孔探测或揭开检查，无论工程隐蔽部位质量是否合格，由此增加的费用和(或)延误的工期均由承包人承担。

4. 不合格工程的处理

(1) 因承包人原因造成工程不合格的，发包人有权随时要求承包人采取补救措施，直至达到合同要求的质量标准为止，由此增加的费用和(或)延误的工期由承包人承担；无法补救的，发包人可拒绝接收全部或部分工程。

(2) 因发包人原因造成工程不合格的，由此增加的费用和(或)延误的工期由发包人承担，并支付承包人合理的利润。

5. 质量争议检测的处理

合同当事人对工程质量有争议的，由双方协商确定的工程质量检测机构鉴定，由此产生的费用及造成的损失，由责任方承担。

合同当事人均有责任的，由双方根据其责任分别承担损失。合同当事人无法达成一致的，按照商定或确定执行。

6. 缺陷责任与保修

缺陷责任纠纷案例

建设工程竣工后将在合理使用年限内长期使用，为确保工程的安全使用，建设工程实行质量保修和缺陷责任并存制度。如发现质量缺陷，建筑施工企业应当修复。质量缺陷是指房屋建筑工程的质量不符合工程建设强制性标准以及合同的约定。

(1) 工程保修的原则。

① 在工程移交发包人后，因承包人原因产生的质量缺陷，承包人应承担质量缺陷责任和保修义务。

② 缺陷责任期届满，承包人仍应按合同约定的工程各部位保修年限承担保修义务。

(2) 缺陷责任期，是指承包人按照合同约定承担缺陷修复义务，且发包人扣留质量保证金的期限，自工程实际竣工日期起计算。

缺陷责任期自实际竣工日期起计算，合同当事人应在专用合同条款约定缺陷责任期的具体期限，但该期限最长不能超过 24 个月。缺陷责任期在保修期限内，是预留保修金的保修期。

(3) 质量保修书。

质量保修书是工程承包人对竣工工程质量保修向发包人出具的文件。质量保修书应当明确建设工程的保修范围、保修期限和保修责任等,符合国家有关规定。

(4) 保修的期限和范围。

保修期是指承包人按照合同约定对工程承担保修责任的期限。工程保修期从工程竣工验收合格之日起算,具体分部分项工程的保修期由合同当事人在专用合同条款中约定,但不得低于法定最低保修年限。在工程保修期内,承包人应当根据有关法律规定以及合同约定承担保修责任。发包人未经竣工验收擅自使用工程的,保修期自转移占有之日起算。

《建设工程质量管理条例》规定,在正常使用条件下,建设工程的最低保修期限如下。

① 基础设施工程、房屋建筑的地基基础工程和主体结构工程,为设计文件规定的该工程的合理使用年限;

② 屋面防水工程,有防水要求的卫生间、房间和外墙面的防渗漏,为5年;

③ 供热与供冷系统,为2个采暖期、供冷期;

④ 电气管线、给排水管道、设备安装和装修工程,为2年。

其他项目的保修期限由发包方与承包方约定。建设工程的保修期自竣工验收合格之日起计算。

二、施工合同进度管理

1.施工组织设计的报送

除专用合同条款另有约定外,承包人应在合同签订后14天内,但最迟不得晚于开工通知载明的开工日期前7天,向监理人提交详细的施工组织设计,并由监理人报送发包人。除专用合同条款另有约定外,发包人和监理人应在监理人收到施工组织设计后7天内确认或提出修改意见。对于发包人和监理人提出的合理意见和要求,承包人应自费修改完善。根据工程实际情况需要修改施工组织设计的,承包人应向发包人和监理人提交修改后的施工组织设计。

2.施工进度计划的编制与修订

(1) 施工进度计划的编制。

承包人应按照施工组织设计约定提交详细的施工进度计划,施工进度计划的编制应当符合国家法律规定和一般工程实践惯例,施工进度计划经发包人批准后实施。施工进度计划是控制工程进度的依据,发包人和监理人有权按照施工进度计划检查工程进度情况。

(2) 施工进度计划的修订。

施工进度计划不符合合同要求或与工程的实际进度不一致的,承包人应向监理人提交修订的施工进度计划,并附有关措施和相关资料,由监理人报送发包人。除专用合同条款另有约定外,发包人和监理人应在收到修订的施工进度计划后7天内完成审核和批准或提出修改意见。发包人和监理人对承包人提交的施工进度计划的确认,不能减轻或免除承包人根据法律规定和合同约定应承担的任何责任或义务。

3. 开工与测量放线

(1) 开工准备。

除专用合同条款另有约定外，承包人应按照施工组织设计约定的期限，向监理人提交工程开工报审表，经监理人报发包人批准后执行。开工报审表应详细说明按施工进度计划正常施工所需的施工道路、临时设施、材料、工程设备、施工设备、施工人员等落实情况以及工程的进度安排。除专用合同条款另有约定外，合同当事人应按约定完成开工准备工作。

(2) 开工通知。

发包人应按照法律规定获得工程施工所需的许可。经发包人同意后，监理人发出的开工通知应符合法律规定。监理人应在计划开工日期 7 天前向承包人发出开工通知，工期自开工通知中载明的开工日期起算。

除专用合同条款另有约定外，因发包人原因造成监理人未能在计划开工日期之日起 90 天内发出开工通知的，承包人有权提出价格调整要求，或者解除合同。发包人应当承担由此增加的费用和(或)延误的工期，并向承包人支付合理利润。

(3) 测量放线。

测量放线是工程施工的前提条件，测量放线的准确性将直接影响工程的质量、安全。发包人应在最迟不得晚于开工通知载明的开工日期前 7 天通过监理人向承包人提供测量基准点、基准线和水准点及其书面资料。发包人应对其提供的测量基准点、基准线和水准点及其书面资料的真实性、准确性和完整性负责。

承包人发现发包人提供的测量基准点、基准线和水准点及其书面资料存在错误或疏漏的，应及时通知监理人，监理人应及时报告发包人，并会同发包人和承包人予以核实。发包人应就如何处理和是否继续施工做出决定，并通知监理人和承包人。

4. 工期延误

(1) 发包人原因导致的工期延误。

在合同履行过程中，因下列情况导致工期延误和(或)费用增加的，由发包人承担由此延误的工期和(或)增加的费用，且发包人应支付承包人合理的利润。

① 发包人未能按合同约定提供图纸或所提供图纸不符合合同约定的；

② 发包人未能按合同约定提供施工现场、施工条件、基础资料、许可、批准等开工条件的；

合同履行纠纷案例

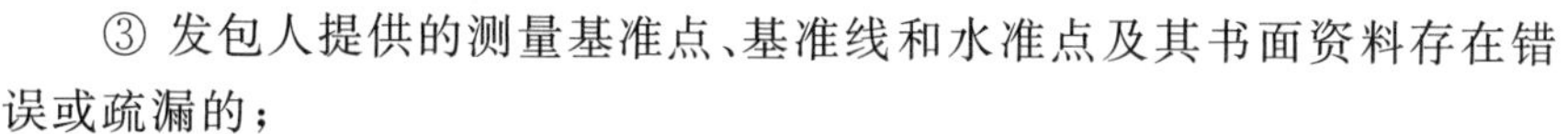

③ 发包人提供的测量基准点、基准线和水准点及其书面资料存在错误或疏漏的；

④ 发包人未能在计划开工日期之日起 7 天内同意下达开工通知的；

⑤ 发包人未能按合同约定日期支付工程预付款、进度款或竣工结算款的；

⑥ 监理人未按合同约定发出指示、批准等文件的；

⑦ 专用合同条款中约定的其他情形。

因发包人原因未按计划开工日期开工的，发包人应按实际开工日期顺延竣工日期，确保实际工期不低于合同约定工期的总日历天数。因发包人原因导致工期延误需要修订施工进度计划的,按照施工进度计划的修订执行。

(2) 承包人原因导致的工期延误。

因承包人原因造成工期延误的,可以在专用合同条款中约定逾期竣工违约金的计算方法和逾期竣工违约金的上限。承包人支付逾期竣工违约金后,不免除承包人继续完成工程及修补缺陷的义务。

(3) 不利物质条件。

不利物质条件是指有经验的承包人在施工现场遇到的不可预见的自然物质条件、非自然的物质障碍和污染物,包括地表以下物质条件和水文条件,以及专用合同条款约定的其他情形,但不包括气候条件。

承包人遇到不利物质条件时,应采取克服不利物质条件的合理措施继续施工,并及时通知发包人和监理人。通知应载明不利物质条件的内容及承包人认为不可预见的理由。监理人经发包人同意后应当及时发出指示,指示构成变更的,按变更约定执行。承包人因采取合理措施而增加的费用和(或)延误的工期由发包人承担。

(4) 异常恶劣的气候条件。

异常恶劣的气候条件是指在施工过程中遇到的,有经验的承包人在签订合同时不可预见的,对合同履行造成实质性影响的,但尚未构成不可抗力事件的恶劣气候条件。合同当事人可以在专用合同条款中约定异常恶劣的气候条件的具体情形。

承包人应采取克服异常恶劣气候条件的合理措施继续施工,并及时通知发包人和监理人。监理人经发包人同意后应当及时发出指示,指示构成变更的,按变更约定办理。承包人因采取合理措施而增加的费用和(或)延误的工期由发包人承担。

5. 暂停施工

(1) 发包人原因引起的暂停施工。

因发包人原因引起暂停施工的,监理人经发包人同意后,应及时下达暂停施工指示。情况紧急且监理人未及时下达暂停施工指示的,按照紧急情况下的暂停施工执行。

因发包人原因引起的暂停施工,发包人应承担由此增加的费用和(或)延误的工期,并支付承包人合理的利润。

(2) 承包人原因引起的暂停施工。

因承包人原因引起的暂停施工,承包人应承担由此增加的费用和(或)延误的工期,且承包人在收到监理人复工指示后84天内仍未复工的,视为承包人违约的情形,根据合同约定的承包人无法继续履行合同的情形执行。

(3) 指示暂停施工。

监理人认为有必要时,并经发包人批准后,可向承包人做出暂停施工的指示,承包人应按监理人指示暂停施工。

(4) 紧急情况下的暂停施工。

因紧急情况需暂停施工,且监理人未及时下达暂停施工指示的,承包人可先暂停施工,并及时通知监理人。监理人应在接到通知后24小时内发出指示,逾期未发出指示的,视为同意承包人暂停施工。监理人不同意承包人暂停施工的,应说明理由,承包人对监理人的答复有异议的，按照争议解决约定处理。

(5) 暂停施工后的复工。

暂停施工后，发包人和承包人应采取有效措施积极消除暂停施工的影响。在工程复工前，监理人会同发包人和承包人确定因暂停施工造成的损失，并确定工程复工条件。当工程具备复工条件时，监理人应经发包人批准后向承包人发出复工通知，承包人应按照复工通知要求复工。

承包人无故拖延和拒绝复工的，承包人承担由此增加的费用和(或)延误的工期；因发包人原因无法按时复工的，按照因发包人原因导致工期延误的约定办理。

(6) 暂停施工持续 56 天和 84 天以上。

监理人发出暂停施工指示后 56 天内未向承包人发出复工通知，除该项停工属于承包人原因引起的暂停施工及不可抗力约定的情形外，承包人可向发包人提交书面通知，要求发包人在收到书面通知后 28 天内准许已暂停施工的部分或全部工程继续施工。发包人逾期不予批准的，承包人可以通知发包人，将工程受影响的部分视为按变更的范围，可取消工作。

暂停施工持续 84 天以上不复工的，且不属于承包人原因引起的暂停施工及不可抗力约定的情形，并影响整个工程以及合同目的实现的，承包人有权提出价格调整要求，或者解除合同。解除合同的，按照因发包人违约解除合同执行。

(7) 暂停施工期间的工程照管。

暂停施工期间，承包人应负责妥善照管工程并提供安全保障，由此增加的费用由责任方承担。

(8) 暂停施工的措施。

暂停施工期间，发包人和承包人均应采取必要的措施确保工程质量及安全，防止因暂停施工而扩大损失。

6. 提前竣工

(1) 提前竣工的程序及内容。发包人要求承包人提前竣工的，发包人应通过监理人向承包人下达提前竣工指示，承包人应向发包人和监理人提交提前竣工建议书。提前竣工建议书应包括实施的方案、缩短的时间、增加的合同价格等内容。发包人接受该提前竣工建议书的，监理人应与发包人和承包人协商采取加快工程进度的措施，并修订施工进度计划，由此增加的费用由发包人承担。承包人认为提前竣工指示无法执行的，应向监理人和发包人提出书面异议，发包人和监理人应在收到异议后 7 天内予以答复。任何情况下，发包人不得压缩合理工期。

(2) 提前竣工的奖励。发包人要求承包人提前竣工，或承包人提出提前竣工的建议能够给发包人带来效益的，合同当事人可以在专用合同条款中约定提前竣工的奖励。

三、施工合同造价管理

1. 预付款

工程预付款是发包人为了帮助承包人解决工程施工前期资金紧张的困难而提前给

付的一笔款项,主要用于承包人进行材料、工程设备、施工设备的采购及修建临时工程和组织施工队伍进场等方面。

(1) 预付款的支付。

① 预付款的支付时间。应按照专用合同条款约定执行,但最迟应在开工通知载明的开工日期7天前支付。

② 预付款的用途。应当用于材料、工程设备、施工设备的采购及修建临时工程和组织施工队伍进场等。

③ 预付款的扣回。除专用合同条款另有约定外,预付款在进度付款中同比例扣回。在颁发工程接收证书前,提前解除合同的,尚未扣完的预付款应与合同价款一并结算。

④ 逾期支付预付款的规定。发包人逾期支付预付款超过7天的,承包人有权向发包人发出要求预付的催告通知,发包人收到通知后7天内仍未支付的,承包人有权暂停施工,并按发包人违约的情形执行。

(2) 预付款担保。

① 预付款担保的时间规定。发包人要求承包人提供预付款担保的,承包人应在发包人支付预付款7天前提供预付款担保,专用合同条款另有约定的除外。

② 预付款担保的形式。可采用银行保函、担保公司担保等形式,具体由合同当事人在专用合同条款中约定。在预付款完全扣回之前,承包人应保证预付款担保持续有效。

③ 预付款担保的扣回。发包人在工程款中逐期扣回预付款后,预付款担保额度应相应减少,但剩余的预付款担保金额不得低于未被扣回的预付款金额。

2. 工程进度款

(1) 付款周期。

除专用合同条款另有约定外,付款周期应按照计量周期的约定与计量周期保持一致。

(2) 进度付款申请单的编制。

除专用合同条款另有约定外,进度付款申请单应包括下列内容。

① 截至本次付款周期已完成工作对应的金额;

② 根据变更应增加和扣减的变更金额;

③ 根据预付款约定应支付的预付款和扣减的返还预付款;

④ 根据质量保证金约定应扣减的质量保证金;

⑤ 根据索赔应增加和扣减的索赔金额;

⑥ 对已签发的进度款支付证书中出现错误的修正,应在本次进度付款中支付或扣除的金额;

⑦ 根据合同约定应增加和扣减的其他金额。

(3) 进度付款申请单的提交。

① 单价合同进度付款申请单的提交。单价合同的进度付款申请单,按照单价合同的计量约定的时间按月向监理人提交,并附上已完成工程量报表和有关资料。单价合同中的总价项目按月进行支付分解,并汇总列入当期进度付款申请单。

② 总价合同进度付款申请单的提交。总价合同按月计量支付的,承包人按照总价合

同的计量约定的时间按月向监理人提交进度付款申请单，并附上已完成工程量报表和有关资料。总价合同按支付分解表支付的，承包人则应按照支付分解表及进度付款申请单的编制约定向监理人提交进度付款申请单。

③ 其他价格形式合同的进度付款申请单的提交。合同当事人可在专用合同条款中约定其他价格形式合同的进度付款申请单的编制和提交程序。

（4）进度款审核和支付。

① 审核时间。除专用合同条款另有约定外，监理人应在收到承包人进度付款申请单以及相关资料后7天内完成审查并报送发包人，发包人应在收到后7天内完成审批并签发进度款支付证书。发包人逾期未完成审批且未提出异议的，视为已签发进度款支付证书。

② 异议的处理。发包人和监理人对承包人的进度付款申请单有异议的，有权要求承包人修正和提供补充资料，承包人则应提交修正后的进度付款申请单。监理人应在收到承包人修正后的进度付款申请单及相关资料后7天内完成审查并报送发包人，发包人应在收到监理人报送的进度付款申请单及相关资料后7天内向承包人签发无异议部分的临时进度款支付证书；存在争议的部分，按照争议解决的约定处理。

③ 支付完成时间及逾期违约处理。除专用合同条款另有约定外，发包人应在进度款支付证书或临时进度款支付证书签发后14天内完成支付。发包人逾期支付进度款的，应按照中国人民银行发布的同期同类贷款基准利率支付违约金。

④ 特别规定。发包人签发进度款支付证书或临时进度款支付证书，不表明发包人已同意、批准或接受了承包人完成的相应部分的工作。

（5）进度款的修正。

在对已签发的进度款支付证书进行阶段汇总和复核中发现错误、遗漏或重复的，发包人和承包人均有权提出修正申请。经发包人和承包人同意的修正，应在下期进度付款中支付或扣除。

3.质量保证金

质量保证金是约定承包人用于保证其在缺陷责任期内履行缺陷修补义务的担保。经合同当事人协商一致扣留质量保证金的，应在专用合同条款中予以明确。

（1）承包人提供质量保证金的方式。

承包人提供质量保证金有以下三种方式。

① 质量保证金保函；

② 相应比例的工程款；

③ 双方约定的其他方式。

除专用合同条款另有约定外，质量保证金原则上采用第①种方式。

（2）质量保证金的扣留。

质量保证金的扣留有以下三种方式。

① 逐次扣留，在支付工程进度款时逐次扣留。在此情形下，质量保证金的计算基数不包括预付款的支付、扣回以及价格调整的金额。

② 一次性扣留，工程竣工结算时一次性扣留质量保证金。

③ 其他扣留方式,即双方约定的其他扣留方式。

除专用合同条款另有约定外,质量保证金的扣留原则上采用第①种方式。

发包人累计扣留的质量保证金不得超过结算合同价格的5%,如承包人在发包人签发竣工付款证书后28天内提交质量保证金保函,发包人应同时退还扣留的作为质量保证金的工程价款。

(3) 质量保证金的退还。

发包人应按最终结清的约定退还质量保证金。

4. 价格调整

外界因素的变化将引起施工成本的增减变动,承、发包双方将面临如何调整价格的问题。引起合同价格调整的情形有以下两个方面。

(1) 市场价格波动引起的调整。

合同价格是否进行调整,需要衡量的首要问题是合同当事人约定的合同价格形式,不同的价格形式,决定了不同的价格调整机制。《建设工程施工合同(示范文本)》(GF—2017—0201)规定了合同价格形式的选择,即发包人和承包人应在合同协议书中选择一种合同价格形式,即单价合同、总价合同和其他价格形式合同。

《建设工程施工合同(示范文本)》(GF—2017—0201)还规定,除专用合同条款另有约定外,市场价格波动超过合同当事人约定范围的,合同价格应当予以调整。合同当事人可以在专用合同条款中约定选择以下一种方式对合同价格进行调整。

① 采用价格指数调整价格差额。因人工、材料和设备等价格波动影响合同价格时,根据专用合同条款中约定的数据,按照通用合同条款给定的公式计算差额并调整合同价格。

② 采用造价信息调整价格差额。合同履行期间,因人工、材料、工程设备和机械台班价格波动影响合同价格时,人工、机械使用费按照国家或省、自治区、直辖市建设行政管理部门、行业建设管理部门或其授权的工程造价管理机构发布的人工、机械使用费系数进行调整;需要进行价格调整的材料,其单价和采购数量应由发包人审批,发包人确认需调整的材料单价及数量,作为调整合同价格的依据。

③ 专用合同条款约定的其他方式。除了上述两种方式外,合同当事人也可以在专用合同条款中另行约定其他方式调整合同价格。

(2) 法律变化引起的调整。

在基准日期之后,因法律变化导致承包人的费用增加的,发包人应合理增加合同价格;如果因法律变化导致关键路径工期延误的,应合理延长工期。

5. 竣工结算

(1) 竣工结算申请。

① 竣工结算申请的提交时间和要求。除专用合同条款另有约定外,承包人应在工程竣工验收合格后28天内向发包人和监理人提交竣工结算申请单,并提交完整的结算资料,有关竣工结算申请单的资料清单和份数等要求由合同当事人在专用合同条款中约定。

② 竣工结算申请的内容。除专用合同条款另有约定外,竣工结算申请单应包括以下内容。

a. 竣工结算合同价格；

b. 发包人已支付承包人的款项；

c. 应扣留的质量保证金；

d. 发包人应支付承包人的合同价款。

(2) 竣工结算审核。

① 审核时间和程序。除专用合同条款另有约定外，监理人应在收到竣工结算申请单后 14 天内完成核查并报送发包人。发包人应在收到监理人提交的经审核的竣工结算申请单后 14 天内完成审批，并由监理人向承包人签发经发包人签认的竣工付款证书。监理人或发包人对竣工结算申请单有异议的，有权要求承包人进行修正和提供补充资料，承包人应提交修正后的竣工结算申请单。

发包人在收到承包人提交竣工结算申请单后 28 天内未完成审批且未提出异议的，视为发包人认可承包人提交的竣工结算申请单，并自发包人收到承包人提交的竣工结算申请单后第 29 天起视为已签发竣工付款证书。

② 支付时间及违约处理。除专用合同条款另有约定外，发包人应在签发竣工付款证书后的 14 天内，完成对承包人的竣工付款。发包人逾期支付的，按照中国人民银行发布的同期同类贷款基准利率支付违约金；逾期支付超过 56 天的，按照中国人民银行发布的同期同类贷款基准利率的两倍支付违约金。

③ 异议的处理。承包人对发包人签认的竣工付款证书有异议的，对于有异议部分，应在收到发包人签认的竣工付款证书后 7 天内提出，并由合同当事人按照专用合同条款约定的方式和程序进行复核，或按照争议解决约定处理；对于无异议部分，发包人应签发临时竣工付款证书，并按规定完成付款。承包人逾期未提出异议的，视为认可发包人的审批结果。

(3) 甩项竣工协议。

甩项竣工是指工程合同施工内容并未全部完成，但发包人需要使用已完工程，且不影响已完工程，具备单位工程使用功能，发包人要求承包人先完成部分工程，并进行结算。甩项工程的实质为合同变更。

发包人要求甩项竣工的，合同当事人应签订甩项竣工协议。在甩项竣工协议中应明确合同当事人按照竣工结算申请、竣工结算审核的约定，对已完合格工程进行结算，并支付相应合同价款。

6. 最终结清

最终结清是合同当事人在缺陷责任期终止证书颁发后，就质量保证金、维修费用等款项进行结算和支付。

(1) 最终结清申请单。

① 提交时间及要求。除专用合同条款另有约定外，承包人应在缺陷责任期终止证书颁发后 7 天内，按专用合同条款约定的份数向发包人提交最终结清申请单，并提供相关证明材料。

② 应增减的费用。除专用合同条款另有约定外，最终结清申请单应列明质量保证金、应扣除的质量保证金、缺陷责任期内发生的增减费用。

③ 异议的处理。发包人对最终结清申请单内容有异议的,有权要求承包人进行修正和提供补充资料,承包人应向发包人提交修正后的最终结清申请单。

(2) 最终结清证书和支付。

① 证书颁发时间。除专用合同条款另有约定外,发包人应在收到承包人提交的最终结清申请单后14天内完成审批并向承包人颁发最终结清证书。发包人逾期未完成审批,又未提出修改意见的,视为发包人同意承包人提交的最终结清申请单,且自发包人收到承包人提交的最终结清申请单后15天起视为已颁发最终结清证书。

最终结清证书是表明发包人已经履行完其合同义务的证明文件。

② 支付的期限及违约处理。除专用合同条款另有约定外,发包人应在颁发最终结清证书后7天内完成支付。发包人逾期支付的,按照中国人民银行发布的同期同类贷款基准利率支付违约金;逾期支付超过56天的,按照中国人民银行发布的同期同类贷款基准利率的两倍支付违约金。

③ 异议的处理。承包人对发包人颁发的最终结清证书有异议的,按争议解决的约定办理。

任务二　施工合同的变更及其他管理

一、施工合同变更管理

合同变更是指合同履行过程中由双方当事人依法对合同的内容所进行的修改,包括工程内容、工程数量、质量要求和标准、实施程序等的改变。工程变更一般是指在工程施工过程中,根据合同约定对施工的程序、工程的内容、工程的数量、质量要求及标准等做出的变更。工程变更属于合同变更,合同变更主要是由工程变更引起的,合同变更的管理主要是进行工程变更的管理。

合同变更纠纷处理案例

1. 工程变更的原因

工程变更一般主要有以下几个方面的原因。

(1) 发包人新的变更指令,对建筑的新要求,如发包人有新的意图,发包人修改项目计划、削减项目预算等。

(2) 由于设计人员、监理方人员、承包商事先没有很好地理解发包人的意图,或设计错误,导致图纸修改。

(3) 工程环境的变化,预定的工程条件不准确,要求变更实施方案或实施计划。

(4) 由于产生新技术和知识,有必要改变原设计、原实施方案或实施计划,或由于发包人指令及发包人责任造成承包商施工方案的改变。

(5) 政府部门对工程的新要求,如国家计划变化、环境保护要求、城市规划变动等。

(6) 合同实施出现问题,必须调整合同目标或修改合同条款。

2. 变更范围和内容

《民法典》第五百四十三条规定，当事人协商一致，可以变更合同。法律、行政法规规定变更合同应当办理批准、登记等手续的，依照其规定。《民法典》五百一十三条规定：“执行政府定价或政府指导价的，在合同约定的交付期限内政府价格调整时，按照交付的价格计价。逾期交付的标的物的，遇价格上涨时，按照原价格执行；价格下降时，按照新价格执行。逾期提取标的物或者逾期付款的，遇价格上涨时，按照新价格执行；价格下降时，按照原价格执行。”《最高人民法院关于审理建设工程施工合同纠纷案件适用法律问题的解释》第十六条第二款规定：“因设计变更导致建设工程的工程量或者质量标准发生变化，当事人对该部分工程价款不能协商一致的，可以参照签订建设工程施工合同时当地建设行政主管部门发布的计价方式或者计价标准结算工程价款。”

3. 变更权和工程变更程序

(1) 变更权。

根据《建设工程施工合同(示范文本)》(GF—2017—0201)中通用合同条款的规定，发包人和监理人均可提出变更。变更指示均通过监理人发出，监理人发出变更指示前应征得发包人同意。涉及设计变更的，应由设计人提供变更后的图纸和说明。

也就是说，在合同履行过程中，虽然涉及多方主体，但变更权的最终决定权集中于发包人，即需要发包人进行批准，并通过监理人向承包人发出书面指示，承包人不得擅自进行变更。

(2) 工程变更程序。

① 发包人提出变更。发包人提出变更的，应通过监理人向承包人发出变更指示，变更指示应说明计划变更的工程范围和变更的内容。

② 监理人提出变更建议。监理人提出变更建议的，需要向发包人以书面形式提出变更计划，说明计划变更的工程范围和变更的内容、理由，以及实施该变更对合同价格和工期的影响。发包人同意变更的，由监理人向承包人发出变更指示；发包人不同意变更的，监理人无权擅自发出变更指示。

③ 变更执行。承包人收到监理人下达的变更指示后，认为不能执行的，应立即提出不能执行该变更指示的理由；承包人认为可以执行变更的，应当书面说明实施该变更指示对合同价格和工期的影响，且合同当事人应当按照变更估价约定确定变更估价。

4. 变更估价及工期调整

通常情况下，变更的产生有可能会影响合同价格、工期、项目资源组织等方面的变化，变更估价直接影响变更事项的实施和合同目的的实现。因此，变更估价应遵循一定的原则，按照规定的程序进行，工期调整也要按照规定进行调整。

(1) 变更估价原则。

变更估价一般按照以下约定处理。

① 已标价工程量清单或预算书有相同项目的，按照相同项目单价认定；

② 已标价工程量清单或预算书中无相同项目，但有类似项目的，参照类似项目的单价认定；

③ 变更导致实际完成的变更工程量与已标价工程量清单或预算书中列明的该项目工程量的变化幅度超过15%的，或已标价工程量清单或预算书中无相同项目及类似项目单价的，按照合理的成本与利润构成的原则，由合同当事人按照商定或确定来确定变更工作的单价。

(2) 变更估价程序。

① 承包人应在收到变更指示后14天内，向监理人提交变更估价申请。

② 监理人应在收到承包人提交的变更估价申请后7天内审查完毕并报送发包人，监理人对变更估价申请有异议的，通知承包人修改后重新提交。

③ 发包人应在承包人提交变更估价申请后14天内审批完毕。发包人逾期未完成审批或未提出异议的，视为认可承包人提交的变更估价申请。

因变更引起的价格调整应计入最近一期的进度款中支付。

(3) 变更引起的工期调整。

因变更引起工期变化的，合同当事人均可要求调整合同工期，由合同当事人按照通用合同条款商定或确定并参考工程所在地的工期定额标准确定增减工期天数。

5. 承包人的合理化建议

(1) 合理化建议的提出。

承包人提出合理化建议的，应向监理人提交合理化建议说明，说明建议的内容和理由，以及实施该建议对合同价格和工期的影响。

(2) 合理化建议的程序。

① 监理人应在收到承包人提交的合理化建议后7天内审查完毕并报送发包人，发现其中存在技术上缺陷的，应通知承包人修改。

② 合理化建议经发包人批准的，监理人应及时发出变更指示。

合理化建议如果被采纳，由此引起的合同价格调整应按变更估价约定进行，发包人可对承包人给予奖励。

6. 暂估价、暂列金额和计日工

(1) 暂估价。

暂估价项目在施工合同中的管理分为两大类：一类是依法必须招标的暂估价项目，另一类是不属于依法必须招标的暂估价项目。

依法必须招标的暂估价项目有两种招标方式：第一种为由承包人组织招标，发包人审批招标方案、选择中标候选人等；第二种由发包人和承包人共同招标选择。

对于不属于依法必须招标的暂估价项目，不存在法定选择方式的约束，除以上两种方式外，还可以由承包人直接实施暂估价项目。

对于导致暂估价合同订立和履行迟延的，由此增加的费用和(或)延误的工期按照原因归属原则确定，即为发包人的原因由发包人承担，并支付承包人合理的利润，为承包人的原因则由承包人承担。

(2) 暂列金额。

暂列金额应按照发包人的要求使用，发包人的要求应通过监理人发出。合同当事人可以在专用合同条款中协商、确定有关事项。

（3）计日工。

需要采用计日工方式的，经发包人同意后，由监理人通知承包人以计日工计价方式实施相应的工作，其价款按列入已标价工程量清单或预算书中的计日工计价项目及其单价进行计算；已标价工程量清单或预算书中无相应的计日工单价的，按照合理的成本与利润构成的原则，由合同当事人按照通用合同条款商定或确定来确定变更工作的单价。

需要强调的是，采用计日工计价的任何一项工作，承包人应在该项工作实施过程中每天提交报表和有关凭证报送监理人审查，包括如下内容。

① 工作名称、内容和数量；

② 投入该工作的所有人员的姓名、专业、工种、级别和耗用工时；

③ 投入该工作的材料类别和数量；

④ 投入该工作的施工设备型号、台数和耗用台时；

⑤ 其他有关资料和凭证。

计日工由承包人汇总后，列入最近一期进度付款申请单，由监理人审查并经发包人批准后列入进度款。

二、不可抗力、保险和担保的管理

1. 不可抗力

（1）不可抗力的确认。

① 不可抗力，是指合同当事人在签订合同时不能预见、在合同履行过程中不可避免且不能克服的自然灾害和社会性突发事件，如地震、海啸、瘟疫、骚乱、戒严、暴动、战争和专用合同条款中约定的其他情形。

② 不可抗力发生的原因有两种：一是自然原因，如洪水、暴风、地震、干旱、暴风雪等人类无法控制的自然力量所引起的灾害事故；二是社会原因，如战争、罢工、政府禁止令等引起的社会性突发事件。

③ 构成不可抗力须具备以下两个要件。

a. 不能预见的偶然性。这主要是从主观方面来说的，不可抗力所指的事件必须是当事人在订立合同时不能预见的事件，它在合同订立后的发生纯属偶然。

b. 不能避免、不能克服的客观性。合同当事人作为一般的民事主体，对于构成不可抗力的事件，除了不能预见，还必须不能避免或不能克服。如果当事人可以克服，就不能认定为不可抗力。

④ 不可抗力的确认规定。不可抗力发生后，发包人和承包人应收集证明不可抗力发生及不可抗力造成损失的证据，并及时、认真统计所造成的损失。合同当事人对是否属于不可抗力或其损失的意见不一致的，由监理人按商定或确定的约定处理。发生争议时，按争议解决的约定处理。

（2）不可抗力的通知。

① 合同一方当事人遇到不可抗力事件，使其履行合同义务受到阻碍时，应立即通知

合同另一方当事人和监理人,书面说明不可抗力和受阻碍的详细情况,并提供必要的证明。

② 不可抗力持续发生的,合同一方当事人应及时向合同另一方当事人和监理人提交中间报告,说明不可抗力和履行合同受阻的情况。

③ 合同一方当事人应于不可抗力事件结束后28天内提交最终报告及有关资料。

(3) 不可抗力的承担。

不可抗力引起的后果及造成的损失由合同当事人按照法律规定及合同约定各自承担。不可抗力发生前已完成的工程应当按照合同约定进行计量支付。不可抗力导致的人员伤亡、财产损失、费用增加和(或)工期延误等后果,由合同当事人按以下原则承担。

① 永久工程、已运至施工现场的材料和工程设备的损坏,以及因工程损坏造成的第三方人员伤亡和财产损失,由发包人承担;

② 承包人施工设备的损坏,由承包人承担;

③ 发包人和承包人承担各自人员伤亡和财产的损失;

④ 因不可抗力影响承包人履行合同约定的义务,已经引起或将引起工期延误的,应当顺延工期,由此导致承包人停工的费用损失由发包人和承包人合理分担,停工期间必须支付的工人工资由发包人承担;

⑤ 因不可抗力引起或将引起工期延误,发包人要求赶工的,由此增加的赶工费用由发包人承担;

⑥ 承包人在停工期间按照发包人要求照管、清理和修复工程的费用由发包人承担。

不可抗力发生后,合同当事人均应采取措施尽量避免和减少损失的扩大,任何一方当事人没有采取有效措施导致损失扩大的,应对扩大的损失承担责任。因合同一方当事人延迟履行合同义务,在延迟履行期间遭遇不可抗力的,不免除其违约责任。

(4) 因不可抗力解除合同

因不可抗力导致合同无法履行连续超过84天或累计超过140天的,发包人和承包人均有权解除合同。合同解除后,由双方当事人按照商定或确定条款商定或确定发包人应支付的款项,该款项包括如下内容。

① 合同解除前承包人已完成工作的价款;

② 承包人为工程订购的并已交付给承包人,或承包人有责任接受交付的材料、工程设备和其他物品的价款;

③ 发包人要求承包人退货或解除订货合同而产生的费用,或因不能退货、解除合同而产生的损失;

④ 承包人撤离施工现场以及遣散承包人人员的费用;

⑤ 按照合同约定在合同解除前应支付给承包人的其他款项;

⑥ 扣减承包人按照合同约定应向发包人支付的款项;

⑦ 双方商定或确定的其他款项。

除专用合同条款另有约定外,合同解除后,发包人应在商定或确定上述款项后28天内完成上述款项的支付。

2.保险

虽然我国对工程保险(主要是施工过程中的保险)没有强制性规定,但随着项目法人责任制的推行,以前存在的事实上由国家承担不可抗力风险的情况将会有很大改变。故工程项目参加保险的情况会越来越多。

有关保险和双方的保险义务分担如下。

(1)工程保险。

除专用合同条款另有约定外,发包人应投保建筑工程一切险或安装工程一切险;发包人委托承包人投保的,因投保产生的保险费和其他相关费用由发包人承担。

(2)工伤保险。

① 发包人应依照法律规定参加工伤保险,并为在施工现场的全部员工办理工伤保险,缴纳工伤保险费,同时要求监理人及由发包人为履行合同聘请的第三方依法参加工伤保险。

② 承包人应依照法律规定参加工伤保险,并为其履行合同的全部员工办理工伤保险,缴纳工伤保险费,同时要求分包人及由承包人为履行合同聘请的第三方依法参加工伤保险。

(3)其他保险。

发包人和承包人可以为其在施工现场的全部人员办理意外伤害保险并支付保险费,包括其员工及为履行合同聘请的第三方人员,具体事项由合同当事人在专用合同条款约定。除专用合同条款另有约定外,承包人应为其施工设备等办理财产保险。

合同当事人应及时向另一方当事人提交其已投保的各项保险的凭证和保险单复印件,并应与保险人保持联系,使保险人能够随时了解工程实施中的变动,确保按保险合同条款要求持续保险。

未按约定办理保险的补救措施按以下规定办理:一是发包人未按合同约定办理保险,或未能使保险持续有效的,则承包人可代为办理,所需费用由发包人承担。发包人未按合同约定办理保险,导致未能得到足额赔偿的,由发包人负责补足。二是承包人未按合同约定办理保险,或未能使保险持续有效的,则发包人可代为办理,所需费用由承包人承担。承包人未按合同约定办理保险,导致未能得到足额赔偿的,由承包人负责补足。

3.担保

《建设工程施工合同(示范文本)》(GF—2017—0201)对工程建设施工合同的担保采取承发包“双方互为担保制度”,主要内容如下。

(1)资金来源证明。发包人应在收到承包人要求提供资金来源证明的书面通知后28天内,向承包人提供能够按照合同约定支付合同价款的相应资金来源证明。

(2)支付担保。发包人要求承包人提供履约担保的,发包人应当向承包人提供支付担保。支付担保可以采用银行保函或担保公司担保等形式,具体由合同当事人在专用合同条款中约定。

支付担保是指担保人为发包人提供的,保证发包人按照合同约定支付工程款的担保,较为常见的支付担保包括银行和担保公司的保函,也有母公司为其子公司提供的担保以及其他第三人提供的担保。

(3) 履约担保。发包人需要承包人提供履约担保的,由合同当事人在专用合同条款中约定履约担保的方式、金额及期限等。履约担保可以采用银行保函、担保公司担保等形式,具体由合同当事人在专用合同条款中约定。

因承包人原因导致工期延长的,继续提供履约担保所增加的费用由承包人承担;非因承包人原因导致工期延长的,继续提供履约担保所增加的费用由发包人承担。

三、违约和争议的解决

1. 施工合同违约

违约行为是指施工合同当事人违反合同义务的行为,违约行为直接导致对施工合同债权的侵害,必须承担相应的违约责任。

(1) 发包人违约。发包人未按照合同约定履行其义务,即构成违约。

① 发包人违约的情形。在合同履行过程中,属于发包人违约的情形如下。

a. 迟延下达开工通知。因发包人原因未能在计划开工日期前7天内下达开工通知的。

b. 延迟付款。因发包人原因未能按合同约定支付合同价款的。

c. 违反变更规定。发包人违反变更的范围约定,自行实施被取消的工作或转由他人实施的。

d. 提供不合格的材料、设备。发包人提供的材料、工程设备的规格、数量或质量不符合合同约定,或因发包人原因导致交货日期延误或交货地点变更等情况的。

e. 造成暂停施工。因发包人违反合同约定造成暂停施工的。

f. 迟发复工指示。发包人无正当理由没有在约定期限内发出复工指示,导致承包人无法复工的。

g. 根本违约。发包人明确表示或者以其行为表明不履行合同主要义务的。

h. 其他。发包人未能按照合同约定履行其他义务的。

发包人发生除根本违约以外的违约情况时,承包人可向发包人发出通知,要求发包人采取有效措施纠正违约行为。发包人收到承包人通知后28天内仍不纠正违约行为的,承包人有权暂停相应部分工程施工,并通知监理人。

② 发包人违约的责任。

发包人应承担因其违约给承包人增加的费用和(或)延误的工期,并支付承包人合理的利润。此外,合同当事人可在专用合同条款中另行约定发包人违约责任的承担方式和计算方法。关于违约责任承担方式,《民法典》等法律规定可以采用继续履行、停止违约行为、赔偿损失、支付违约金、执行定金罚则及其他补救措施。

③ 因发包人违约解除合同。

除专用合同条款另有约定外,承包人按发包人违约的情形约定暂停施工满28天后,发包人仍不纠正其违约行为并致使合同目的不能实现的,或出现发包人根本违约的情形的,承包人有权解除合同,发包人应承担由此增加的费用,并支付承包人合理的利润。

④ 因发包人违约解除合同后的付款。

承包人按照约定解除合同的，发包人应在解除合同后28天内支付下列款项，并解除履约担保。

a. 合同解除前所完成工作的价款；

b. 承包人为工程施工订购并已付款的材料、工程设备和其他物品的价款；

c. 承包人撤离施工现场以及遣散承包人人员的款项；

d. 按照合同约定在合同解除前应支付的违约金；

e. 按照合同约定应当支付给承包人的其他款项；

f. 按照合同约定应退还的质量保证金；

g. 因解除合同给承包人造成的损失。

合同当事人未能就解除合同后的结清达成一致的，按照争议解决的约定处理。承包人应妥善做好已完工程和与工程有关的已购材料、工程设备的保护和移交工作，并将施工设备和人员撤出施工现场，发包人应为承包人撤出提供必要条件。

(2) 承包人违约。承包人未按照合同约定履行其义务，即构成违约。

① 承包人违约的情形。在合同履行过程中，属于承包人违约的情形如下。

a. 违法转包和分包。承包人违反合同约定进行转包或违法分包的。

b. 材料、设备不合格。承包人违反合同约定采购和使用不合格的材料和工程设备的。

c. 质量不合格。因承包人原因导致工程质量不符合合同要求的。

d. 私自运出材料、设备。承包人违反材料与设备专用要求的约定，未经批准，私自将已按照合同约定进入施工现场的材料或设备撤离施工现场的。

e. 工期违约。承包人未能按施工进度计划及时完成合同约定的工作，造成工期延误的。

f. 修复违约。承包人在缺陷责任期及保修期内，未能在合理期限对工程缺陷进行修复，或拒绝按发包人要求进行修复的。

g. 根本违约。承包人明确表示或者以其行为表明不履行合同主要义务的。

h. 其他。承包人未能按照合同约定履行其他义务的。

承包人发生除根本违约以外的其他违约情况时，监理人可向承包人发出整改通知，要求其在指定期限内改正。

② 承包人违约的责任。

承包人应承担因其违约行为而增加的费用和(或)延误的工期。此外，合同当事人可在专用合同条款中另行约定承包人违约责任的承担方式和计算方法。

③ 因承包人违约解除合同。

除专用合同条款另有约定外，出现承包人根本违约的情况时，或监理人发出整改通知后，承包人在指定的合理期限内仍不纠正违约行为并致使合同目的不能实现的，发包人有权解除合同。合同解除后，因继续完成工程的需要，发包人有权使用承包人在施工现场的材料、设备、临时工程、承包人文件和由承包人或以其名义编制的其他文件，合同当事人应在专用合同条款约定相应费用的承担方式。发包人继续使用的行为不免除或减轻承包人应承担的违约责任。

④ 因承包人违约解除合同后的处理。

因承包人原因导致合同解除的,合同当事人应在合同解除后28天内完成估价、付款和清算,并按以下约定执行。

a.合同解除后,按商定或确定的规定商定或确定承包人实际完成工作对应的合同价款,以及承包人已提供的材料、工程设备、施工设备和临时工程等的价值;

b.合同解除后,承包人应支付的违约金;

c.合同解除后,因解除合同给发包人造成的损失;

d.合同解除后,承包人应按照发包人要求和监理人的指示完成现场的清理和撤离;

e.发包人和承包人应在合同解除后进行清算,出具最终结清付款证书,结清全部款项。

因承包人违约解除合同的,发包人有权暂停对承包人的付款,查清各项付款和已扣款项。发包人和承包人未能就合同解除后的清算和款项支付达成一致的,按照争议解决的约定处理。

⑤ 采购合同权益转让。

因承包人违约解除合同的,发包人有权要求承包人将其为实施合同而签订的材料和设备采购合同的权益转让给发包人,承包人应在收到解除合同通知后14天内,协助发包人与采购合同的供应商达成相关的转让协议。

(3) 第三人造成的违约。

在履行合同过程中,一方当事人因第三人的原因造成违约的,应当向对方当事人承担违约责任。一方当事人和第三人之间的纠纷,依照法律规定或者按照约定解决。

2.争议解决

涉及纠纷解决时,首先应当了解多种纠纷解决机制。其中,和解和调解是首选方式,仲裁或诉讼是最终解决方式,建设工程施工合同还有一种纠纷解决方式,即争议评审。

(1) 和解。和解的实质为协商,即合同当事人双方之间就争议内容进行谈判、协商,最终达成一致。

合同当事人可以就争议自行和解,自行和解达成协议的,经双方签字并盖章后作为合同补充文件,双方均应遵照执行。

(2) 调解,即请求具有调解职能的机构进行调解。

合同当事人可以就争议请求建设行政主管部门、行业协会或其他第三方进行调解,调解达成协议的,经双方签字并盖章后作为合同补充文件,双方均应遵照执行。

(3) 争议评审,为工程施工领域独特的争议解决机制。

合同当事人在专用合同条款中约定采取争议评审方式解决争议以及相应的评审规则,并按下列约定执行。

① 争议评审小组的确定。

合同当事人可以共同选择一名或三名争议评审员,组成争议评审小组。除专用合同条款另有约定外,合同当事人应当自合同签订后28天内,或者争议发生后14天内,选定争议评审员。

选择一名争议评审员的，由合同当事人共同确定；选择三名争议评审员的，各自选定一名，第三名成员为首席争议评审员，由合同当事人共同确定或由合同当事人委托已选定的争议评审员共同确定，或由专用合同条款约定的评审机构指定第三名首席争议评审员。

除专用合同条款另有约定外，评审员报酬由发包人和承包人各承担一半。

② 争议评审小组的决定。

合同当事人可在任何时间将与合同有关的任何争议共同提请争议评审小组进行评审。争议评审小组应秉持客观、公正原则，充分听取合同当事人的意见，依据相关法律、规范、标准、案例经验及商业惯例等，自收到争议评审申请报告后 14 天内做出书面决定，并说明理由。合同当事人可以在专用合同条款中对本项事项另行约定。

③ 争议评审小组决定的效力。

争议评审小组做出的书面决定经合同当事人签字确认后，对双方具有约束力，双方应遵照执行。

任何一方当事人不接受争议评审小组决定或不履行争议评审小组决定的，双方可选择采用其他争议解决方式。

(4) 仲裁或诉讼。

因合同及合同有关事项产生的争议，合同当事人可以在专用合同条款中约定采用以下任意一种方式解决争议。

① 向约定的仲裁委员会申请仲裁；

② 向有管辖权的人民法院起诉。

仲裁和诉讼是相互排斥的，合同当事人只能选择其中一种方式，而且必须明确，无论约定仲裁还是诉讼，必须符合《中华人民共和国仲裁法》和《中华人民共和国民事诉讼法》的规定。

(5) 争议解决条款效力。

合同有关争议解决的条款独立存在，合同的变更、解除、终止、无效或者被撤销均不影响其效力。

也就是说，争议解决条款具有独立性，不受合同的变更、解除、终止、无效或者被撤销的影响，保障了合同争议发生后合同当事人解决争议的途径和依据。

任务三　施工合同跟踪与控制

合同签订以后，合同中各项任务的执行要落实到具体的项目经理部或具体的项目参与人员身上，承包单位作为履行合同义务的主体，必须对合同执行者（项目经理部或项目参与人）的履行情况进行跟踪、监督和控制，确保合同义务的完全履行。

一、施工合同跟踪

1.施工合同跟踪的含义

施工合同跟踪有两个方面的含义:一是承包单位的合同管理职能部门对合同执行者(项目经理部或项目参与人)的履行情况进行的跟踪、监督和检查;二是合同执行者(项目经理部或项目参与人)本身对合同计划的执行情况进行的跟踪、检查与对比。在合同实施过程中两者缺一不可。

2.合同跟踪的依据

首先,合同跟踪的重要依据是合同以及依据合同而编制的各种计划文件;其次,还要依据各种实际工程文件,如原始记录、报表、验收报告等;最后,还要依据管理人员对现场情况的直观了解,如现场巡视、交谈、会议、质量检查等。

3.合同跟踪的对象

(1)承包的任务。

① 工程施工的质量,包括材料、构件、制品和设备等的质量,以及施工或安装质量是否符合合同要求,等等;

② 工程进度,是否在预定期限内施工,工期有无延长,延长的原因是什么,等等;

③ 工程数量,是否按合同要求完成全部施工任务,有无合同规定以外的施工任务,等等;

④ 成本的增加和减少。

(2)工程小组或分包人的工程和工作。

可以将工程施工任务分解交由不同的工程小组或发包给专业分包完成,但工程承包人必须对这些工程小组或分包人及其所负责的工程进行跟踪检查、协调关系,提出意见、建议或警告,以保证工程总体质量和进度。

对于专业分包人的工作和负责的工程,总承包商负有协调和管理的责任,并承担由此造成的损失,所以专业分包人的工作和负责的工程必须纳入总承包工程的计划和控制中,防止因分包人工程管理失误而影响全局。

(3)发包人和其委托的工程师的工作。

① 发包人是否及时、完整地提供了工程施工的实施条件,如场地、图纸、资料等;

② 发包人和工程师是否及时给予了指令、答复和确认等;

③ 发包人是否及时并足额地支付了应付的工程款项。

二、合同实施的偏差分析

通过合同跟踪,可能会发现合同实施中存在着偏差,即工程实施实际情况偏离了工程计划和工程目标,此时应该及时分析原因,采取措施,纠正偏差,避免损失。

合同实施偏差分析的内容包括以下几个方面。

1.产生偏差的原因分析

通过对合同执行实际情况与实施计划的对比分析,不仅可以发现合同实施的偏差,还可以探索引起差异的原因。原因分析可以采用鱼刺图、因果关系分析图(表)、成本量差、价差、效率差分析等方法定性或定量地进行。

2. 合同实施偏差的责任分析

合同实施偏差的责任分析,即分析产生合同偏差的原因,应该由谁承担责任。责任分析必须以合同为依据,按合同规定落实双方的责任。

3. 合同实施趋势分析

针对合同实施偏差情况,可以采取不同的措施,分析在不同措施下合同执行的结果与趋势,包括如下内容。

(1) 最终的工程状况,包括总工期的延误、总成本的超支、质量标准、所能达到的生产能力(或功能要求)等;

(2) 承包商将承担的后果,如被罚款、被清算,甚至被起诉,对承包商资信、企业形象、经营战略的影响等;

(3) 最终工程经济效益(利润)水平。

三、合同实施偏差处理

根据合同实施偏差分析的结果,承包商应该采取相应的调整措施,调整措施可以分为组织措施、技术措施、经济措施和合同措施。

(1) 组织措施,如增加人员投入,调整人员安排,调整工作流程和工作计划等;

(2) 技术措施,如变更技术方案,采用新的高效率的施工方案等;

(3) 经济措施,如增加投入,采取经济激励措施等;

(4) 合同措施,如进行合同变更,签订附加协议,采取索赔手段等。

模块小结

建设工程施工合同的管理就是建设工程施工合同管理的相关部门和合同当事人及监理人对合同依法进行的一系列活动。这种管理划分为两个层次,即政府的监督管理和企业的实施管理。

施工合同质量管理包括对工程质量的要求、质量保证措施、隐蔽工程检查、不合格工程的处理和质量争议检测等内容。

施工合同进度管理包括施工组织设计的提交、确认和修改,施工进度计划的编制与修改,开工与测量放线,工期延误,暂停施工和提前竣工等内容。

施工合同造价管理包括预付款的支付和担保、工程进度付款支付、质量保证金的扣留和返还、竣工结算及最终结清。

合同变更是指合同履行过程中由双方当事人依法对合同的内容所进行的修改,包括工程内容、工程数量、质量要求和标准、实施程序等的改变。合同变更主要是由于工程变更引起的,工程施工合同变更的范围存在一定的限制;发包人和监理人均可以提出变更,但变更权的最终决定权集中于发包人。

变更的产生有可能会影响合同价格、工期、项目资源组织等方面的变化,涉及变更估价和工期调整;承包人可以提出合理化建议;暂估价、暂列金额和计日工是具有不确定因素的合同要素,可能引起合同变更。

不可抗力是指合同当事人在签订合同时不能预见、在合同履行过程中不可避免且不能克服的自然灾害和社会性突发事件。因不可抗力导致合同无法履行超过规定天数的,可解除合同。

保险是工程分担风险的有效办法,施工合同涉及的保险有三类,即工程保险、工伤保险和其他保险。

施工合同的担保采取承、发包“双方互为担保制度”,有支付担保和履约担保。

施工合同违约是普遍现象,违约是多方面原因造成的,有发包人违约、承包人违约和第三人违约。违约应承担违约责任。

争议解决的方式有多种,和解和调解是首选方式,仲裁或诉讼是最终解决方式,建设工程施工合同还有一种争议解决方式——争议评审,它是工程施工领域独特的争议解决机制。

施工合同的跟踪与控制是确保合同义务完全履行的重要手段。合同跟踪的重要依据是合同以及依据合同而编制的各种计划文件。通过合同跟踪,可能会发现合同实施中存在着偏差,需要进行偏差原因分析、合同实施偏差的责任分析、合同实施趋势分析。根据合同实施偏差分析的结果,进行合同实施偏差处理。

思 考 题

1.施工合同跟踪的含义是什么?

2.工程变更的原因有哪些?

3.建设工程的最低保修期限是如何规定的?

4.承包人提供质量保证金的方式有哪几种?

5.试述施工合同进度管理包含的内容。

6.某施工单位承担了某学校实验楼的施工任务,并与该学校签订了该项目建设工程施工承包合同。现就部分合同内容摘录如下。

(1) 施工单位按工程师批准的施工组织设计、施工方案组织施工,施工单位不应承担因此引起的工程延期和费用增加的责任。

(2) 承包人应当按照协议书约定的开工日期开工。承包人不能按时开工,可以以书面形式向发包人提出延期开工的理由和要求,发包人应在接到延期开工申请后24小时内以书面形式答复承包人。发包人在接到延期开工申请后24小时内不答复的,视为同意承包人要求,工期相应顺延。

(3) 建设单位向施工单位提供施工场地的工程地质和地下主要管网线路资料,供施工单位参考使用。

(4) 施工单位不能将工程转包,但允许分包单位将分包的工程再次分包给其他施工单位。

(5) 无论监理工程师是否进行验收,但其要求对已经隐蔽的工程重新检验时,承包人应按要求进行剥离或开孔,并在检验后重新覆盖或修复。检验合格,发包人承担由此发生的全部追加合同价款,赔偿承包人损失,并相应顺延工期;检验不合格,承包人承担发生的全部费用,工期应予顺延。

(6) 承包人应按专用合同条款约定的时间,向发包人提交已完工程量的报告。发包人接到报告后3天按设计图纸核实已完工程量,作为工程价款支付的依据。

问:根据《中华人民共和国建筑法》等有关规定,逐条指出上述合同内容中是否存在不妥之处?如不妥,请改正。

复习题库及答案

模块实训

请根据模块六模块实训中模拟的工程项目和中标施工企业,替发包人和承包人根据《建设工程施工合同(示范文本)》(GF—2017—0201)格式,签订一份施工合同专用合同条款。

模块八　工程施工索赔

【模块概述】

索赔是合同当事人在合同中的重要权利，也是极易引起合同履行纠纷的管理活动。本模块首先讲述了工程索赔基本知识，包括施工索赔的概念与特征、分类、原因及处理原则；其次讲述了索赔工作程序与技巧，包括施工索赔工作程序及处理、索赔证据及报告、索赔的策略和技巧；最后讲述了索赔计算，包括施工索赔费用的组成、费用索赔及工期索赔的计算方法，并通过索赔例题加深对施工索赔知识的理解和运用。

【学习目标】

1. 掌握施工索赔的概念与特征、施工索赔的一般工程程序、施工索赔费用的组成。

2. 熟悉施工索赔的处理原则、承包人的索赔程序及处理、施工索赔证据及报告。

3. 了解施工索赔的分类、施工索赔的产生原因、发包人的索赔程序及处理、施工索赔的策略和技巧、费用索赔的计算方法、工期索赔的计算方法。

【能力目标】

通过本模块的学习，学生应具备施工索赔的申请和处理能力。

【素质目标】

培养学生的主观能动性，树立正确的索赔观念，养成良好的职业习惯。

任务一　概述

索赔是合同当事人在合同中的重要权利，也是极易引起合同履行纠纷的管理活动。合同当事人正确地理解和运用索赔，可以准确、高效维护自身的权益，有效避免合同履行争议，保证工程建设顺利进行。

一、施工索赔的概念与特征

1.施工索赔的概念

索赔作为一种正当的权利要求，一般来讲，是指合同在履行过程中，合同一方发生并非由于本方的过错或原因造成的，也不属于自己风险范围的额外支出或损失，受损方依据法律或合同向对方提出的补偿要求。作为合同术语，索赔出现在施工合同中，来源于长期工程建设实践，我国法律并未对索赔进行定义，相关部门规章或规范性文件有所涉及，但也并未进行严格定义。

根据《建设工程施工合同(示范文本)》(GF—2017—0201)，施工索赔可定义为：根据合同约定，承包人认为有权得到追加付款和(或)延长工期的或发包人认为有权得到赔付金额和(或)延长缺陷责任期的而向对方提出的权利主张。

总之，施工索赔是利用经济杠杆进行工程项目管理的有效手段，对承包商、发包人和监理工程师来说，处理索赔问题水平的高低，将反映他们工程项目管理水平的高低。随着建筑市场的建立与发展，索赔将成为项目管理中越来越重要的问题。

2.施工索赔的特征

从索赔的基本含义可以看出，索赔具有以卜基本特征。

(1) 索赔是双向的，不仅承包人可以向发包人索赔，发包人同样也可以向承包人索赔。实践中发包人向承包人索赔发生的频率相对较低，而且在索赔处理中，发包人始终处于主动和有利地位，它对承包人的违约行为可以直接从应付工程款中扣抵，或扣留保留金或通过履约保函向银行索赔来实现自己的索赔要求。因此，在工程实践中大量发生的、处理比较困难的是承包人向发包人的索赔，这也是监理人进行施工合同管理的重点内容之一。

(2) 只有实际发生了经济损失或权利损害，一方才能向对方索赔。经济损失是指因对方因素造成合同外的额外支出，如人工费、材料费、机械费、管理费等额外开支；权利损害是指虽然没有经济上的损失，但造成了一方权利上的损害，如由于恶劣气候条件对工程进度的不利影响，承包人有权要求工期延长等。因此，发生了实际的经济损失或权利损害应是一方提出索赔的一个基本前提条件。有时上述两者同时存在，如发包人未及时交付合格的施工现场，既造成承包人的经济损失，又侵犯了承包人的工期权利，因此承包人既要求经济赔偿，又要求工期延长；有时两者可单独存在，如恶劣气候条件影响、不可抗力事件等，承包人根据合同规定或惯例只能要求工期延长，不应要求经济补偿。

(3) 索赔是一种未经对方确认的单方行为。它与我们通常所说的工程签证不同。在施工过程中，签证是承、发包双方就额外费用补偿或工期延长等达成一致的书面证明材料和补充协议，它可以直接作为工程款结算或最终增减工程造价的依据；而索赔则是单方面行为，对对方尚未形成约束力，这种索赔要求能否得到最终实现，必须要通过双方确认(如双方协商、谈判、调解或仲裁、诉讼)后才能确定。

许多人一听到“索赔”两字，很容易联想到争议的仲裁、诉讼或双方激烈的对抗，因此往往认为应当尽可能避免索赔，担心因索赔而影响双方的合作或感情。实质上，索赔是一种正当的权利或要求，是合情、合理、合法的行为，它是在正确履行合同的基础上争取合理的偿付，不是无中生有，无理争利。索赔同守约、合作并不矛盾、对立，索赔本身就是市场经济中合作的一部分，只要是符合有关规定的、合法的或者符合有关惯例的，就应该理直气壮、主动地向对方索赔。大部分索赔都可以通过协商谈判和调解等方式获得解决，只有在双方坚持己见而无法达成一致时，才会提交仲裁或诉诸法院求得解决。即使诉诸法律程序，也应当被看成是遵法守约的正当行为。

二、施工索赔的分类

工程施工过程中发生的索赔涉及的内容是广泛的，为了更好地研究索赔，可以对索赔从不同的角度、标准和方法进行分类，主要如下。

1. 按索赔请求主体分类

(1) 发包人索赔，即发包人认为有权得到赔付金额和(或)延长缺陷责任期而提出的索赔。

(2) 承包人索赔，即承包人认为有权得到追加付款和(或)延长工期而提出的索赔。

2. 按索赔的内容分类

(1) 工期索赔，即由于非承包商原因而导致施工进程延误，要求发包人延长施工时间，使原规定的工程竣工日期顺延，从而避免了违约罚金的发生。

(2) 费用索赔，即要求经济补偿，进而调整合同价款。当施工的客观条件改变导致承包人增加开支时，要求对超出计划成本的附加开支给予补偿，以挽回不应由承包方承担的经济损失。

(3) 利润索赔，即当承包人受到的经济损失是由发包人原因造成时，承包人除可提出费用赔偿外，还可以要求发包人支付合理的利润。

3. 按索赔的合同依据分类

按索赔的合同依据，索赔可分为合同中明示索赔和合同中默示索赔。

(1) 合同中明示索赔是指索赔事项所涉及的内容在合同文件中能够找到明确的依据，发包人或承包商可以据此提出索赔要求。

(2) 合同中默示索赔是指索赔事项所涉及的内容已经超出合同文件中规定的范围，在合同文件中没有明确的文字描述，但可以根据合同条件中某些条款的含义，合理推断出存在一定的索赔权。

4. 按索赔事件的性质分类

按索赔事件的性质，索赔可分为工程延误索赔、工程变更索赔、合同被迫终止索赔、工程加速索赔、意外风险和不可预见因素索赔及其他索赔。

(1) 工程延误索赔是因发包人未按合同要求提供施工条件，如未及时交付设计图纸、施工现场、道路等，或因发包人指令工程暂停或不可抗力事件等原因造成工期拖延的，承包人对此提出索赔。

(2) 工程变更索赔是由于发包人或监理工程师指令增加或减少工程量或增加附加工

程，修改设计，变更工程顺序等，造成工期延长和费用增加，承包人对此提出索赔。

（3）合同被迫终止索赔是由于发包人或承包人违约以及不可抗力事件等原因造成合同非正常终止，无责任的受害方因蒙受经济损失而向对方提出索赔。

（4）工程加速索赔是由于发包人或工程师指令加快施工速度，缩短工期，引起承包人人、财、物的额外开支而提出的索赔。

（5）意外风险和不可预见因素索赔是在工程实施过程中，因人力不可抗拒的自然灾害、特殊风险以及一个有经验的承包人通常不能合理预见的不利施工条件或外界障碍（如地下水、地质断层、溶沟、地下障碍物等）引起的索赔。

（6）其他索赔是因货币贬值，汇率变化，物价、工资上涨，政策法令变化等原因引起的索赔。

5. 按索赔的处理方式分类

按索赔的处理方式，索赔可分为单项索赔和总索赔。

（1）单项索赔就是采取一事一索赔的方式，即按每一件索赔事项发生后，报送索赔通知书，编报索赔报告，要求单项解决支付，不与其他的索赔事项混在一起。

（2）总索赔又称综合索赔或一揽子索赔，即对整个工程（或某项工程）中所发生的数起索赔事项，综合在一起进行索赔。

6. 按索赔所依据的理由分类

（1）合同内索赔，即索赔以合同条文为依据，发生了合同规定给承包人以补偿的干扰事件，承包人根据合同规定提出索赔要求。这是最常见的索赔。

（2）合同外索赔，即工程施工过程中发生的干扰事件的性质已经超过合同范围，在合同中找不出具体的依据，一般必须根据适用于合同关系的法律解决索赔问题。

（3）道义索赔，即由于承包人失误（如报价失误、环境调查失误等），或发生承包人应负责的风险造成承包人重大损失而提出索赔。

三、施工索赔的原因及处理原则

1. 施工索赔的产生原因

施工索赔的产生原因可以根据责任划分为两大类：一类是可归责于合同当事人的原因而产生的索赔，即因合同当事人违约行为产生的索赔，如发包人未及时交付图纸和基础资料；另一类是不可归责于合同当事人的原因产生的索赔，如合同履行过程中遭遇的不可抗力。施工索赔的产生原因具体主要有以下几种。

（1）工程变更。

一般在合同中均订有变更条款，即发包人均保留变更工程的权利。发包人在任何时候均可对施工图、说明书、合同进度表，用文字写成书面文件进行变更。

① 在工程变更的情况下，承包商必须熟悉合同规定的工程内容，以便确定执行的变更工程是否在合同范围以内。如果不在合同范围内，承包商可以拒绝执行，或者经双方同意签订补充协议。

② 施工条件变化（即与现场条件不同）。

这里所说的施工条件变化是针对以下两种情况：一是该条规定用来处理现场地面以下与合同出入较大的潜在自然条件的变更；二是现场的施工条件与合同确定的情况大不相同，承包商应立即通知发包人或工程师进行检查确认。

(2) 工程延期。

在下列情况下，工程完成期限是允许推迟的。

① 由于发包人或其员工的疏忽失职。

② 由于提供施工图的时间推迟。

③ 由于发包人中途变更工程。

④ 由于发包人暂停施工。

⑤ 工程师同意承包商提出的延期理由。

⑥ 由于不可抗力所造成的工程延期。

发生上述任何一种情况，承包商应立即将备忘录送给工程师，并提出延长工期的要求。

(3) 不可抗力或意外风险。

不可抗力，顾名思义，是指超出合同各方控制能力的意外事件。

(4) 不依法履行施工合同。

承、发包双方在履行施工合同的过程中往往因一些意见分歧和经济利益驱动等人为因素，不严格执行合同文件而引起施工索赔。

除上述原因外，工程项目的特殊性，如工程规模大，技术难度大，投资额大，工期长，材料、设备价格变化快，工程项目内外环境的复杂、多变性及参与工程建设主体的多元性等问题，随着工程的逐步开展而不断暴露出新问题，必然使工程项目受到影响，导致工程项目成本和工期的变化，这是索赔形成的根源。因此，索赔的发生不仅是一个索赔意识或合同观念的问题，从本质上讲，也是一种客观存在。

2. 施工索赔的处理原则

(1) 索赔必须以合同为依据。遇索赔事件时，监理工程师应以完全独立的身份，站在客观、公正的立场上，以合同为依据审查索赔要求的合理性、索赔价款的正确性。另外，承包商只有以合同为依据提出索赔时才容易索赔成功。

(2) 及时、合理处理索赔。如承包方的合理索赔要求长时间得不到解决，积累下来可能会影响其资金周转，从而影响工程进度。此外，索赔初期可能只是普通的单项索赔，拖到后期成为综合索赔，将使索赔问题复杂化(如涉及利息、预期利润补偿、工程结算及责任的划分、质量的处理等)，大大增加了处理索赔的难度。

(3) 必须注意资料的积累。积累一切可能涉及索赔论证的资料，技术问题、进度问题和其他重大问题的会议应做好文字记录，并争取会议参加者签字，以作为正式文档资料。同时应建立严密的工程日志，建立业务往来文件编号档案等制度，做到处理索赔时以事实和数据为依据。

(4) 加强索赔的前瞻性，有效避免过多的索赔事件发生。监理工程师应对可能引起的索赔有所预测，及时采取补救措施，避免过多索赔事件的发生。

任务二　施工索赔工作程序与技巧

一、施工索赔工作程序及处理

1.施工索赔的一般工作程序

施工索赔的一般工作过程，即施工索赔的处理过程，有以下7个步骤。

(1) 索赔要求的提出；

(2) 索赔证据的准备；

(3) 索赔文件(报告)的编写；

(4) 索赔文件(报告)的报送；

(5) 索赔文件(报告)的评审；

(6) 索赔谈判与调解；

(7) 索赔仲裁与诉讼。

2.承包人的索赔程序及处理

(1) 承包人的索赔程序。

根据合同约定，承包人认为有权得到追加付款和(或)延长工期的，应按以下程序向发包人提出索赔。

① 发出索赔意向通知书。承包人应在知道或应当知道索赔事件发生后28天内，向监理人递交索赔意向通知书，并说明发生索赔事件的事由；承包人未在前述28天内发出索赔意向通知书的，丧失要求追加付款和(或)延长工期的权利。

② 递交索赔报告。承包人应在发出索赔意向通知书后28天内，向监理人正式递交索赔报告，索赔报告应详细说明索赔理由以及要求追加的付款金额和(或)延长的工期，并附必要的记录和证明材料。

③ 递交延续索赔通知。索赔事件具有持续影响的，承包人应按合理时间间隔继续递交延续索赔通知，说明持续影响的实际情况和记录，列出累计的追加付款金额和(或)工期延长天数。

④ 递交最终索赔报告。在索赔事件影响结束后28天内，承包人应向监理人递交最终索赔报告，说明最终要求索赔的追加付款金额和(或)延长的工期，并附必要的记录和证明材料。

(2) 对承包人索赔的处理。

① 审查并报送发包人。监理人应在收到索赔报告后14天内完成审查并报送发包人。监理人对索赔报告存在异议的，有权要求承包人提交全部原始记录副本。

② 签认的索赔处理结果。发包人应在监理人收到索赔报告或有关索赔的进一步证明材料后的28天内，由监理人向承包人出具经发包人签认的索赔处理结果。发包人在上述期限内未做出答复的，视为认可承包人的索赔要求。

③ 支付索赔款项。承包人接受索赔处理结果的,索赔款项在当期进度款中进行支付;承包人不接受索赔处理结果的,应按照争议解决约定处理。

3.发包人的索赔程序及处理

(1) 发包人的索赔程序。

相对于承包人索赔成因的复杂性,发包人的索赔原因较为简单,一般均为可归责于承包人的事件。其索赔程序如下。

① 发出通知。根据合同约定,发包人认为有权得到赔付金额和(或)延长缺陷责任期的,监理人应向承包人发出通知并附有详细的证明材料。

② 提出索赔意向通知书。发包人应在知道或应当知道索赔事件发生后28天内通过监理人向承包人提出索赔意向通知书,发包人未在前述28天内发出索赔意向通知书的,丧失要求赔付金额和(或)延长缺陷责任期的权利。

③ 递交索赔报告。发包人应在发出索赔意向通知书后28天内,通过监理人向承包人正式递交索赔报告。

(2) 对发包人索赔的处理。

① 承包人收到发包人提交的索赔报告后,应及时审查索赔报告的内容,查验发包人证明材料;

② 承包人应在收到索赔报告或有关索赔的进一步证明材料后28天内,将索赔处理结果答复发包人。如果承包人未在上述期限内做出答复,则视为认可发包人的索赔要求。

③ 承包人接受索赔处理结果的,发包人可从应支付给承包人的合同价款中扣除赔付金额或延长缺陷责任期;发包人不接受索赔处理结果的,按争议解决约定处理。

二、施工索赔证据及报告

1.施工索赔的证据及基本要求

(1) 索赔证据。

索赔证据是当事人用来支持其索赔成立或和索赔有关的证明文件及资料。索赔证据作为索赔文件的组成部分,在很大程度上关系着索赔的成败。证据不全、不足或没有证据,索赔是很难获得成功的。常见的索赔证据如下。

① 各种合同文件;

② 工程各种往来函件、通知、答复等;

③ 各种会谈纪要;

④ 经过发包人或者工程师批准的承包人的施工进度计划、施工方案、施工组织设计和现场实施情况记录;

⑤ 工程各项会议纪要;

⑥ 施工现场记录;

⑦ 工程有关照片和录像等;

⑧ 施工日记、备忘录等;

⑨ 工程结算资料、财务报告、财务凭证等；

⑩ 国家法律、法令、政策文件。

(2) 索赔证据的基本要求。

① 真实性。索赔证据必须是在实际工作中产生的，完全反映实际情况，能经得住推敲。

② 及时性。索赔事项发生后，就应在有效期内及时搜集证据并提出索赔意向，逾期将丧失索赔权。

③ 全面性。所提供的证据应能说明事件全过程，否则可能会被要求重新补充证据。

④ 关联性。索赔证据应当与索赔事件有必然联系，并能互相说明，符合逻辑，不能相互矛盾。

⑤ 有效性。索赔证据必须有法律证明效力。特别是在双方意见分歧、争执不下时，更要注意这一点。

2. 索赔报告的组成及编制

(1) 索赔报告的组成。

索赔报告是承包人向发包人索赔的正式书面材料，也是发包人审议承包人索赔请求的主要依据。索赔报告通常包括总述部分、论证部分、索赔款项或工期计算部分、证据部分 4 部分。

(2) 索赔报告的编制。

① 总述部分。其是承包人致发包人或工程师的一封简短的提纲性信函，概要论述索赔事件发生的日期和过程，承包人为该索赔事件所付出的努力和附加开支，承包人的具体索赔要求。总述部分应把其他材料贯通起来，主要内容包括：说明索赔事件，列举索赔理由，提出索赔金额与工期，附件说明。

② 论证部分。其是索赔报告的关键部分，目的是说明自己有索赔权，是索赔能否成立的关键。该部分要注意引用的每个证据的效力或可信程度，对重要的证据资料必须附文字说明或确认。

③ 索赔款项或工期计算部分。该部分需列举各项索赔的明细数字及汇总数据，要求正确计算索赔款项与索赔工期。

④ 证据部分。其主要包括两个方面：一是索赔报告中所列举的事实、理由、影响因果关系等证明文件和证据资料；二是详细计算书，这是为了证实索赔金额的真实性而设置的，为了简明，可以大量运用图表。

(3) 索赔报告编制应注意的问题。

整个索赔报告应该简要概括索赔事实与理由，通过叙述客观事实，合理引用合同规定，建立事实与损失之间的因果关系，证明索赔的合理、合法性；同时应特别注意索赔材料的表述方式对索赔解决的影响。索赔报告编制一般要注意以下问题。

① 索赔事件要真实，证据确凿。索赔针对的事件必须有确凿的证据，令对方无可推卸和辩驳。

② 计算索赔款项和工期要合理、准确。要将计算的依据、方法、结果详细说明列出，这样易于对方接受，避免发生争端。

③ 责任分析清楚。一般索赔所针对的事件都是由于非承包人责任而引起的,因此在索赔报告中必须明确对方负全部责任,而不可以使用含糊不清的词语。

④ 明确承包人为避免和减轻事件的影响和损失而做的努力。在索赔报告中,要强调事件的不可预见性和突发性,说明承包人对它的发生没有任何准备,也无法预防,并且承包人为了避免和减轻该事件的影响和损失已尽了最大的努力,采取了能够采取的措施,从而使索赔理由更加充分,更易于对方接受。

⑤ 阐述由于干扰事件的影响,承包人的工程施工受到严重干扰,并为此增加了支出,拖延了工期,表明干扰事件与索赔有直接的因果关系。

⑥ 索赔报告书写用语应尽量婉转,避免使用强硬语言,否则会给索赔带来不利影响。

三、施工索赔的策略和技巧

1.施工索赔的策略

承包商面对索赔问题是痛苦的,不索赔将造成公司利益损失,索赔则可能引起发包人和总监理人的不满,影响企业声誉。索赔能争取到合同金额以外的款项和工期顺延,为尽量避免发包人反感,索赔应掌握一定的策略。

(1) 全面履行合同。承包商应以积极合作的态度,主动配合发包人完成合同规定的各项义务,搞好各项管理工作,协调好各方面的关系。

(2) 着眼重大索赔。承包商在施工承包中,不能斤斤计较。尤其是在工程施工地初期,不能让对方感到很难友好相处,不容易合作共事。

(3) 注意灵活性。在索赔事件处理中,承包商要有灵活性,讲究索赔策略,要有充分准备,并能让步,力求索赔问题的解决使双方都满意。

(4) 变不利为有利,变被动为主动。在工程施工过程中,承包商往往处于不利的被动地位。通过寻找索赔机会,承包商可以变不利为有利,变被动为主动。

(5) 树立正确的索赔观念。索赔是工程施工中的正常现象,是承包人的重要权利,必须高度重视。

2.施工索赔的技巧

掌握索赔的技巧对索赔的成功十分重要。同样性质和内容的索赔,如果方法不当、技巧不高,容易给索赔工作增加新的困难,甚至导致事倍功半的结果;反之,如果方法得当、技巧高明,一些看似很难的索赔项目,也能获得比较满意的结果。因此,要做好索赔工作,除了要做到有理、有据、按时外,掌握一些索赔的技巧是很重要的。

(1) 把握好提出索赔的时机。

过早提出索赔,对方有充足的时间寻找理由反驳;过迟提出索赔,容易给对方留下借口和理由,遭到拒绝。承包商应在索赔时效范围内适时提出索赔。

(2) 商签合同协议。

在签订合同过程中,承包人应对把明显重大风险转嫁给承包人的合同条件提出修改要求,对其达成修改的协议应以“谈判纪要”的形式写出,作为该合同文件的有效组织部分。承包人对以下发包人免责的条款应特别注意:合同条款中不列索赔条款;拖期付款无时限、无利息；无调价公式；发包人认为对某部分工程不够满意，即有权决定扣减工程款；发包人对不可预见的工程施工条件不承担责任等。如果这些问题在签订合同时不协商清楚，承包人将来就很难有索赔机会。

(3) 对口头变更指令要得到确认。

如果监理工程师采用口头指令变更，承包人应要求监理工程师予以书面确认；否则，如果承包人执行了指令，监理工程师却不承认，拒绝承包人的索赔要求，承包人苦于没有证据，而达不到索赔的目的。

(4) 索赔事件的论证要充足。索赔的成功很大程度上取决于承包人对索赔做出的解释和强有力的证据材料。因此，承包人在正式提出索赔之前，必须保证索赔证据详细、完整，这就要求承包人注意记录和积累保存以下资料：施工日志、来往文件、气象资料、备忘录、会议纪要、工程照片、工程音像资料、工程进度计划、工程核算资料、工程图纸和招标投标文件等。

(5) 及时发出索赔意向通知书。

一般合同规定，索赔事件发生后的一定时间内，承包人必须发出索赔意向通知书，过期无效。

(6) 索赔计价方法和款额要适当。

索赔计算时采用"附加成本法"容易被对方接受，因为这种方法只计算索赔事件引起的计划外附加开支，计价项目具体，使索赔能较快得到解决。索赔计价不能过高，过高容易让对方反感，将索赔报告束之高阁，长期得不到解决；而且还有可能致使发包人准备周密的反索赔计划，以高额的反索赔对付高额的索赔，使索赔工作更加复杂。

(7) 力争单项索赔，避免总索赔。

单项索赔事件简单，容易解决，而且还能得到及时支付。总索赔问题复杂、金额大，不易解决，往往到工程结束后还得不到索赔款。

(8) 坚持采用"清理账目法"。

"清理账目法"是指承包人在接受发包人按某项索赔的当月结算索赔款时，对该项索赔款的余款部分以"清理账目法"的形式保留文字依据，以保留今后获得索赔款余额部分的权利。在索赔支付过程中，承包人和监理工程师对确定新单价和工程量方面经常存在不同意见。按合同规定，工程师有权确定分项工程单价，如果承包人认为工程师的决定不尽合理而坚持自己的要求时，可同意接受工程师决定的"临时单价"或"临时价格"付款，即先拿到一部分索赔款，对其余不足部分，则书面通知工程师和发包人作为索赔款的余额，保留自己的索赔权利；否则，等于同意并承认了发包人对索赔的付款，以后对余额再无权追索，失去了将来要求获得余款的权利。

(9) 力争友好解决，防止对立情绪。

在索赔时，争议是难免的，如果遇到争端不能理智协商讨论问题，有可能导致发包人拒绝谈判，使谈判旷日持久，这是最不利于索赔问题解决的。因此，在索赔谈判时，承包人要头脑冷静，营造和谐的谈判气氛，防止对立情绪，力争友好解决索赔争议。

(10) 注意同监理工程师搞好关系。

监理工程师是处理索赔、解决争议的公正的第三方，索赔必须取得监理工程师的认可。注意同监理工程师搞好关系,争取监理工程师的公正裁决,竭力避免仲裁或诉讼。

四、施工索赔的注意事项

(1)投标报价时的疏忽。承包商应仔细研究招标文件,详细进行施工现场查勘,慎重确定报价。为了中标而冒险地降低报价,则在投标报价时就埋下了亏损的种子,限制了施工索赔成功的可能性。

(2)商签合同时的疏忽。合同谈判过程中对原合同条件的任何改动,应以“谈判纪要”的形式写出,作为该项目合同文件的有效组成部分,否则将错过索赔的时机。

(3)对口头的工程变更指令不取得确认。有的工程师常向承包商发出口头的工程变更指令。此时,承包商应要求工程师补发书面指令,或正式备函给工程师,要求予以正式确认;否则,会存在得不到应有的经济补偿的风险。

(4)没有在规定的时限内发出索赔通知书。承包商应根据具体工程项目合同文件的规定执行索赔,不可忽略时限天数要求。

(5)索赔报告对事实论证不足。根据工程施工合同条件,承包商发出索赔通知书后,每隔28天应报送一次索赔证据资料,并在索赔事件结束后的28天内报送总结性的报告。该报告中应附有索赔款计算书和必要的索赔证据资料。证据资料应集中论证该项索赔的发生过程、严重程度及造成的具体损失款额。这些证据是否充分有力,对索赔的成败关系重大。

(6)没有及时申请并获准延长工期。在土建工程施工过程中,由于多方面的原因,经常导致工期拖延。这时,承包商应及时研究发生拖延工期的原因,并把不属于自己的责任造成的拖延工期向工程师正式提出,要求获得工期延长。

(7)计价方法不当,索赔款额高。索赔款的计价方法经常采取的有实际成本法、总费用法、修正的总费用法等。在这些计价方法中,反映附加成本的实际费用法比较适用,容易被业主和工程师接受。另一个较常发生的问题是承包商的索赔款额过高,且论证资料不足,使工程师和业主反感。这样做不仅会导致索赔失败,也有损承包商自己的信誉。

(8)采取了“算总账”的索赔方法。施工索赔的正确做法是把索赔纳入按月结算的轨道,要求工程师和业主按月结算支付工程款和索赔款。这样,索赔能逐月解决,以免累积而成为巨额款项。

(9)在业主拒付索赔款的条件下继续施工并建成工程。按照工程施工合同条款,当业主长期不支付工程款或索赔款时,承包商有权暂停施工或放慢施工进度。按工程进展支付工程款,按合同原则支付索赔款,按工程施工合同条款办事的基本原则,合同双方都应遵循。

在工程施工中,合同双方应密切配合,公正、合理地解决合同实施过程中出现的任何问题,保证工程项目顺利建成。在处理施工索赔问题时,双方也应持这个态度。但是在施工索赔的实践中,合同双方极易发生对抗,甚至形成严重的合同争端。承包商在提出索赔要求以及进行索赔谈判的时候,一定要注意方式和方法,不要引起矛盾的激化。

任务三　施工索赔计算

一、施工索赔费用的组成

在已拥有索赔权的情况下，如果采用不合理的计价方法，没有事实根据地扩大索赔金额，往往使索赔搁浅，甚至失败。因此，客观地分析索赔费用的组成和合理地计算，显得十分重要。

1. 索赔费用的组成

索赔费用与工程计价相似，包括直接费、间接费和利润。直接费部分主要是人工费、材料费、设备费、工地杂费和分包费，间接费主要包括工地和总部管理费、保险费、手续费和利息等。

2. 可以索赔的费用

只要各种工程资料和会计资料齐全，承包商若在下述各项费用中遭受了损失，均可通过索赔得到补偿。现将施工索赔中可以索赔的费用归纳如下。

(1) 人工费。

人工费包括增加工作内容的人工费、停工损失费和工作效率降低的损失费等累计，其中增加工作的人工费应按照计日工费计算，而停工损失费和工作效率降低的损失费按窝工费计算，窝工费的标准双方在合同中约定。

(2) 设备费。

设备费可采用机械台班费、机械折旧费、设备租赁费等几种形式。当工作内容增加引起设备费索赔时，设备费的标准按照机械台班费计算。因窝工引起设备费索赔，当施工机械属于施工企业自有时，按照机械折旧费计算索赔费用；当施工机械是施工企业从外租赁时，索赔费用的标准按照设备租赁费计算。

(3) 材料费。

材料费包括材料原价、材料运输费、采保费、包装费、材料的运输损耗等，但由于承包人自身管理不善等原因造成的材料损坏、失效等费用损失不能计入材料费索赔。

(4) 保函手续费。

工程延期时，保函手续费相应增加；反之，取消部分工程且发包人与承包人达成提前竣工协议时，承包人的保函金额相应折减，计入合同内的保函手续费也相应扣减。

(5) 贷款利息。

在实际施工过程中，工程变更和工期延误会引起承包商投资的增加。发包人拖期支付工程款，会给承包商造成一定的经济损失，因此承包商会提出利息索赔。

承包商对利息索赔可以采取以下方法计算。

① 按当时的银行贷款利率计算。

② 按当时的银行透支利率计算。

③ 按合同双方协议的利率计算。

(6) 保险费。

当业主要求增加工程内容,而且增加的工程使工期延长时,承包商必须购买增加工程的各种保险,办理已购保险的延期手续。对于增加部分的保险费用,承包商可向业主提出索赔。

(7) 管理费。

此项又可分为现场管理费和公司管理费两部分,由于两者的计算方法不一样,因此在审核过程中应区别对待。

(8) 利润。

承包商的利润是其正常合同报价中的一部分,也是承包商进行施工的根本原因。所以当索赔事项发生时,承包商会相应提出利润的索赔。但是对于不同性质的索赔,承包商可能得到的利润补偿不同。一般由于发包方工作失误造成承包商损失的,可以索赔利润;而由于发包方也难以预见的事项造成损失的,承包商一般不能索赔利润。

二、费用索赔的计算方法

索赔费用的计算方法很多,各个工程项目都可能因具体情况不同而采用不同的方法,主要有三种:总费用法、修正的总费用法和实际费用法。

1. 总费用法

计算出索赔工程的总费用,减去原合同报价,即得索赔金额。这种计算方法简单但不尽合理,因为在实际完成工程的总费用中,可能包括由于承包人的原因(如管理不善、材料浪费、效率太低等)所增加的费用,而这些费用属于不该索赔的;另外,原合同价也可能因工程变更或单价合同中的工程量变化等原因而不能代表真正的工程成本。这些原因使得采用此法往往会引起争议,故一般不常用。

但是在某些特定条件下,当具体计算索赔金额很困难,甚至不可能时,也可采用此法。这种情况下,应具体核实已开支的实际费用,取消不合理部分,以求接近实际情况。

2. 修正的总费用法

修正的总费用法原则上与总费用法相同,计算时对某些方面做了相应的修正,以使结果更趋合理,修正的内容主要如下。

(1) 计算索赔金额的时期仅限于受事件影响的时段,而不是整个工期。

(2) 只计算在该时期内受影响项目的费用,而不是全部工作项目的费用。

(3) 不直接采用原合同报价,而是采用在该时期内如未受事件影响而完成该项目的合理费用。

根据上述修正,可比较合理地计算出因索赔事件影响而实际增加的费用。

3. 实际费用法

实际费用法是根据索赔事件所造成的损失或成本增加,按费用项目逐项进行分析,计算索赔金额的方法。

这种方法比较复杂,但能客观地反映施工单位的实际损失,比较合理,易于被当事人接受，在国际工程中被广泛采用。实际费用法是按每个索赔事件所引起损失的费用项目分别分析计算索赔值的一种方法，通常分三步：第一步，分析每个或每类索赔事件所影响的费用项目，不得有遗漏，这些费用项目通常应与合同报价中的费用项目一致；第二步，计算每个费用项目受索赔事件影响的数值，通过与合同价中的费用价值进行比较即可得到该项费用的索赔值；第三步，将各费用项目的索赔值汇总，得到总费用索赔值。

三、工期索赔的计算方法

1. 工期索赔中应当注意的问题

(1) 划清施工进度拖延的责任。

(2) 被延误的工作应是处于施工进度计划关键线路上的施工内容。

2. 工期索赔的计算方法

工期索赔的计算方法主要有网络图分析法、对比分析法、劳动生产率降低计算法和简单累加法。

(1) 网络图分析法。

利用进度计划的网络图，分析其关键线路。如果延误的工作为关键工作，则总延误的时间为批准顺延的工期。如果延误的工作为非关键工作，当该工作由于延误超过时差限制而成为关键工作时，可以批准延误时间与时差的差值；若该工作延误后仍为非关键工作，则不存在工期索赔问题。网络图分析法要求承包人切实使用网络技术进行进度控制，才能依据网络计划提出工期索赔。这是一种科学、合理的计算方法，容易得到认可，适用于各类工期索赔。

(2) 对比分析法。

对比分析法比较简单，适用于索赔事件仅影响单位工程或分部分项工程工期的情形，工程量有增加时，需由此而计算对总工期的影响，计算公式如下。

对于已知部分工程的延期时间：

$$\text{工期索赔值}=\frac{\text{受干扰部分工程的合同价}}{\text{原合同总价}}\times\text{该受干扰部分工期延期时间}$$

对于已知额外增加工程量的价格：

$$\text{工期索赔值}=\frac{\text{额外增加的工程量的价格}}{\text{原合同总价}}\times\text{原合同总工期}$$

(3) 劳动生产率降低计算法。

在索赔事件干扰正常施工导致劳动生产率降低而使工期拖延时，可按下式计算索赔工期：

$$\text{索赔工期}=\frac{\text{计划工期}\times(\text{逾期劳动生产率}-\text{实际劳动生产率})}{\text{预期劳动生产率}}$$

(4) 简单累加法。

在施工过程中，由于恶劣气候、停电、停水及意外风险造成全面停工而导致工期拖延的，可以一一列举各种原因引起的停工天数，累加结果，即可作为索赔天数。应该注意的是，由多项索赔事件引起的总工期索赔，最好用网络图分析法计算索赔工期。

任务四　施工索赔案例分析

施工索赔是一项涉及面比较广泛和细致的工作,包括建设工程项目施工过程中的各个环节和各个方面。承包商的任何索赔要求,只有准确地计算要求赔偿的数额,并证明此数额是正确和合情合理的,索赔才能获得成功。

【例8-1】 某商品住宅楼工程报价中,有钢筋混凝土框架80 m^3,经计算模板面积为570 m^2,其整个模板工程的工作内容包括模板的制作、运输、安装、拆除、清理、刷油等。由于各方面因素的影响,造成人工费的增加,因此承包商对人工费超支向发包人提出索赔。请计算此项人工费索赔数额。

【解】 (1) 合同约定分析。

双方合同约定,预算规定模板工程用工为3.5 h/m^2,人工费单价为8元/h,则模板工程报价中合计人工费计算如下:

$$8\text{ 元/h}\times 3.5\text{ h/m}^2\times 570\text{ m}^2 = 15960\text{ 元}$$

(2) 影响因素分析。

从工程施工中实际验收的工程量、用工记录、承包商的人工工资报表得知,其影响因素如下。

① 该模板工程小组10人,共工作了28天,每天8 h,其中因等待工程变更的影响,现场模板工作小组10人停工4 h;

② 由于设计图纸修改,实际现浇钢筋混凝土框架工程量为88 m^3,模板面积为630 m^2;

③ 因国家政策性人工工资调整,人工费单价调增到10元/h。

以上影响因素是承包商提出索赔的主要依据。因此,进一步收集和整理上述影响因素的索赔证据是十分重要的,并在认真加以核实计算后,才能拟写索赔报告。

(3) 人工费索赔的计算。

① 实际模板工程人工费与报价人工费差额的计算。

实际模板工程人工费计算如下:

$$10\text{ 元/h}\times 8\text{ h/(d·人)}\times 28\text{ d}\times 10\text{ 人} = 22400\text{ 元}$$

人工费差额(即实际人工费支出与报价人工费之差额)的计算如下:

$$22400\text{ 元}-15960\text{ 元}=6440\text{ 元}$$

② 由于设计变更所引起的人工费增加计算如下:

$$8\text{ 元/h}\times 3.5\text{ h/m}^2\times (630-570)\text{m}^2=1680\text{ 元}$$

③ 工资调整所引起的人工费增加计算如下:

$$(10-8)\text{元/h}\times 3.5\text{ h/m}^2\times 630\text{ m}^2=4410\text{ 元}$$

④ 停工等待发包人指令所引起的人工费增加计算如下:

$$10\text{ 元/h}\times 4\text{ h/人}\times 10\text{ 人}=400\text{ 元}$$

承包商有理由提出人工费索赔的数额计算如下:

1680 元＋4410 元＋400 元＝6490 元

【例 8-2】 某校教学楼工程，合同规定该工程全部完工需要 127960 工日。开工后，由于发包人没有及时提供设计资料而造成工期拖延 6.5 个月。

设计资料供应不及时，可能产生降效问题。一般来说，主要是产生窝工问题，对此承包商应对现场劳动力做适当调整，如减少现场施工人数或安排做其他工作，因此承包商的索赔最多也只能是窝工的人工费损失(工期延长引起的其他损失另计)，即

窝工人工费＝工日单价×0.75×窝工工日

在工期拖延的这段时间里，该工程实际使用了 42800 工日，其中非直接生产用工为 15940 工日，临时工程用工为 4850 工日。上述用工均有记工单和工资表为证据。而在这段时间里，实际完成该工程全部工程量的 10.5%。另外，发包人指令对该工程做了较大的设计变更，使合同工程量增加了 20%(工程量增加所引起的索赔另行提出计算)。合同约定生产工人人工费报价为 85 元/工日，工地交通费为 5.5 元/工日。请分析此时因工期延误而提出的索赔，并计算索赔费用。

【解】 (1) 影响因素分析。

由于工程量增加了 20%，该工程的劳动力总需要量也相应按比例增加，其具体计算如下：

劳动力总需要量＝127960 工日×(1＋20%)＝153552 工日

而在工期拖延的期间里，实际仅完成 10.5%的工程量，所需劳动力计算如下：

完成 10.5%的工程量所需劳动力＝153552 工日×10.5%＝16123 工日

(2) 索赔费用计算。

承包商对工期延误而造成的生产效率降低提出费用索赔，采用的方法是实际用工数量减去完成 10.5%工程量所需用工数量、非直接生产用工数量和临时工程用工数量，即：

劳动生产效率降低工日数＝42800 工日－16123 工日－15940 工日－4850 工日
＝5887 工日

人工费损失值 ＝ 85 元/工日×5887 工日 ＝ 500395 元

工地交通费用＝ 5.5 元/工日×5887 工日 ＝ 32378 元

(3) 索赔分析。

① 因工期延误造成人工费损失的索赔计算，要求报价中劳动效率的确定是科学的、符合实际的。如果承包商在报价中把劳动效率定得较高，计划用工数就较少，则承包商可通过索赔获得意外的收益。所以驻地工程师在处理此类问题时，要重新审核承包商的报价依据。

② 对于因承包商的责任和风险所造成的劳动效率降低，如由于气候原因造成现场工人停工，计算时应在其中予以扣除，对此驻地工程师必须有详细的现场记录，否则因审核计算无依据，容易引起索赔争议。

由于工程工期延误或工程范围变更，造成企业管理费用增加，承包人可以向发包人提出索赔。按照我国现行费用定额(即费用标准)的规定，管理费用分为现场管理费用和企业(总部)管理费用。

【例8-3】 某承包商承包某一工程,原计划合同工期为240天,工程在实施过程中工期延误了60天,即实际施工工期为300天,原计划合同工期的240天内,承包商的实际经营状况如表8-1所示。请计算其管理费索赔值。

表8-1 **承包商实际经营状况表** (单位:元)

序号	名称	延误工程	其余工程	总计
1	合同金额	200000	400000	600000
2	直接成本	180000	320000	500000
3	总部管理费			60000

【解】 (1) 现场管理费用的索赔计算。

现场管理费用索赔可按照下列公式进行计算:

现场管理费用索赔值=索赔的直接成本费用×现场管理费费率

现场管理费费率应按照各地区对现场管理费费率的取值。若按16%取值,则计算式如下:

现场管理费用索赔值=180000元×16% = 28800元

(2) 企业(总部)管理费用的索赔计算。

企业(总部)管理费用的索赔可按照管理费用的日费率分摊的办法计算,其计算步骤和计算公式如下:

$$\text{延误工程应分摊的企业(总部)管理费 } A=\frac{\text{被延误工程的原价}}{\text{同期承包工程合同价之和}}\times\text{同期承包工程计划企业(总部)管理费}$$

$$\text{单位时间(日或周)企业(总部)管理费费率 } B=\frac{A}{\text{计划合同工期(日或周)}}$$

$$\text{企业(总部)管理费用索赔值 } C=B\times\text{工程延误时间(日或周)}$$

根据上述公式,有:

$$A=(200000\text{ 元}/600000\text{ 元})\times 60000\text{ 元}=20000\text{ 元}$$

$$B=A/240\text{ d}=20000\text{ 元}/240\text{ d}$$

$$C=B\times 60\text{ d}=(20000\text{ 元}/240\text{ d})\times 60\text{ d}=5000\text{ 元}$$

若用工程直接成本来代替合同金额,则

$$A_1=(180000\text{ 元}/500000\text{ 元})\times 60000\text{ 元}= 21600\text{ 元}$$

$$B_1=A_1/240\text{ d}=21600\text{ 元}/240\text{ d}$$

$$C_1=B_1\times 60\text{ d}=(21600\text{ 元}/240\text{ d})\times 60\text{ d}=5400\text{ 元}$$

(3) 索赔分析。

按照以上工期延误后企业(总部)管理费用索赔的原理,企业(总部)管理费用索赔值的计算就有了可靠的依据。一旦工程工期延误,相当于该工程占用了可调往其他工程的施工力量,包括部分管理人员和费用,即损失了在其他工程中可以获取的企业(总部)管理费用。也就是说,工程工期延误,影响了这一时期内其他工程的收入,企业(总部)管理费用也因此减少,故应在工程工期延误的施工项目中索取补偿。

【例8-4】 某施工单位根据领取的某200 m^2 二层厂房工程项目招标文件和全套施

工图纸，采用低报价策略编制了投标文件，并获得中标。该施工单位（乙方）于×年×月×日与建设单位（甲方）签订了该工程项目的固定价格施工合同，合同工期为8个月。甲方在乙方进入施工现场后，因资金紧缺，无法如期支付工程款，口头要求乙方暂停施工1个月，乙方亦口头答应。工程按合同规定期限验收时，甲方发现工程质量有问题，要求返工。2个月后，返工完毕。结算时甲方认为乙方迟延交付工程，应按合同约定偿付逾期违约金。乙方认为临时停工是甲方要求的。乙方为抢工期，加快施工进度才出现了质量问题，因此迟延交付的责任不在乙方。而甲方则认为临时停工和不顺延工期是当时乙方答应的，乙方应履行承诺，承担违约责任。

问：(1) 该工程采用固定价格合同是否合适？

(2) 该施工合同的变更形式是否妥当？此合同争议依据合同法律规范应如何处理？

【答】 (1) 因为固定价格合同适用于工程量不大且能够较准确计算价格、工期较短、技术不太复杂、风险不大的项目。该工程基本符合这些条款，故采用固定价格合同是合适的。

(2) 根据《民法典》和《建设工程施工合同（示范文本）》(GF—2017—0201)的有关规定，建设工程施工合同应当采取书面形式，合同变更也应当采取书面形式。若在应急情况下，可采取口头形式，但事后应以书面形式确认。否则，在合同双方对合同变更内容有争议时，往往因口头形式协议很难举证而不得不以书面协议约定的内容为准。本案例中，甲方要求临时停工，乙方亦答应，是甲、乙双方的口头协议，且事后并未以书面形式确认，所以该合同变更形式不妥。在竣工结算时双方发生了争议，对此只能以原书面合同规定为准。

在施工期间，甲方因资金紧缺要求乙方停工1个月，此时乙方应享有索赔权。乙方虽然未按规定程序及时提出索赔而丧失了索赔权，但是根据《民法典》的规定，在民事权利的诉讼时效期内，仍享有通过诉讼要求甲方承担违约责任的权利。甲方未能及时支付工程款，应对停工承担责任，故应当赔偿乙方停工1个月的实际经济损失，工期顺延1个月。工程因质量问题返工，造成逾期交付，责任在乙方，故乙方应当支付逾期交工1个月的违约金，因质量问题引起的返工费用由乙方承担。

模块小结

根据《建设工程施工合同（示范文本）》(GF—2017—0201)，施工索赔可定义为：根据合同约定，承包人认为有权得到追加付款和（或）延长工期的或发包人认为有权得到赔付金额和（或）延长缺陷责任期的而向对方提出的权利主张。施工索赔具有双向性、实际发生损失和单方行为的基本特征。工作中，可以对索赔从不同的角度、标准和方法进行分类。

施工索赔的产生原因具体有工程变更、工程延期、不可抗力或意外风险及不依法履行施工合同等。索赔的处理原则是：必须以合同为依据，及时、合理处理索赔，必须注意资料的积累和加强索赔的前瞻性。

施工索赔的处理过程一般有7个步骤，根据合同约定，承包人认为有权得到追加付款和（或）延长工期的，可以向发包人提出索赔；根据合同约定，发包人认为有权得到赔付金额和(或)延长缺陷责任期的,应通过监理人向承包人发出通知。

索赔证据是当事人用来支持其索赔成立或和索赔有关的证明文件和资料。若证据不全、不足或没有证据,索赔是很难获得成功的。

索赔报告是承包人向发包人索赔递交的正式书面材料,也是发包人审议承包人索赔请求的主要依据。索赔报告通常包括总述部分、论证部分、索赔款项或工期计算部分、证据部分4部分。

施工索赔应掌握一定的策略和技巧,注意防范容易出现的问题。

索赔费用与工程计价相似,包括直接费、间接费和利润。直接费部分主要是人工费、材料费、设备费、工地杂费和分包费,间接费主要包括工地和总部管理费、保险费、手续费和利息等。索赔费用的计算方法很多,主要有三种,即总费用法、修正的总费用法和实际费用法。

工期索赔的计算主要有网络图分析法、对比分析法、劳动生产率降低计算法和简单累加法。

思考题

某桩基础工程施工,因甲方施工图纸和桩提供不及时,致使施工方施工机械停滞、工人待工。现施工方已向甲方提出工期索赔和费用索赔,并附计算书。

(1) 折旧年限为10年,机械购置费为325万元,折合机械停滞费为890元/d。

(2) 人工的窝工损失按日工资标准计算。

问:施工方的计算方法是否合理?并附带相关依据或者规范规则。

复习题库及答案

模块实训

1.由指导教师提供工程案例。

例如:某城市职业学院在实训大楼建设的土方工程中,承包商在合同标明有坚硬岩石的地方没有遇到坚硬岩石,因此工期提前2个月。但在合同中另一未标明地下水位处在施工面以下的地方遇到地下水位高于最低施工面的情况,因此导致开挖工作变得困难,由此造成实际生产率比原计划低得多,经测算影响工期3个月。施工效率低,导致后序施工任务延误到雨季进行,按一般公认标准推算,又影响工期2个月。施工单位因此造成的各项损失准备提出索赔。

2.指导教师提出关于施工索赔的问题。

如:(1) 该项施工索赔能否成立?为什么?

(2) 在该索赔事件中，应提出的索赔内容包括哪些方面？

(3) 在工程施工中，通常可以提供的索赔证据有哪些？

3. 分组讨论，每组 5～6 人，由各组组长负责。

4. 处理工程案例中的问题，形成书面报告。

5. 编制索赔报告。实训成果包括处理施工索赔问题的书面报告和索赔报告。

模块九　国际工程招投标

【模块概述】

随着全球化的加速发展，国际间的合作与交流日益频繁。面对这种情况，系统、认真地学习和掌握国际工程招投标的有关知识是对每一位工程管理人员的基本要求，也是我国工程项目管理与国际接轨的基本条件。本模块主要介绍国际工程招投标的内容和特点、FIDIC施工合同条件等有关知识。

【学习目标】

1. 理解国际工程招投标的内容及特点。
2. 熟悉国内和国际工程招投标的联系和区别。
3. 掌握国际工程投标策略。
4. 了解FIDIC和FIDIC施工合同条件。
5. 了解FIDIC施工合同条件的具体应用。
6. 理解FIDIC施工合同条件的保险条款和索赔条款。
7. 熟悉FIDIC施工合同条件争端的解决和适用法律的选择。

【能力目标】

通过本模块的学习，学生应学会与团队成员建立良好的沟通关系，能够有效地推动国际工程招投标的进行。

【素质目标】

培养学生爱岗敬业、忠于职守的职业精神，帮助学生树立技能成才、技能报国的人生理想。

任务一　概述

国际工程是一种综合性的国际经济合作方式。国际工程的咨询、融资、规划、设计、施工、管理、培训及项目运营等阶段的参与者来自不同国家，并且按照国际通用的项目管理模式和方法进行管理。国际工程包括在国内进行的涉外工程和在国外进行的海外工程。一般情况下，国际工程的建设周期长、占用资金量大、施工技术复杂、管理水平要求高、不可预测的技术经济风险大，所以发包人希望选择施工技术水平高、能力强、经验丰富、质量好、效率高，且工程价款合理的承包人；承包人则希望承包盈利丰厚且自己在技术和管理上擅长的投资项目。于是，国际工程发承包双方会本着商品经济的竞争原则互相选择对方，这种选择的重要方式就是国际工程招投标。

一、国际工程招投标的内容及特点

随着全球经济的发展，国际工程招投标已经成为国际经济合作的重要方式之一。下面介绍国际工程招投标的内容及特点。

1. 国际工程招投标的内容

国际工程招投标包括国际工程招标和投标。

(1) 国际工程招标。

国际工程招标主要包括确定招标方式、确定招标的基本程序、完成招标前的准备工作、开标、评标、定标等工作内容。

① 确定招标方式。国际上通常采用的招标方式有两类：一类是竞争性招标，这类招标分为公开招标和选择性招标，也就是国内常用的公开招标和邀请招标；另一类是非竞争性招标，主要是谈判招标。谈判招标适用于专业技术性较强、施工难度较大、多数投标人难以胜任的工程项目，在这种招标方式下，投标人能否中标的决定因素不是价格，而是投标人的技术能力、施工质量和工期等条件。通常，招标方式可根据工程资金来源情况、工程情况、市场竞争情况等确定。

② 确定招标的基本程序。国际工程招标的基本程序一般可以分为确定项目策略、投标人资格预审、招标、投标、开标、评标、定标、订立合同等阶段。

③ 完成招标前的准备工作。招标前的准备工作主要包括成立招标机构、发布招标公告、进行资格预审、组织现场踏勘、编制招标文件等。国际工程招标项目成功的关键往往在于招标前的准备工作。在实际国际工程招标过程中，因事先考虑不周而导致招标失败的情况屡见不鲜。因此，招标人需要高度重视招标前的准备工作，以确保招标顺利进行。

④ 开标。投标截止后，招标人应按照招标文件规定的时间和地点进行开标。开标方式可以是当众公开，也可以是非当众公开，还可以是在一定的限制范围内公开。开标方式需要根据招标公告规定的程序进行选定。

⑤ 评标。评标主要包括两方面的工作：一方面是符合性审查，即审查投标文件的符合性和核对投标报价；另一方面是实质性响应审查，即审查投标文件是否符合招标文件的实质性要求。

⑥ 定标。评标委员会经过深入分析和比较投标文件后，应向招标人提交一份详细的综合评标报告，该评标报告是招标人定标的重要依据。招标人选择中标人，除依据评标报告的有力论证外，也可以是出于某种特殊原因，甚至是出于对经济、政治方面的特殊考虑。招标人确认中标人后，应向中标人发出中标通知书，并邀请中标人商签合同。

(2) 国际工程投标。

国际工程投标主要包括投标决策、完成投标前的准备工作、确定投标报价、编制和递交投标文件等工作内容。

① 投标决策。面对众多的国际工程招标项目,投标人首先需要确定投标对象,这是一项重要的投标决策。其次,投标人需要仔细考虑是选择独立投标还是联合投标,是作为总承包人参与投标还是作为分包人参与投标。投标人可以根据自己在技术、财务、管理等方面的能力,以及自己与招标人和其他投标人之间的关系,权衡比较后再进行投标决策。

② 完成投标前的准备工作。进行投标前,投标人应对招标项目的情况进行调查,熟悉与投标有关的技术规范、商业条款和政府的政策规定,做好投标前的准备工作。投标是一个比实力、比技术、比信誉、比能力、比技巧、比策略的竞争过程,投标前充分的准备工作是中标的前提。

③ 确定投标报价。确定投标报价是整个投标过程的核心工作,是投标成败的关键。投标人应采用合理的投标报价计算程序和方法,做到既能在投标报价上击败竞争对手、成功中标,又能保证项目完工后获得合理的利润或达到计划的目标。

④ 编制和递交投标文件。投标人应按招标文件的要求编制投标文件。投标文件编制完成后,应按招标文件的要求进行装订密封,并在规定的时间内递交到指定的地点。

需要注意的是,在投标过程中,一些细节性工作也很重要,如致函的措辞、填标、装订等,这些工作做不好也会导致整个投标工作前功尽弃。因此,投标人应充分重视投标过程中的细节性工作。

2. 国际工程招投标的特点

国际工程招投标的情况比较复杂,从总体上看,国际工程招投标主要具有商业性、综合性、技术复杂性、风险性、国际竞争性、法制性、工程所在地的制约性等特点。

(1) 商业性。

国际工程招投标是以建设工程为商品的生产和交换过程。投标人进行投标的目的是获得尽可能高的利润,同时赢得良好的信誉。由此可见,国际工程招投标具有明显的商业性。

(2) 综合性。

通常,国际工程招投标包括设计、设备采购、施工安装、人员培训、资金融通等内容。这些内容涉及工程、技术、经济、金融、贸易、管理等方面。因此,国际工程招投标表现出显著的综合性。

(3) 技术复杂性。

国际工程招投标涉及的技术范围广,对技术的要求高,需要投标人具备较高的技术水平和丰富的经验。因此,国际工程招投标具有一定的技术复杂性。

(4) 风险性。

国际工程从招标、投标到竣工验收,短则数年,长则十数年。在此期间难免会遇到各种事故,如动乱、政变、罢工等不可抗力事件,物价上涨、货币贬值、工程自然地理条件变化等也可能影响工程的进行。因此,国际工程招投标具有较大的风险性。

(5) 国际竞争性。

国际工程通常交易金额大、利润高,本身就具有激烈的国际竞争性。而且从商品、技术到劳动力,各个国家或地区的成本和价格都有较大差异,投标人需要利用各自优势,想方设法在竞争中取胜。另外，由于这种激烈的竞争，招标人有可能对工程削价或提高条件，这也加剧了国际工程招投标竞争的激烈程度。

（6）法制性。

国际工程招投标是在工程所在地法律法规的制约下进行的，并且发承包双方签订的合同、协议等都受法律保护，正式业务书信经签名后即具有法律效力。如果出现争端和争执，需要时可以诉诸法律。因此，国际工程招投标具有显而易见的法制性。

（7）工程所在地的制约性。

国际工程所在地为保护当地行业的利益，一般会实行保护主义，限制外国公司的经营活动。例如，有些国家会对外国公司在经营资格和经营范围上加以限制，规定本国劳动力和技术人员享有就业优先权，对外国公司规定较高的税率等。另外，不少发达国家会限制外汇流出，并限制外国劳动力入境。很多措施和法令也都起到了保护本国利益和制约外国公司的作用。因此，国际工程招投标表现出工程所在地的制约性。

二、国内和国际工程招投标的联系和区别

招投标是商品经济的产物，是建筑承包市场商品交易的重要方式，因此，国内和国际工程招投标必然存在较为密切的联系。招投标是一种不仅涉及一定的科学技术、经济制度，还涉及一定的政治法建制度、社会风俗习惯的复杂商务活动。由于各国政治经济制度的差异，经济发展的变化，经济体制、政策法规、风俗习惯等的不同，国内和国际工程招投标在内容和形式上必然存在区别。

1.国内和国际工程招投标的联系

招投标制度是适应社会生产力水平发展起来的社会化生产经营管理方式，不仅体现了特定的生产关系和上层建筑的要求，而且深刻反映了招投标制度与社会生产力水平之间的紧密关系。因此，单纯从社会生产力水平和社会管理角度来看，国内和国际工程招投标制度具有密切的联系。

（1）国内和国际工程招投标都受自然规律和时间序列的约束。国内工程招投标需要遵循从制订规则、设计、施工到投产等一系列既定的建设程序，国际工程招投标也需要遵循国际上普遍适用的建设程序。从招投标自身的建设程序来看，无论国内还是国际工程招投标，都应严格遵循自然规律所决定的时间序列。

（2）国内和国际工程招投标都是商品经济的产物。

2.国内和国际工程招投标的区别

由于国内和国际商品经济发展的历史存在差异，而且不同国家或地区的政治经济制度、法律制度、民俗习惯也有所不同，国内和国际工程招投标存在着一定的区别。

（1）国内和国际工程招投标制度的完善程度不同。资本主义商品经济发展了数百年，招投标制度已经过长期的反复实践，形成了较为完善的体系和机构。我国的招投标制度是20世纪80年代才建立起来的，无论是从体制建设上还是机构建设上都需要继续完善。

（2）国内和国际工程招投标的政治、经济制度不同。我国是以公有制为主体的社会

主义国家,而参与国际工程承包的绝大多数投标人都来自实行私有制的资本主义国家。公有制条件下企业之间的权利、责任、利益关系的界限和约束不可能像私有制条件下企业之间那样分明。即使在国际工程招投标中,这种弱势有时也能显现出来。另外,由于国有企业资产为国家所有,国家拥有任意处置权,在国际工程招投标中,招标人往往以资产可以任意转移为借口,拒绝国内公司以公司资产抵押作为担保的保函。

需要注意的是,国内工程招投标面临的是同样的政治经济环境,而国际工程招投标由于涉及的范围广,各个项目所在地的政治经济环境会有明显差异。为了确保项目盈利,需要充分了解项目所在地的政治经济稳定程度,预防政治经济风险。

(3) 国内和国际工程招投标的技术规范、政策法规、金融制度、经济法规等有较大的差异。国内工程招投标按照政府有关部门的规定,使用统一的技术规范,套用规定的定额,遵循一定的政策法规、经济法规。在国际工程招投标过程中,虽然大多数项目采用国际通用的规范,但项目所在地有权使用自己特定的技术规范,投标人需要谨慎,避免因此造成失误。

(4) 国内工程招投标的方法及规定不同于国际惯例。例如,在费用计算方法上,国内工程招投标一般采用的是单价加取费的方法,而国际工程招投标采用的是按市场情况确定的综合单价法;在合同范本上,国内工程招投标采用的是国内范本,而国际工程招投标大多采用的是国际通用的合同文本,如 FIDIC 施工合同条件等。

三、国际工程投标策略

国际工程投标是一项紧张又特殊的国际商业竞争活动。目前,国际工程招标多是针对大型、复杂的工程项目进行的,因此投标竞争存在较大的风险。制订投标策略就是为了使投标人更好地发挥自己的实力,在影响投标成功的各项因素上展现出自己的相对优势,从而取得投标的成功。常用的国际工程投标策略有深入腹地策略、联合体投标策略、最佳时机策略、公共关系策略等。

1. 深入腹地策略

深入腹地策略是指投标人利用各种方法,进入工程所在地,使自己尽可能地接近或转变为当地企业,以谋取国际投标的有利条件。深入腹地策略的实施方法主要有在工程所在地注册登记和在工程所在地聘请投标代理人。

(1) 在工程所在地注册登记。

许多国家或地区在国际工程招标的问题上,采取对本国投标人与外国投标人的差别性政策,给本国投标人更多的优惠,这一点在发展中国家尤为明显。有些国家在招标文件中明文规定,本国投标人享受一定的优惠,较大的投标报价差别就削弱了外国投标人的投标报价竞争力。

有些发达国家虽然从其招标法律或条文中找不到对投标人的差别待遇规定,但在实际操作时,会以各式各样的条例限制外国投标人与本国投标人竞争。因此,国际工程招标都会有所偏向,只不过有些采用公开方式,而有些实施隐蔽政策。

为保持自己的竞争优势,外国投标人应在条件允许的情况下,将自己转变为当地企业，以享受优惠待遇。投标人参加某国国际工程招标之前，在该国贸易注册局或有关机构注册登记，是转变为该国公司的有效途径。投标人在工程所在地注册登记后成为当地法人，就成为当地独立的法律主体，从事民事和贸易活动时，应接受当地法律管辖，并拥有与当地投标人平等的权利和地位。

（2）在工程所在地聘请投标代理人。

在工程所在地聘请投标代理人是指外国投标人作为委托人，授权工程所在地的某人或某机构，代表委托人进行投标及有关活动。在工程所在地聘请投标代理人有以下三个优点。

① 有助于完善国际工程投标手续。有些国家或地区把聘请当地投标代理人作为国际工程投标的法定手续。有些国家或地区规定，投标人若没有在当地设立分支机构，则需要聘请合法注册的当地投标代理人才能投标。

② 有助于深入理解招标文件。投标人对国外招标文件的理解可能受两方面因素的制约。一方面是文字语言因素。招标文件条款翻译稍有差距，就会影响投标报价的准确性。有些国家或地区规定，招标必须使用当地语言，而当地投标代理人可起到详细、准确解释招标文件的作用。另一方面是背景资料因素。国际招标文件中各项条款不可能每项都十分具体，对那些在当地已经形成的惯例和规则的表述更为简单笼统。外国投标人要想深入理解招标文件，需要借助各种背景资料来了解工程所在地的招标程序和惯例等，而当地投标代理人可起到提供有关背景资料的作用。

③ 有助于了解当地的招标信息，掌握当地国际工程招标的习惯做法，咨询当地国际工程招标法律规章的问题，还可以由当地投标代理人出面联系处理有关事宜，从而提高企业投标竞争力。有些国家或地区规定，当地已能生产的与投标有关的原料或产品不能进口，即使允许进口，也要在投标总量中包含一定比例的当地产品。在参加这些国家或地区的国际工程投标时，外国投标人可以通过当地投标代理人了解工程所在地已能生产的与投标有关的原料或产品，从而在投标文件中排除这些原料或产品或留出一定比例，由当地投标人分包。

在工程所在地聘请投标代理人需要注意以下事项。

① 聘请具有法人资格、一定注册资本和代理投标经验，或在当地国际工程招标市场上具有权势和影响力的人担任投标代理人。这样，外国投标人就可利用其优势打开国际工程投标局面，并可采取一些特殊方法对招标机构施加影响，为自己争取中标。

② 聘请当地投标代理人需要订立代理合同或协议。外国投标人要与当地投标代理人订立代理合同或协议，明确委托人和当地投标代理人各自的权利与义务，说明当地投标代理人进行投标及其他活动的权限范围，确定委托人向当地投标代理人支付报酬的方式和数量。订立代理合同或协议时，要认真考虑聘用当地投标代理人的时间，详尽规定当地投标代理人的权限范围。根据外国投标人从事投标的需要，代理合同的时间可长可短。为了保证投标活动和中标后经营活动的连续性，可长期聘用当地投标代理人。

需要特别注意的是，在国际工程招标市场前景良好、招标活动频繁的国家或地区，委托人可以与当地有能力的投标代理人建立长久的合同关系，投标代理人的权限范围是代理合同或协议的重要内容。若该部分条款空洞笼统，投标代理人职责不明，投标代理人就很可能起不到应有的作用,甚至出现权力滥用现象,给委托人带来不良后果。

2.联合体投标策略

联合体投标策略是指投标人使用联合体投标的方法,改变外国投标人不利的竞标地位,提高竞标水平的投标策略。采取联合体投标策略时,应由两个及以上投标人根据投标项目组成单项合营,注册成立合伙企业或结成松散的联合体,共同投标报价。

联合体投标成员要签订联合体协议书,规定各自的义务、分担的资金、分别提供的设备和劳动力等,其中一位成员作为合同执行的代表,即作为负责人(又称为主办人或责任人),与其他成员(称为合伙人)一起受到联合体协议书条款的约束。联合体投标策略的作用主要包括以下几个方面。

① 扩大投标人的实力。中小企业可以采用联合体投标策略来扩大实力,以便与资金雄厚、专业和技术水平高的大企业竞争。我国参加国际工程投标的时间相对较短,技术管理水平在短时间内难以赶上世界一流的跨国公司。所以,与技术或管理方面实力较强的公司组成联合体投标,是取长补短的有效办法。

② 符合国际工程招标的要求。为了扶持当地企业,发展民族经济,一些国家或地区要求外国投标人与当地投标人组成联合体投标。有些国家或地区甚至对联合体投标予以鼓励,比如规定若外国投标人与当地投标人组成联合体投标,且当地投标人的股份在50%以上,则该联合体可以在评标时享受7.5%或更多的优惠。

③ 分散风险。国际工程投标一旦中标,利润十分可观,但同时也伴随着巨大的风险。由于国际工程涉及较长的周期和复杂的外部环境,单个投标人往往难以承受所有的风险。组成联合体投标时,投标人可以通过签订联合体协议书,共享利润、共担风险,将风险分散给各联合体成员。

3.最佳时机策略

最佳时机策略是指投标人在接到投标邀请至截止投标这段时间内,选择最有利的时间递交投标文件的投标策略。投标时间的选择对于投标能否成功具有很大影响。

在选择最佳时机时,投标人应遵循反应迅速、战术多变、情报准确等原则,并密切关注市场和竞争对手的动态。投标人即使有了较为准确的投标报价,仍然需要等待最佳时机,在重要竞争对手出手后再采取行动。竞争对手的数量和投标报价的高低会严重影响投标人中标的可能性。所以,投标人应在了解竞争对手的情况后,根据实际中标的可能性调整原投标报价,使其更加合理。

在国际工程招标过程中,投标人通常会采取保密措施来防止竞争对手了解自已的根底。因此,一个投标人不可能完全掌握竞争对手的详细资料。这时投标人应瞄准一个或两个主要的竞争对手,在主要竞争对手投标之后进行投标报价。这样可以在一定程度上迷惑竞争对手,使自己更具竞争优势。

4.公共关系策略

公共关系策略是指投标人在投标前后加强同外界的联系,通过各种方式宣传和扩大企业的影响力,同时与招标人建立良好的沟通关系,以争取更多中标机会的投标策略。目前,在国际工程招标中,这种场外活动比较普遍,因为招标过程不仅涉及技术和价格的竞争,还涉及企业形象和信誉的竞争。

公共关系策略的主要方法包括加强与当地招标机构、政府官员和社会名流的联系,以及通过各种宣传方式向外界展示企业的实力和优势。这些方法有助于提高企业的知名度和信誉度,增强招标人对企业的信任感,从而增加中标的可能性。

需要注意的是,公共关系策略的宗旨是培养外界对企业的信任与认可。公共关系策略运用得当会对中标产生积极的效果。因此,在使用时要特别注意不同工程所在地的文化习俗差异,见机行事,有的放矢。

任务二　FIDIC 施工合同条件

合同条件是合同文件最为重要的组成部分。在国际工程发承包中,发承包双方在签订施工合同时,常参考一些国际知名专业组织编制的标准合同条件,本任务主要介绍 FIDIC 编制的施工合同条件。

一、FIDIC 简介

FIDIC 是一个国际性的非官方组织,其中文名称是国际咨询工程师联合会,英文名称是 International Federation of Consulting Engineers, FIDIC 则是其法文名称的缩写。FIDIC 是由瑞士、法国、比利时三个国家的咨询工程师协会在 1913 年成立的。经过一百多年的发展,FIDIC 已拥有很多国家或地区的咨询工程师专业团体会员。FIDIC 是被世界银行认可的国际咨询服务机构,其总部设在瑞士洛桑。我国于 1996 年正式加入 FIDIC。

FIDIC 下设亚洲及太平洋地区成员协会(ASPAC)、非洲成员协会集团(CAMA)等地区成员协会。FIDIC 还下设了许多专业委员会,如业主与咨询工程师关系委员会(CCRC)、土木工程合同委员会(CECC)、电器机械合同委员会(MECC)及职业责任委员会(PLC)等。FIDIC 编制了许多标准合同条件,如《土木工程施工合同条件》《电器和机械工程合同条件》等。这些合同条件不仅被 FIDIC 成员国采用,也被世界银行、亚洲开发银行等国际金融机构采用。

二、FIDIC 施工合同条件简介

FIDIC 施工合同条件主要包括通用合同条件和专用合同条件。

1. FIDIC 通用合同条件

工程建设项目不论属于哪个行业,也不管处于何地,只要是土木工程类的施工,均可采用 FIDIC 通用合同条件。FIDIC 通用合同条件共有 20 条,包括一般规定,发包人,监理人,承包人,分包人,职员和劳工,永久设备、材料和工艺,开工、延误和暂停,竣工检验,发包人的接收,缺陷责任,测量和估价,变更和调整,合同价款和支付,发包人提出的终止,承包人提出的暂停和终止,风险与职责,不可抗力,保险,索赔、争端和仲裁等。

2. FIDIC 专用合同条件

FIDIC 专用合同条件是相对于 FIDIC 通用合同条件而言的,其主要作用是根据准备实施项目的工程专业特点,以及工程所在地的政治、经济、法律、自然条件等地域特点,将 FIDIC 通用合同条件中的规定具体化。FIDIC 专用合同条件还可以对 FIDIC 通用合同条件中的规定进行相应的补充、完善和修订,或取代其中的某些内容,也可以增补 FIDIC 通用合同条件中没有的条款。

虽然 FIDIC 通用合同条件可以适用于所有土木工程类的施工,且条款也非常具体和明确,但是不少条款还需要前后串联、对照才能最终明确其全部含义,或与 FIDIC 专用合同条件相应序号联系起来,才能构成一条完整的内容。在 FIDIC 施工合同管理中,关于施工质量管理、施工进度管理、工程价款管理等方面的规定,与我国通用的建设工程施工合同的有关规定类似,这里不再赘述。

三、FIDIC 施工合同条件的具体应用

1. FIDIC 施工合同条件适用的工程类别

FIDIC 施工合同条件主要适用于一般的土木工程施工项目,包括工业与民用建设工程、土壤改善工程、道桥工程、水利工程、港口工程等。

2. FIDIC 施工合同条件适用的合同性质

FIDIC 施工合同条件主要适用于国际工程施工项目,但随着 FIDIC 施工合同条件的不断更新,标题中的“国际”一词已被删除,这使得 FIDIC 施工合同条件不仅适用于国际工程施工项目,而且同样适用于国内工程施工项目(需要对专用合同条件进行修改)。

3. 应用 FIDIC 施工合同条件的前提

FIDIC 施工合同条件注重发包人、承包人、监理人之间关系的协调,强调监理人在项目管理中的作用。在土木工程施工项目中,应用 FIDIC 施工合同条件需要具备以下前提。

① 通过竞争性招标确定承包人。

② 委托监理人对工程施工进行监理。

③ 按照单价合同编制招标文件。

4. FIDIC 施工合同条件的保险条款

FIDIC 施工合同条件的保险条款规定了承包人在施工过程中需要负责购买的保险。其中,常见的保险主要包括工程保险、货物保险、专业责任缺陷保险、人身伤害和财产损失保险等。

(1) 工程保险。

承包人应以承包人和发包人的联合名义,从开工日期到颁发工程接收证书之日,为以下各项购买保险。

① 工程和承包人的文件,以及用于工程的材料与设备,包括其全部重置价值。保险范围应扩大到包括因使用有缺陷的材料、工艺设计或建造的构件出现故障而导致的工程

任何部分的损失。

② 施工过程中工程的所有损失。保险范围应包括发包人和承包人因任何原因造成的所有损失。

(2) 货物保险。

承包人应以承包人和发包人的联合名义,按合同资料中规定的范围或金额为承包人运至现场的货物和其他物品购买保险。

(3) 专业责任缺陷保险。

承包人应以承包人和发包人的联合名义,为其在施工过程中的任何不当行为、错误或疏忽引起的专业责任缺陷购买保险。

(4) 人身伤害和财产损失保险。

承包人应以承包人和发包人的联合名义,为施工过程中引起的任何人身伤害或死亡,或任何财产(除工程外)损失或损坏购买保险。

5. FIDIC 施工合同条件的索赔条款

FIDIC 施工合同条件的索赔条款规定了因施工过程中可能出现的不利情况或事件,导致承包人遭受损失或成本增加时,承包人可以向发包人提出索赔的情形。根据 FIDIC 施工合同条件,索赔的原因主要包括以下几个方面。

① 工期延误。发包人未能按照合同规定的时间提供施工图纸、材料与设备,以及其他原因导致工期延误,承包人可以提出工期索赔。

② 成本增加。如果施工过程中遇到不利情况或事件,导致承包人需要增加成本来完成工程,承包人可以提出费用索赔。例如,工程变更、单价改动、规范改变或不可预见事件等。

③ 合同缺陷。如果发包人提供的合同条件存在缺陷或错误,导致承包人需要承担额外的工作或费用,承包人可以提出索赔。

④ 发包人违约。如果发包人未能按照合同规定履行其义务,导致承包人遭受损失或成本增加,承包人可以提出索赔。

承包人和发包人在索赔过程中应遵循以下规定。

① 承包人应在引起索赔的事件或情况发生后 28 天内向监理人提交索赔意向通知书,承包人还应提交一切与该事件或情况有关的其他书面材料,以及详细的索赔报告。

② 承包人应做好用以证明索赔的同期记录,监理人在收到索赔意向通知书后,应在不必事先承认发包人责任的情况下监督此类记录,并可以指示承包人保持进一步的同期记录。承包人应按监理人的要求提供此类记录的复印件,并允许监理人审查所有此类记录。

③ 在引起索赔的事件或情况发生后 84 天内,或在监理人批准的其他合理时间内,承包人应向监理人提交一份索赔报告,详细说明索赔的依据、索赔的工期和索赔的费用。

④ 监理人在收到索赔报告或该索赔进一步的详细证明报告后 14 天内,或在承包人同意的其他合理时间内,应表示批准或不批准,并就索赔的原则给出回应。

⑤ 监理人根据合同规定确定承包人可获得的工期延长和费用补偿。如果承包人提供的详细证明报告不足以证明全部的索赔,那么他仅有权得到已被证实的那部分索赔。

需要注意的是,如果承包人未能在引起索赔的事件或情况发生后28天内向监理人提交索赔意向通知书,那么承包人就丧失了索赔权。

6. FIDIC施工合同条件争端的解决

在国际工程项目实施中,争端是难以避免的。如果发包人与承包人在合同实施过程中发生了争端,任一方均可以书面形式将争端提交争端裁决委员会(DAB)裁定,同时应将副本送交另一方和监理人。FIDIC施工合同条件中有关争端解决的规定如下。

① 如果DAB在收到书面报告后未能在84天内对如何解决争端给出决定,那么合同双方中任一方都可在上述84天期满后的28天内向对方发出要求仲裁的通知。

② 如果DAB将其决定通知了合同双方,而合同双方在收到此通知后的28天内都未就此决定向对方表示不满,那么该决定即为对合同双方都有约束力的最终决定。

③ 如果合同双方中任一方对DAB的裁决不满,那么他应在收到该决定通知后的28天内向对方发出表示不满的通知,并说明理由,表明准备提请仲裁。

需要注意的是,在一方发出表示不满的通知后,仲裁需要56天之后才能开始。合同双方应充分利用这段时间,争取通过友好方式解决争端。

④ 如果一方发出表示不满的通知56天后,争端未能通过友好方式解决,那么此类争端应提交国际仲裁机构进行最终裁决。除非合同双方另有协议,仲裁应按照国际商会的仲裁规则进行。

⑤ 当DAB对争端给出决定之后,如果一方既未在28天内提出表示不满的通知,又不遵守此决定,那么另一方可不经友好解决阶段直接将此不执行决定的行为提请仲裁。

需要注意的是,只要合同尚未终止,承包人就有义务按照合同继续施工。未通过友好解决或仲裁改变DAB给出的决定之前,合同双方应执行DAB给出的决定。

7. FIDIC施工合同条件适用法律的选择

当FIDIC施工合同条件应用于国际工程项目时,由于国际工程项目一般会涉及多个国家或地区,因此FDIC施工合同条件适用法律的选择具有多样性。各个国家或地区的政治制度、经济制度、民族习惯等存在很大的差异,这必然决定了各个国家或地区的法律制度也有很大的不同。合同双方选择合适的法律对于确保双方的权利和义务至关重要。合同双方在选择FIDIC施工合同条件的适用法律时,通常需要考虑以下因素。

① 工程项目所在地的法律要求。如果工程项目所在地对合同适用的法律有明确规定,那么合同双方在选择适用法律时,必须遵守工程项目所在地的法律规定。

② 合同双方的法律背景。合同双方所在地的法律体系、法律文化,以及司法实践都可能影响合同的解释和执行,因此,合同双方在选择适用法律时,需要考虑合同双方的法律背景。

③ 第三方利益的保护。国际工程项目会涉及多个利益有关方,如供应商、分包人等。合同双方在选择适用法律时,需要考虑保护第三方的利益,确保国际工程项目的顺利进行。

④ 国际惯例和仲裁机制。在国际工程项目中,合同双方通常会选择国际公认的仲裁机构解决争端。因此,合同双方在选择适用法律时,需要考虑该法律是否与所选仲裁机

构的仲裁规则相兼容。

FIDIC 施工合同条件在国际工程项目中的应用涉及复杂的法律选择问题。为确保合同的顺利履行和项目的成功实施，合同双方需要充分协商，权衡各种因素，选择最合适的适用法律。

任务三　鲁布革工程国际招投标案例

一、鲁布革工程介绍

鲁布革水电站位于云南省罗平县与贵州省兴义市交界的黄泥河下游，整个工程由首部枢纽、引水系统和厂房枢纽三部分组成。

首部枢纽最大坝高 103.5 m；引水系统由电站进水口、引水隧洞、调压井、高压钢管四部分组成，引水隧洞总长 9.38 km，开挖直径 8.8 m，调压井内径 13 m，井深63 m，两条高压钢管长 469 m、内径 4.6 m、倾角 48°；厂房枢纽包括地下厂房及其配套的 40 个地下洞室群。厂房总长 125 m，宽 18 m，最大高度 39.4 m，安装四台 15 万 kW 的水轮发电机，总容量 60 万 kW，年发电量 28.2 亿 kW · h。

早在 20 世纪 50 年代，国家有关部门就开始安排了对黄泥河的踏勘。中国电建集团昆明勘测设计研究院有限公司承担项目的设计。水电部在 1977 年着手进行鲁布革电站的建设，水电十四局中开始修路，进行施工准备。但由于缺乏资金，准备工程进展缓慢，前后拖延了 7 年。1981 年 6 月，经国家批准，鲁布革电站列为重点建设工程，总投资 8.9 亿美元，总工期 53 个月，要求 1990 年全部建成。

为了使用世界银行贷款，工程三大部分之一的引水系统工程被从水电十四局中分离出来，投入了国际施工市场。在中国、日本、挪威、意大利、美国、联邦德国、南斯拉夫、法国 8 个国家承包商的竞争中，日本大成公司以比中国与外国公司联营体投标价低 3600 万元的报价中标。于是形成了“一项工程、两种体制、三方施工”的格局。两种体制是：一种是以云南电力局为业主，鲁布革工程管理局为业主代表及“工程师机构”，日本大成公司为承包方的合同制管理体制；一种是以鲁布革管理局为甲方，以水电十四局为乙方的投资包干管理体制。三方施工是：一方是由挪威专家咨询，由水电十四局三公司承建的厂房枢纽工程；一方是由澳大利亚专家咨询，由水电十四局二公司承建的首部枢纽工程；一方是由日本大成公司承建的引水系统工程。

引水系统工程于 1984 年 6 月 15 日发出中标通知书，7 月 14 日签订合同，7 月 31 日发布开工令，1984 年 11 月 24 日正式开工。中国工人在大成公司的管理体制下，创造了惊人的效率。日本大成公司派一支三十多人的管理队伍到中国，从水电十四局雇佣了 424 名劳务工人，他们开挖隧道，单头月平均进尺 222.5 m，全员劳动生产率 4.57 万元/人。1988 年 8 月 13 日正式竣工。合同工期为 1597 天，实际工期为 1475 天，提前 122 天。

水电十四局承担的首部枢纽工程 1983 年开工，由于种种原因，进展迟缓，世界银行特别咨询团于1984年4月和1985年5月两次来工地考察,都认为按期完成截流难以实现。水电十四局鲁布革工程指挥部开始扩大自主权,调整领导结构,推行新的管理体制。首先在首部枢纽工程发动了千人会战。局长、指挥长都成了目标责任制的负责人,他们也昼夜奋战在工地。最后,奇迹终于被创造出来了:1985年11月,大坝工程按期截流。鲁布革经验迅速成为中国工程管理改革的突破口和催化剂,推动了我国施工企业管理直至项目管理的本质的变化。

二、鲁布革工程经验

(1) 工程采购实行公开竞争性招标。

(2) 工程招标采用严格资格预审条件下的低价中标原则。

各投标人的折算报价如表9-1所示。

表9-1 鲁布革水电站引水系统投标报价一览表

投标人	折算报价/元	投标人	折算报价/元
日本大成公司	84630590.97	南斯拉夫能源工程公司	132234146.30
日本前田公司	87964864.29	法国SBTP公司	179393719.20
意美合资英波吉洛联营公司	92820660.50	中国闽昆、挪威FHS联营公司	121327425.30
中国贵华、联邦德国霍兹曼联营公司	119947489.60	德国霍克蒂夫公司	内容系技术转让,不符合投标要求,废标

(3) 出资人、融资机构对招标过程乃至项目管理过程实行监督审查。

(4) 大成公司按照现代项目管理方法实施项目。

(5) 设计施工一体化。

(6) 项目法人制度与“工程师”监理制度。

(7) 合同管理制度。

模块小结

本模块重点讲述国际工程招投标相关内容。国际招投标是一种国际上普遍应用的、有组织的市场交易行为,是国际贸易中一种商品、技术和劳务的买卖方。国内和国际工程招投标有联系和区别,国内和国际工程招投标的技术规范、政策法规、金融制度、经济法规等有较大的差异。合同条件是合同文件最为重要的组成部分。在国际工程发承包中,发承包双方在签订施工合同时,常参考FIDIC编制的施工合同条件。

思 考 题

1. 简述国际工程招投标的特点。
2. 简述在工程所在地聘请投标代理人的优点。
3. FIDIC 通用合同条件包括哪些内容?

复习题库及答案

模块实训

以 3～5 人为一组,选出组长并进行小组分工,学生以小组为单位分析指导教师提供的建设工程施工合同与 FIDIC 施工合同条件的主要内容与差异。将小组概况及分工填入表 9-2。在开展活动前,请各组组长组织组员学习有关资料,讨论下列引导问题:① 国际工程招投标的内容是什么? ② 国际工程投标策略有哪些? ③ 应用 FIDIC 施工合同条件的前提包括哪些? ④ 合同双方在选择 FIDIC 施工合同条件的适用法律时,通常需要考虑哪些因素?

表 9-2　**小组概况及分工**

班级:		组号:	指导教师:
小组成员	姓名	学号	分工
组长			
组员			

根据小组分工,每人制订一份学习计划,并在组内进行阐述。组员之间进行提问与答疑,选出最佳的学习计划,并将其填写在表 9-3 中。

表 9-3　**学习计划**

序号	学习内容	负责人
1		
2		
3		
4		
5		
6		

按照本组选出的最佳学习计划进行有关知识的学习，并对指导教师提供的建设工程施工合同与 FIDIC 施工合同条件进行分析，将各项主要内容的差异和分析过程中遇到的问题及其解决方法记录在表 9-4 中。

表 9-4 **学习记录表**

班级： 组号：

序号	主要内容	差异		分析过程中遇到的问题及其解决方法
		建设工程施工合同	FIDIC 施工合同条件	
1	合同背景			
2	合同结构			
3	合同范围			
4	价格与支付			
5	工期与进度			
6	质量与验收			
7	变更与索赔			
8	风险与责任			
9	其他条款			

参考文献

[1] 中华人民共和国住房和城乡建设部,中华人民共和国国家质量监督检验检疫总局. GB 50500—2013 建设工程工程量清单计价规范. 北京:中国计划出版社,2013.

[2] 《标准文件》编制组. 中华人民共和国标准施工招标资格预审文件(2007 年版). 北京:中国计划出版社,2007.

[3] 《房屋建筑和市政工程标准施工招标文件》编制组. 中华人民共和国房屋建筑和市政工程标准施工招标文件(2010 年版). 北京:中国建筑工业出版社,2010.

[4] 《标准文件》编制组. 中华人民共和国简明标准施工招标文件(2012 年版). 北京:中国计划出版社,2012.

[5] 《标准文件》编制组. 中华人民共和国标准设计施工总承包招标文件(2012 年版). 北京:中国计划出版社,2012.

[6] 《标准文件》编制组. 中华人民共和国标准施工招标文件(2007 年版). 北京:中国计划出版社,2007.

[7] 中华人民共和国住房和城乡建设部,中华人民共和国国家质量监督检验检疫总局. GF—2017—0201 建设工程施工合同(示范文本). 北京:中国建筑工业出版社,2017.

[8] 中华人民共和国交通运输部. 公路工程标准施工监理招标文件(2018 年版). 北京:人民交通出版社股份有限公司,2018.

[9] 中华人民共和国交通运输部. 公路工程标准施工监理招标资格预审文件(2018 年版). 北京:人民交通出版社股份有限公司,2018.

附　录

附录一　《中华人民共和国招标投标法》

附录二　《建设工程施工合同(示范文本)》(GF—2017—0201)